全国高等职业教育规划教材

计算机组装与维护实用教程

史晓建　主编

中央廣播電視大學出版社

北　京

图书在版编目（CIP）数据

计算机组装与维护实用教程 / 史晓建主编．—北京：中央广播电视大学出版社，2011.10
全国高等职业教育规划教材
ISBN 978-7-304-05258-4

Ⅰ．①计… Ⅱ．①史… Ⅲ．电子计算机－组装－高等职业教育－教材 ②计算机维护－高等职业教育－教材 Ⅳ．①TP30

中国版本图书馆 CIP 数据核字（2011）第 197900 号

全国高等职业教育规划教材
计算机组装与维护实用教程
史晓建　主编

出版·发行：中央广播电视大学出版社
电话：营销中心：010-66490011　　总编室：010-68182524
网址：http://www.crtvup.com.cn
地址：北京市海淀区西四环中路 45 号
邮编：100039
经销：新华书店北京发行所

策划编辑：苏　醒　　**责任编辑：**韩　峰
印刷：北京博图彩色印刷有限公司　　**印数：**3001 ~ 4000
版本：2011 年 11 月第 1 版　　2015 年 7 月第 2 次印刷
开本：787×1092　1/16　　**印张：**17　**字数：**255 千字

书号：ISBN 978-7-304-05258-4
定价：32.00 元

（如有缺页或倒装，本社负责退换）

编写人员

主　编：党晓建

编　委：（以姓氏笔画为序）

王　溧　韦月稳　吕秋旋　刘建宏

孙　丽　李　燕　李富英　李相君

吴一心　陈　晨　邹　敏　赵世华

郭　勤　秦义宾　曹玉斌　彭　博

覃琼花　覃飞云　蒋振宇　曾少志

蔡洪亮　戴湘黔

内容提要

本书是为了满足读者自己动手组装和维护计算机的需要而编写的。本书全面剖析了计算机的各种硬件，详细地介绍了计算机系统结构与组成、计算机系统组装与检测、操作系统安装与调试、计算机系统日常维护、计算机系统故障分析与处理、计算机硬件检测与维修、笔记本电脑的维修、计算机外部设备的维修、计算机局域网构建与维护等内容。本书内容由浅入深、循序渐进。书中还提供了大量的习题和上机实训方法，结合这两个环节，读者不仅能巩固所学的知识，还能提高操作能力。

本书可作为高职高专和各高等院校计算机专业或非计算机专业的教材，企业、计算机培训班的教材，自学使用或作为成人教育的培训教材，以及从事计算机应用的各类人员学习使用。

目　　录

第 1 章　计算机系统结构与组成

1.1　计算机的分类 1
　1.1.1　按计算机的运算速度划分 1
　1.1.2　按计算机处理的信息形式划分 2
　1.1.3　按计算机的用途划分 2
1.2　计算机的硬件系统 2
　1.2.1　主板 2
　1.2.2　CPU 9
　1.2.3　内存 13
　1.2.4　硬盘 17
　1.2.5　机箱和电源 21
　1.2.6　显卡 24
　1.2.7　显示器 29
　1.2.8　光盘驱动器 30
　1.2.9　键盘和鼠标 33
　1.2.10　声卡 35
　1.2.11　网卡 36
1.3　计算机的软件系统 37
　1.3.1　系统软件 38
　1.3.2　应用软件 39
1.4　计算机的工作原理 39
　1.4.1　“程序存储”设计思想 39
　1.4.2　计算机的工作过程 40
本章习题 40

第 2 章　计算机系统组装与检测

2.1　组装前的准备工作 42
　2.1.1　工具准备 42
　2.1.2　掌握计算机组装流程 43
2.2　计算机组装过程 44
　2.2.1　拆卸机箱和安装电源 44

2.2.2 安装CPU 45
2.2.3 安装内存条 46
2.2.4 安装主板 47
2.2.5 安装显卡 49
2.2.6 安装网卡 50
2.2.7 安装硬盘 51
2.2.8 安装光驱 52
2.2.9 连接计算机 53
本章习题 54

第3章 微机系统安装与调试

3.1 BIOS设置 55
3.1.1 BIOS与CMOS的联系与区别 55
3.1.2 Award BIOS的设置 56
3.1.3 频率、电压的控制 58
3.1.4 常用优化设置项 61
3.1.5 CMOS参数的清除 66
3.2 硬盘分区与格式化 69
3.2.1 用FDISK命令进行硬盘分区和格式化 69
3.2.2 用Partition Magic对磁盘进行分区和高级格式化 72
3.3 安装Windows XP操作系统 74
3.3.1 开始安装 74
3.3.2 选择安装分区 75
3.3.3 进行相关设置 76
3.3.4 进行最后设置 78
3.4 驱动程序安装 79
3.4.1 驱动程序的作用 79
3.4.2 获取驱动程序 79
3.4.3 驱动程序的安装顺序 79
3.4.4 安装驱动程序 80
本章习题 81

第4章 计算机系统日常维护

4.1 BIOS升级和备份 82
4.1.1 BIOS升级的原因 82
4.1.2 BIOS升级方法 82

4.1.3　BIOS 的备份 83
4.2　计算机病毒和恶意程序清除 84
4.2.1　计算机病毒的识别 84
4.2.2　计算机病毒的防范 86
4.2.3　瑞星杀毒软件的使用 88
4.2.4　木马程序的原理及防范 92
4.2.5　防火墙的使用 93
4.3　系统维护 94
4.3.1　设置控制面板 94
4.3.2　微软管理控制台 99
4.3.3　管理系统服务 101
4.3.4　管理系统设备 104
4.3.5　查看系统性能 106
4.4　数据维护 108
4.4.1　硬盘数据的存储原理 108
4.4.2　硬盘的分区 109
4.4.3　硬盘数据的备份 111
4.4.4　硬盘数据的还原 113
4.5　系统优化设置 114
4.5.1　系统优化 115
4.5.2　系统清理和维护 123
本章习题 127

第 5 章　计算机系统故障分析与处理

5.1　计算机系统软故障原因分析与维护 128
5.1.1　丢失文件 128
5.1.2　文件版本不匹配 129
5.1.3　非法操作 129
5.1.4　蓝屏错误信息 130
5.1.5　资源耗尽 131
5.1.6　如何对付死机 133
5.2　硬件资源冲突故障分析与排除 134
5.2.1　硬件之间的资源冲突与排除 134
5.2.2　硬件与软件之间的资源冲突 135
本章习题 136

第 6 章 计算机硬件检测与维修

6.1 常用维修工具 137

6.1.1 主板诊断卡 137

6.1.2 数字万用表 140

6.1.3 防静电工具和清洁工具 142

6.1.4 示波器的使用 143

6.2 计算机维修规范 144

6.2.1 计算机维修的基本原则 144

6.2.2 计算机维修的基本方法 145

6.3 计算机部件常见故障及解决方法 148

6.3.1 主板故障及解决方法 148

6.3.2 BIOS 芯片故障问题 149

6.3.3 CMOS 电池的故障及解决方法 149

6.3.4 CPU 故障及解决方法 150

6.3.5 内存故障及解决办法 151

6.3.6 显卡故障及解决方法 152

6.3.7 声卡故障及解决方法 153

6.3.8 硬盘故障及解决方法 154

6.3.9 光驱故障及解决方法 158

6.3.10 键盘故障及解决方法 160

6.3.11 风扇故障及解决方法 161

6.3.12 电源故障及解决方法 162

本章习题 165

第 7 章 笔记本电脑的维修

7.1 笔记本电脑的种类和功能特点 166

7.2 笔记本电脑的结构 166

7.3 笔记本电脑故障检修 173

7.3.1 笔记本电脑系统故障的检修 173

7.3.2 笔记本电脑硬盘的故障检修 174

7.3.3 笔记本电脑光驱的故障检修 177

7.3.4 笔记本电脑主板的故障检修 177

7.3.5 笔记本电脑内存的故障检修 178

本章习题 179

第 8 章 计算机外部设备的维修

8.1 UPS 的维修 180
8.1.1 UPS 的分类与工作原理 180
8.1.2 UPS 故障分析与处理 182
8.2 打印机的维修 183
8.2.1 打印机的分类 184
8.2.2 安装打印机 184
8.2.3 打印机的维护 188
8.2.4 打印机故障维修 189
8.3 存储卡 192
本章习题 194

第 9 章 计算机局域网构建与维护

9.1 网络概述 196
9.1.1 计算机网络的定义 196
9.1.2 计算机网络的功能 197
9.1.3 计算机网络的分类 198
9.1.4 网络的拓扑结构 200
9.2 计算机网络体系结构 203
9.2.1 网络协议与分层 203
9.2.2 OSI 参考模型 205
9.2.3 TCP/IP 体系结构 207
9.2.4 IP 地址 209
9.3 TCP/IP 协议的配置与测试 213
9.3.1 配置 TCP/IP 协议 213
9.3.2 测试 TCP/IP 协议 216
9.4 计算机网络安全 219
9.4.1 什么是网络安全 219
9.4.2 网络信息安全的内容 220
9.4.3 信息密码技术 220
9.5 常用网络设备 222
9.5.1 传输介质 222
9.5.2 集线器 225
9.5.3 交换机 227
9.5.4 路由器 228
9.5.5 调制解调器 230

9.5.6 其他常用工具 232
9.6 局域网构建 233
9.6.1 制作网线 233
9.6.2 简单的网络连接方式 234
9.6.3 局域网与 Internet 的连接 237
9.7 网络故障诊断与调试 239
9.7.1 网络故障解决思路 239
9.7.2 常用故障诊断工具 241
9.7.3 常见故障分析与解决 243
本章习题 246

第 10 章 上机实训

10.1 实训一：认识计算机的硬件组成 248
10.2 实训二：组装计算机 249
10.3 实训三：BIOS 优化与设置 250
10.4 实训四：设置硬盘跳线、分区与高级格式化 254
10.5 实训五：操作系统安装 257
10.6 实训六：系统维护与管理 258
10.7 实训七：常见故障处理 259
10.8 实训八：系统优化设置 260
10.9 实训九：对等网的组建 261

第1章　计算机系统结构与组成

本章导读

一台计算机是由软件系统和硬件系统组成的，其中硬件系统又由许许多多的零部件组成，只有这些零部件组合在一起协调地工作，才能称之为完整的计算机。在本章中，将系统介绍计算机的分类，计算机的硬件系统，包括：主板、CPU、内存、硬盘、机箱和电源、显卡、显示器、光盘驱动器、键盘和鼠标、声卡和网卡等，以及计算机的软件系统和计算机的工作原理等内容。

1.1　计算机的分类

随着科学技术的发展，计算机的应用领域越来越广泛，操作计算机已经成为一种基本技能。由于考察计算机性能的角度不同，因此计算机有多种分类方法，常见的分类方法主要有以下几种。

1.1.1　按计算机的运算速度划分

按照 1989 年由 IEEE 科学巨型机委员会提出的运算速度分类法，可分为以下几类：

（1）巨型计算机

通常把速度最快（每秒达数千亿次浮点运算）、体积最大、功能最强的计算机称为巨型计算机。

（2）小巨型计算机

小巨型计算机也称超级小型计算机，是巨型计算机小型化的产物，其速度和性能略低于巨型计算机，而价格只有巨型机的十分之一左右。

（3）大型计算机

大型计算机在国外习惯上称之为主机。其速度快，体积庞大，主要用于企业和政府的大量数据存储、管理和处理中。

（4）小型计算机

小型计算机是为了满足部门、小企业使用的计算机，其体积比微机稍大，可以在系统终端上为多个用户执行任务。

（5）工作站

工作站的性能介于小型计算机和微机之间，并以优良的网络化功能和图像、图形处理功能而著称。主要用于科学研究、工程技术及商业中，解决复杂独立的数据及图形、图像处理等事务。

（6）个人计算机

个人计算机简称 PC 机，也称微机。自 1981 年 IBM 公司推出 16 位 IBM PC 机至今，PC 机的性能越来越强大，应用的领域也越来越广泛，可谓处处可见，人人皆知，几乎成了人们眼中计算机的代名词。

1.1.2 按计算机处理的信息形式划分

按计算机处理的信息形式划分，可分为下面两类：

（1）电子数字计算机

它是以数字化的信息为处理对象，并采用数字电路对数字信息进行数字处理。通常所说的计算机及我们常用的计算机就是指电子数字计算机。

（2）电子模拟计算机

它是以模拟量（连续物理量，如电流量、电压）为处理对象，处理方式也采用模拟方式。

1.1.3 按计算机的用途划分

按计算机的用途划分，可分为专用机和通用机。

（1）专用机

专用机是指为解决特定问题，实现特定功能而设计的计算机，如军事应用中控制导弹的计算机，医院里 CT 采用的专用计算机等。

（2）通用机

通用机就是我们通常所说的计算机，可以应用于不同领域的各种应用中。

1.2 计算机的硬件系统

一台计算机是由许许多多的零部件组成的，只有这些零部件组合在一起协调地工作，才能称之为完整的计算机。在本节中，我们将系统介绍主板、CPU、内存、硬盘、机箱和电源、显卡、显示器、光盘驱动器、键盘和鼠标、声卡和网卡等内容。

1.2.1 主板

主板又称为主机板（Mainboard）、系统板（systemboard）或者母板（Motherboard）；它安装在机箱内，是微机最基本的也是最重要的部件之一。主板一般为矩形电路板，上面安装了组成计算机的主要电路系统，一般有 BIOS 芯片、I/O 控制芯片、键盘和面板控制开关接口、指示灯插接件、扩充插槽、主板及插卡的直流电源供电接插件等元件。

1. 主板的组成

现在市场上的主板虽然品牌繁多，布局不同，但组成和使用的技术是基本一致的。如

图 1-1 所示，主板上有 CPU 插槽、内存插座、板载 PCI、AGP 插槽、硬盘、串口、并口等外设接口、主板 BIOS 以及控制芯片等电子元件。

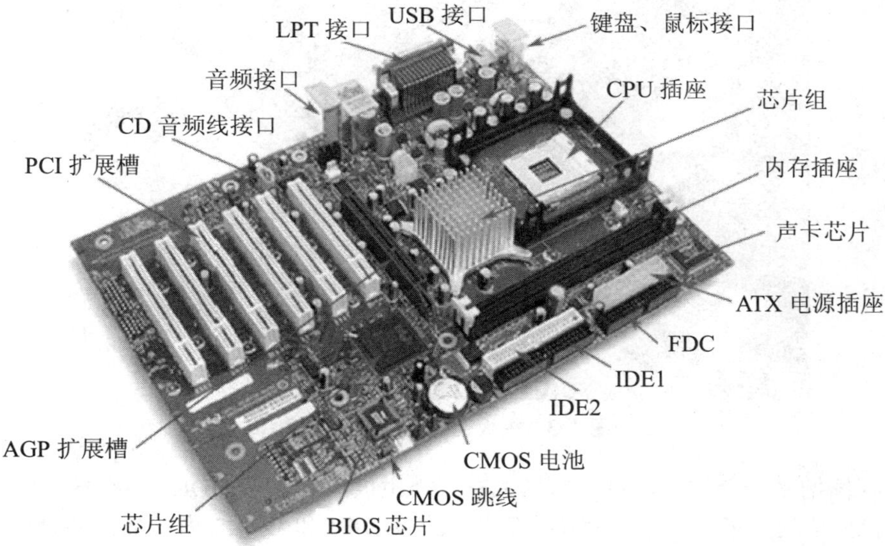

图 1-1　主板的组成

（1）CPU 插座

CPU 插座就是主板上安装处理器的地方，如图 1-2 所示。主流的 CPU 插座主要有 LGA775、LGA1156、LGA1566 和 AM3 几种。其中 LGA775 插座即将淘汰，主要用于赛扬 D、奔腾 D、赛扬 E、奔腾 E、酷睿 E、酷睿 Q、酷睿 QX 系列；LGA1156 插座主要用于酷睿 I3、I5、I7 8XX 系列的 CPU，使用的主要芯片组是 P55、H55，I3 和 I5 双核处理搭配 H55 主板，可以启用 CPU 内集成的显卡；LGA1566 插座主要用于酷睿 I7、9XX 系列处理器，可以搭配 X58 芯片组；AM3 插座的 870、880、890 主板，可以搭配 AMD 的 K10 架构 CPU，　主板支持 DDR3 内存。

图 1-2　CPU 插座

（2）内存插座

内存插座是指主板上所采用的内存插座类型和数量。主板所支持的内存种类和容量都由内存插座来决定。如图 1-3 所示是 240 个引脚的 DDR3 内存插槽。

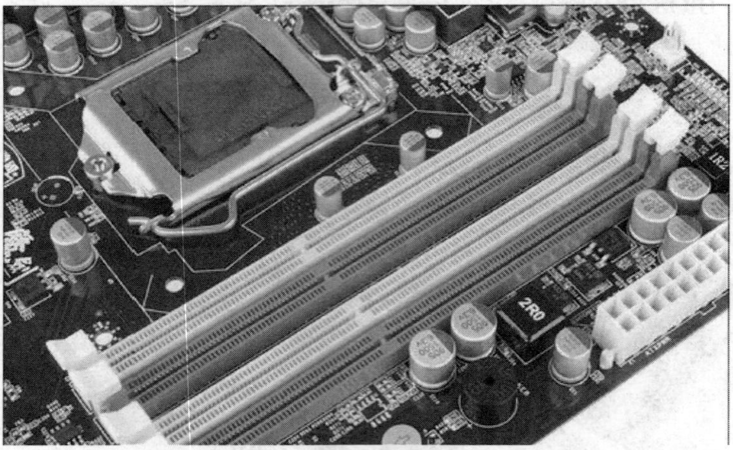

图 1-3　主板上的 4 个内存插槽

从内存插槽来划分的话，目前市场上有三类主板，一类是 DDR2 内存插槽的，一类是 DDR3 内存插槽的，最后一类，就是同时提供了 DDR2 和 DDR3 内存插槽的。现在 DDR2 和 DDR3 内存的价格非常接近，从价格方面来说，选择两种内存都差别不大，不过性能当然是 DDR3 内存更好。

（3）北桥芯片

芯片组（Chipset）是主板的核心组成部分，按照在主板上排列位置的不同，通常分为北桥芯片和南桥芯片，如 Intel 的 i845GE 芯片组由 82845GE GMCH 北桥芯片和 ICH4（FW82801DB）南桥芯片组成；而 VIA KT400 芯片组则由 KT400 北桥芯片和 VT8235 等南桥芯片组成（也有单芯片的产品，如 SIS630/730 等），其中北桥芯片是主桥，其一般可以和不同的南桥芯片进行搭配使用以实现不同的功能与性能。如图 1-4 所示是一款 P45 北桥芯片。

北桥芯片一般提供对 CPU 的类型和主频、内存的类型和最大容量、ISA/PCI/AGP 插槽、ECC 纠错等的支持，通常在主板上靠近 CPU 插槽的位置，由于此类芯片的发热量一般较高，所以在此芯片上装有散热片。

（4）南桥芯片

南桥芯片主要用来与 I/O 设备及 ISA 设备相连，并负责管理中断及 DMA 通道，让设备工作得更顺畅，其提供对 KBC（键盘控制器）、RTC（实时时钟控制器）、USB（通用串行总线）、Ultra DMA/33（66）EIDE 数据传输方式和 ACPI（高级能源管理）等的支持。南桥芯片在靠近 PCI 槽的位置，如图 1-5 所示。

（5）I/O 接口

主板上的 I/O 接口用来与各种输入输出设备连接，目前所有的主板都已经将各种接口集成到了主板上面，有些主板还内置了声卡、显卡和 SCSI 卡等设备。

将主板平放，如图 1-6 所示的一侧有很多接口，这些接口在组装好计算机后，都是要裸露在机箱外面的。

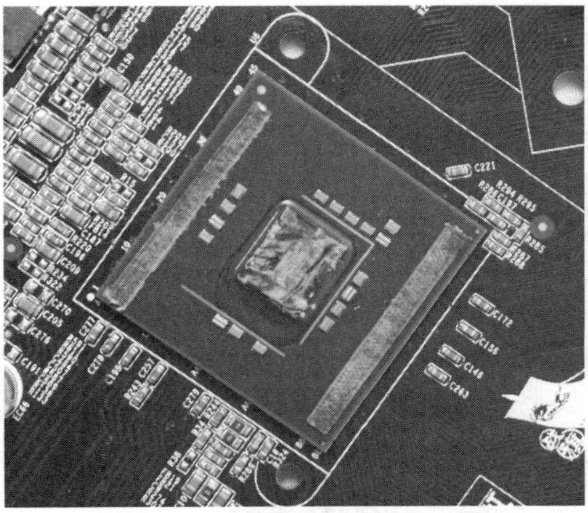

图 1-4　P45 北桥芯片

图 1-5　ICH10 南桥芯片

图 1-6　主板上的 I/O 接口

（6）PCI 扩展槽

扩展插槽是主板上用于固定扩展卡并将其连接到系统总线上的插槽，也叫扩展槽、扩充插槽。扩展槽是一种添加或增强电脑特性及功能的方法。例如，不满意主板整合显卡的性能，可以添加独立显卡以增强显示性能；不满意板载声卡的音质，可以添加独立声卡以增强音效；不支持 USB2.0 或 IEEE1394 的主板，可以通过添加相应的 USB2.0 扩展卡或 IEEE1394 扩展卡以获得该功能等。

目前扩展插槽的种类主要有 ISA、PCI、AGP、CNR、AMR、ACR 和 WI-FI、VXB 以及笔记本电脑专用的 PCMCIA 等。历史上出现过，早已经被淘汰掉的还有 MCA 插槽、EISA 插槽以及 VESA 插槽等。未来的主流扩展插槽是 PCI Express 插槽。

PCI 插槽是基于 PCI 局部总线（Pedpherd Component Interconnect，周边元件扩展接口）的扩展插槽，如图 1-7 所示，其颜色一般为乳白色，位于主板上 AGP 插槽的下方，ISA 插槽的上方。其位宽为 32 位或 64 位，工作频率为 33MHz，最大数据传输率为 133MB/sec（32 位）和 266MB/sec（64 位）。可插接显卡、声卡、网卡、内置 Modem、内置 ADSL Modem、USB2.0 卡、IEEE1394 卡、IDE 接口卡、RAID 卡、电视卡、视频采集卡以及其他种类繁多的扩展卡。PCI 插槽是主板的主要扩展插槽，通过插接不同的扩展卡可以获得目前电脑能实现的几乎所有外接功能。

（7）AGP 插槽

AGP（Accelerate Graphical Port）即加速图形接口（如图 1-8 所示）。随着显示芯片的发展，PCI 总线日益无法满足其需求。英特尔于 1996 年 7 月正式推出了 AGP 接口，它是一种显示卡专用的局部总线。严格地说，AGP 不能称为总线，它与 PCI 总线不同，因为它是点对点连接，即连接控制芯片和 AGP 显示卡，但在习惯上我们依然称其为 AGP 总线。AGP 接口是基于 PCI 2.1 版规范并进行扩充修改而成，工作频率为 66MHz。

图 1-7　PCI 插槽

图 1-8　AGP 插槽

AGP 总线直接与主板的北桥芯片相连，且通过该接口让显示芯片与系统主内存直接相连，避免了窄带宽的 PCI 总线形成的系统瓶颈，增加 3D 图形数据传输速度，同时在显存不足的情况下还可以调用系统主内存。所以它拥有很高的传输速率，这是 PCI 等总线无法与其相比拟的。

由于采用了数据读写的流水线操作减少了内存等待时间，数据传输速度有了很大提高；具有 133MHz 及更高的数据传输频率；地址信号与数据信号分离可提高随机内存访问的速度；采用并行操作，允许在 CPU 访问系统 RAM 的同时 AGP 显示卡访问 AGP 内存；显示带宽也不与其他设备共享，从而进一步提高了系统性能。

AGP 标准在使用 32 位总线时，有 66MHz 和 133MHz 两种工作频率，最高数据传输率为 266Mbps 和 533Mbps，而 PCI 总线理论上的最大传输率仅为 133Mbps。目前在最高规格的 AGP 8X 模式下，数据传输速度达到了 2.1Gbps。

AGP 接口的发展经历了 AGP1.0（AGP1X、AGP2X）、AGP2.0（AGP Pro、AGP4X）、AGP3.0（AGP8X）等阶段，其传输速度也从最早的 AGP1X 的 266Mbps 的带宽发展到了 AGP8X 的 2.1Gbps。

（8）CMOS 控制芯片

系统设置或配置信息都存储在 CMOS 中，它属于内存的一种，需要很少的电来维持所存储的信息，计算机每次启动时都会读取这些信息。主板上有一块金属的锂电池为 CMOS 提供电源，电池寿命大约是 5 年，如果电池电量不足可能会导致 CMOS 内容的丢失。因此当看到计算机时间开始变得不准确时就应该更换电池了。主板上有清除 CMOS 信息的跳线，有的主板用按钮代替了跳线。

（9）BIOS 控制芯片

BIOS 就是基本输入输出系统，它实际上就是硬件与软件之间的连接器，一般被写入 ROM 芯片内，如图 1-9 所示。

BIOS 的作用非常大，计算机开机后首先运行的就是这个软件。它管理着整个计算机上的硬件协调工作。如果发现哪个硬件有问题，在开机的时候就会提示出来。当处理好有问题的硬件后，就转到启动盘，让启动盘上的操作系统启动，然后就可以看到 Windows 界面了。

不仅主板上有 BIOS，其他板卡，如显示卡、声卡上都有 BIOS，它包含了该硬件的信息和控制程序（它是硬件与软件程序之间的一个“转换器”，它负责解决系统对硬件的即时需求，并按软件对硬件的操作要求具体执行）。

（10）必不可少的插针

有一些插针是必不可少的，如图 1-10 所示，这些插针与机箱中的跳线连接，控制机箱前面板的各种开关和指示灯。

图 1-9　BIOS 控制芯片

图 1-10　主板上的插针

①PWR-ON 是电源开关插针 ②RESET 是重置开关插针 ③PWR-LED 是电源指示灯插针 ④SPEAKER 是机箱喇叭开关插针 ⑤HDD-LED 是硬盘指示灯插针

（11）接口部分

主板作为电脑的主体部分，提供着多种接口与各部件进行连接工作，如图 1-11 所示，随着科技的不断发展，主板上的各种接口与规范也在不断升级、不断更新换代。

图 1-11　主板接口

① 硬盘接口。硬盘接口可分为 IDE 接口和 SATA 接口。在型号老些的主板上，多集成 2 个 IDE 口，通常 IDE 接口都位于 PCI 插槽下方，从空间上则垂直于内存插槽（也有横着的）。而新型主板上，IDE 接口大多缩减，甚至没有，代之以 SATA 接口。

② COM 接口（串口）。目前大多数主板都提供了两个 COM 接口，分别为 COM1 和 COM2，作用是连接串行鼠标和外置 Modem 等设备。COM1 接口的 I/O 地址是 03F8h-03FFh，中断号是 IRQ4；COM2 接口的 I/O 地址是 02F8h-02FFh，中断号是 IRQ3。由此可见 COM2 接口的响应比 COM1 接口具有优先权。

③ PS/2 接口：PS/2 接口的功能比较单一，仅用于连接键盘和鼠标。一般情况下，鼠标的接口为绿色，键盘的接口为紫色。PS/2 接口的传输速率比 COM 接口稍快一些，是目前应用最为广泛的接口之一。

④ USB 接口：USB 接口是现在最为流行的接口，最大可以支持 127 个外设，并且可以独立供电，其应用非常广泛。USB 接口可以从主板上获得 500mA 的电流，支持热拔插，真正做到了即插即用。一个 USB 接口可同时支持高速和低速 USB 外设的访问，由一条四芯电缆连接，其中两条是正负电源，另外两条是数据传输线。高速外设的传输速率为 12Mbps，低速外设的传输速率为 1.5Mbps。此外，USB2.0 标准最高传输速率可达 480Mbps。

⑤ LPT 接口（并口）。一般用来连接打印机或扫描仪。其默认的中断号是 IRQ7，采用 25 脚的 DB-25 接头。并口的工作模式主要有三种：

- SPP 标准工作模式。SPP 数据是半双工单向传输，传输速率较慢，仅为 15Kbps，但应用较为广泛，一般设为默认的工作模式。
- EPP 增强型工作模式。EPP 采用双向半双工数据传输，其传输速率比 SPP 高很多，可达 2Mbps，目前已有不少外设使用此工作模式。
- ECP 扩充型工作模式。ECP 采用双向全双工数据传输，传输速率比 EPP 还要高一些，但支持的设备不多。

⑥ MIDI 接口：声卡的 MIDI 接口和游戏杆接口是共用的。接口中的两个针脚用来传送 MIDI 信号，可连接各种 MIDI 设备，例如电子键盘等。

2. 主板的分类

（1）按主板结构分类

- AT 标准尺寸的主板。因 IBM PC/A 机首先使用而得名，有的 486、586 主板也采用 AT 结构布局。
- Baby AT 袖珍尺寸的主板。比 AT 主板小，因而得名。很多原装机的一体化主板首先采用此主板结构。

- ATX &127 改进型的 AT 主板。对主板上元件布局做了优化，有更好的散热性和集成度，需要配合专门的 ATX 机箱使用。
- 一体化（All in one）主板。主板上集成了声音、显示等多种电路，一般不需再插卡就能工作，具有高集成度和节省空间的优点，但也有维修不便和升级困难的缺点。在原装品牌机中采用较多。
- NLX 主板。Intel 最新的主板结构，最大特点是主板、CPU 的升级灵活方便有效，不再需要每推出一种 CPU 就必须更新主板设计。此外还有一些上述主板的变形结构，如华硕主板就大量采用了 3/4 Baby AT 尺寸的主板结构。

（2）按 CPU 插槽类型分类

- Intel 平台。目前主流的 Intel 平台主板为 LGA 1156 和 LGA1566 插槽的。
- AMD 平台。目前主流的 AMD 平台主板为 AM2 和 AM3 插槽的。

（3）按逻辑控制芯片组分类

- Intel 平台。目前主流的 Intel 平台主板按芯片组可分为 HM55、HM65 等。
- AMD 平台。支持 AMD 平台的主流芯片组有 VIA（威盛）的 PT894、K8T890、nForce4 部分系列以及 nForce 6100、nForce 500 等系列。

（4）按主板上的总线频率分类

- Intel 平台。目前主流的 Intel 平台主板总线频率一般可分为 FSB（前段总线）667MHz、800MHz、1066MHz 和 1333MHz。
- AMD 平台。目前主流的 AMD 平台主板总线频率一般可分为 HT（超线程技术）1000MHz 和 2000MHz。

（5）其他主板分类方法

- 按主板的结构特点分类还可分为基于 CPU 的主板、基于适配电路的主板、一体化主板等类型。基于 CPU 的一体化的主板是目前较佳的选择。
- 按印制电路板的工艺分类又可分为双层板、4 层板、6 层板、8 层板等。
- 按元件安装及焊接工艺分类又有表面安装焊接工艺板和 DIP 传统工艺板。

1.2.2　CPU

CPU 是计算机最重要的部件（如图 1-12 所示），类似于计算机的“心脏”，它支配计算机进行各种工作，人们经常用 CPU 的型号来表示计算机，可见其重要性。

图 1-12　CPU

CPU是计算机的核心，其重要性好比大脑对于人一样，因为它负责处理、运算计算机内部的所有数据，而主板芯片组则更像是心脏，它控制着数据的交换。CPU的种类决定了所使用的操作系统和相应的软件。CPU主要由运算器、控制器、寄存器组和内部总线等构成，是PC的核心，再配上储存器、输入/输出接口和系统总线组成为完整的PC。

1. CPU发展简史

CPU发展至今已经有20多年的历史了，这期间，按照其处理信息的字长，CPU可以分为4位微处理器、8位微处理器、16位微处理器、32位微处理器、64位微处理器等。目前，常用的处理器主要是由美国的Intel公司、AMD公司和中国台湾地区的威盛公司制造的。

2. CPU的性能指标

CPU作为整个计算机系统的核心，它的性能指标十分重要。了解CPU的主要技术特性和基本测试项对正确选择和使用CPU有一定的帮助。下面简要介绍一下CPU的主要指标和参数。

（1）主频

主频也叫时钟频率，单位是MHz（或GHz），用来表示CPU运算、处理数据的速度。CPU的主频＝外频×倍频系数。很多人认为主频就决定着CPU的运行速度，这不仅是片面的，而且对于服务器来讲，这种认识也出现了偏差。至今，没有一条确定的公式能够实现主频和实际的运算速度两者之间的数值关系，即使是两大处理器厂家Intel和AMD，在这一点上也存在着很大的争议，我们从Intel的产品的发展趋势可以看出Intel很注重加强自身主频的发展。像其他的处理器厂家，有人曾经拿一块1G的全美达处理器来做比较，它的运行效率相当于2G的Intel处理器。

所以，CPU的主频与CPU实际的运算能力是没有直接关系的，主频表示在CPU内数字脉冲信号震荡的速度。在Intel的处理器产品中，我们也可以看到这样的例子：1 GHz Itanium芯片能够表现得差不多跟2.66 GHz Xeon/Opteron一样快，或是1.5 GHz Itanium 2大约跟4 GHz Xeon/Opteron一样快。CPU的运算速度还要看CPU的流水线、总线等各方面的性能指标。

当然，主频和实际的运算速度是有关的，只能说主频仅仅是CPU性能表现的一个方面，而不代表CPU的整体性能。

（2）外频

外频是CPU乃至整个计算机系统的基准频率，单位是MHz（兆赫兹）。在早期的计算机中，内存与主板之间的同步运行的速度等于外频，在这种方式下，可以理解为CPU外频直接与内存相连通，实现两者间的同步运行状态。对于目前的计算机系统来说，两者完全可以不相同，但是外频的意义仍然存在，计算机系统中大多数的频率都是在外频的基础上乘以一定的倍数来实现，这个倍数可以是大于1的，也可以是小于1的。

（3）倍频

外频是CPU的基准频率，单位是MHz。CPU的外频决定着整块主板的运行速度。通俗地说，在台式机中，我们所说的超频，都是超CPU的外频（当然一般情况下，CPU的倍频都是被锁住的），相信这点是很好理解的。但对于服务器 CPU 来讲，超频是绝对不允许的。前面说到 CPU 决定着主板的运行速度，两者是同步运行的，如果把服务器 CPU 超频了，改变了外频，会产生异步运行（台式机很多主板都支持异步运行），这样会造成整个服务器系统的不稳定。

目前的绝大部分电脑系统中外频也表示内存与主板之间的同步运行的速度，在这种方式下，可以理解为 CPU 的外频直接与内存相连通，实现两者间的同步运行状态。

（4）前端总线频率

前端总线（FSB）频率直接影响 CPU 与内存直接数据交换速度。由于数据传输最大带宽取决于所有同时传输的数据的宽度和传输频率，即数据带宽＝（总线频率×数据位宽）÷8。目前计算机上所能达到的前端总线频率有 266MHz、333MHz、400MHz、533MHz 和 800MHz 几种。

（5）CPU 的位和字长

位：在数字电路和电脑技术中采用二进制，代码只有“0”和“1”，其中无论是“0”或是“1”在 CPU 中都是一“位”。

字长：电脑技术中对 CPU 在单位时间内（同一时间）能一次处理的二进制数的位数叫字长。所以能处理字长为 8 位数据的 CPU 通常就叫 8 位的 CPU。同理，32 位的 CPU 就能在单位时间内处理字长为 32 位的二进制数据。字节和字长的区别：由于常用的英文字符用 8 位二进制就可以表示，所以通常就将 8 位称为一个字节。字长的长度是不固定的，对于不同的 CPU，字长的长度也不一样。8 位的 CPU 一次只能处理一个字节，而 32 位的 CPU 一次就能处理 4 个字节，同理，字长为 64 位的 CPU 一次可以处理 8 个字节。

（6）缓存

CPU 缓存（Cache Memoney）是位于 CPU 与内存之间的临时存储器，它的容量比内存小但交换速度快。在缓存中的数据是内存中的一小部分，但这一小部分是短时间内 CPU 即将访问的，当 CPU 调用大量数据时，就可避开内存直接从缓存中调用，从而加快读取速度。由此可见，在 CPU 中加入缓存是一种高效的解决方案，这样整个内存储器（缓存+内存）就变成了既有缓存的高速度，又有内存的大容量的存储系统了。缓存对 CPU 的性能影响很大，主要是因为 CPU 的数据交换顺序和 CPU 与缓存间的带宽引起的。

（7）CPU 扩展指令集

CPU 依靠指令来计算和控制系统，每款 CPU 在设计时就规定了一系列与其硬件电路相配合的指令系统。指令的强弱也是 CPU 的重要指标，指令集是提高微处理器效率的最有效工具之一。从现阶段的主流体系结构讲，指令集可分为复杂指令集和精简指令集两部分，而从具体运用看，如 Intel 的 MMX（Multi Media Extended）、SSE（Streaming-Single instruction multiple data-Extensions）、SSE2、SEE3 和 AMD 的 3DNow!等都是 CPU 的扩展指令集，分别增强了 CPU 的多媒体、图形图像和 Internet 等的处理能力。我们通常会把 CPU 的扩展指令集称为“CPU 的指令集”。SSE3 指令集也是目前规模最小的指令集，此前 MMX 包含有 57 条命令，SSE 包含有 50 条命令，SSE2 包含有 144 条命令，SSE3 包含有 13 条命令。目前 SSE3 也是最先进的指令集，英特尔 Prescott 处理器已经支持 SSE3 指令集，AMD 会在未来双核心处理器当中加入对 SSE3 指令集的支持，全美达的处理器也将支持这一指令集。

（8）CPU接口类型

CPU需要通过某个接口与主板连接才能进行工作。CPU经过这么多年的发展，采用的接口方式有引脚式、卡式、触点式、针脚式等。而目前CPU的接口都是针脚式或触点式的接口，对应到主板上就有相应的插槽类型。CPU接口类型不同，其插孔数、体积、形状都有变化，所以不能互相接插。

（9）CPU的工作电压

CPU的工作电压（Supply Voltage），即CPU正常工作所需的电压。目前CPU的工作电压有一个非常明显的下降趋势，较低的工作电压主要有3个优点：采用低电压的CPU的芯片总功耗降低了；功耗降低，系统的运行成本就相应降低，这对于便携式和移动系统来说非常重要，使其现有的电池可以工作更长时间，从而大大延长了电池的使用寿命；功耗降低，致使发热量减少，运行温度不高的CPU可以与系统更好地配合。

CPU的工作电压分为CPU的核心电压与I/O电压。核心电压即驱动CPU核心芯片的电压，I/O电压则指驱动I/O电路的电压。通常CPU的核心电压小于等于I/O电压。

从Vinice核心的Athlon 64开始，AMD在Socket 939接口的处理器上采用了动态电压，在CPU封装上不再标明CPU的默认核心电压，同一核心的CPU其核心电压是可变的，不同的CPU可能会有不同的核心电压：1.30V、1.35V或1.40V。

（10）封装形式

所谓CPU封装是CPU生产过程中的最后一道工序，封装是采用特定的材料将CPU芯片或CPU模块固化在其中以防损坏的保护措施。一般CPU必须在封装后才能交付用户使用。CPU的封装方式取决于CPU安装形式和器件集成设计，从大的分类来看，通常采用Socket插座进行安装的CPU使用PGA（栅格阵列）方式封装，而采用Slotx槽安装的CPU则全部采用SEC（单边接插盒）的形式封装。

目前较为常见的封装形式有：OPGA封装、mPGA封装、CPGA封装、FC-PGA封装、FC-PGA2封装、OOI封装、PPGA封装、S.E.C.C封装、S.E.C.C.2封装、S.E.P封装、PLGA封装和CuPGA封装。

3. CPU的包装形式

目前市场上的CPU主要分为“盒装”和“散装”两种，但来源可能有多种形式：原封后包、散片后包、原字散片、刮字散片等。从早期CPU造假来看，都比较单一，基本以打磨（Remark）、仿造为主。处理器发展到现在，经销商的手段也层出不穷，下面进行简单的介绍。

图1-13 “白板”CPU

（1）“白板”CPU

产品在最后确定规格以前，处理器仍旧是一个没有任何标识的“白板”状态。我们通常把没有规格标识的处理器称为“白板”CPU，如图1-13所示。“白板”处理器的说法开始盛行是从AMD的Athlon XP时代开始，因为如今处理器的产量已经非常庞大，即便是0.5%的不良率也会带来许多不能通过处理器厂商完整测试的产品。

（2）ES 版的 CPU

ES 是 Engineering Sample 的缩写，即工程样版，非上市产品，本来是厂商提供给 OEM 厂商配合前期开发配套平台的。之所以叫 ES 版本，是因为产品只是提供给那些与处理器厂商有合作关系的用户，仅仅是用于测试、评估以及协助工程开发使用而已，比如为了了解正式版的 CPU 是否能通过测试、是否与主板厂商的主板产品相兼容。

（3）散片 CPU

散片虽然并不被 Intel 和 AMD 官方所承认，也并不享有质保，但由于其在国内市场中数量巨大并且长期存在，大家已经很熟悉了。并且由于其价格相比盒装便宜，所以很多用户在选购处理器时还点名购买散片。散片的主要来源是 OEM 系统厂商，通过特殊的渠道进入市场。由于芯片厂商给 OEM 厂商的价格相对较低，不法商家将其拿到市场零售的利润很高，并且很不透明。

（4）“原封后包”CPU

所谓“原封后包”，就是把国外的正品行货拆开，然后把里面的 CPU 与原装风扇、原包装分离，分离后走各自不同的渠道，CPU 携带方便就走非正规的渠道进入国内。而原装的盒和风扇体积比较大携带起来不方便，就通过正当的渠道进入国内。入境后商家再把分离后的 CPU 和风扇、包装盒重新组装，并且按照 CPU 的序列号对应盒上面的序列号进行组装。这样一块“原封后包”处理器就可以投放到市场了。

（5）“散片后包”CPU

所谓“散片后包”，就是用一颗专供品牌机散片的 CPU，加一个假的包装盒、假风扇封装起来的盒包 CPU。这种“散片后包”的 CPU 虽然利润比较大，却有很多的漏洞，外包装和封签上都与正品盒包有很明显的差异，所以市场里只有极少数此类产品。

（6）OEM 版 CPU（原字散片）

所谓“原字散片”，是 Intel 和 AMD 专供给做品牌机的特制产品，一般来说仅提供 CPU，没有散热器及包装，这类产品被称为是 OEM 版 CPU。从理论上说，散片 CPU 与盒装 CPU，在性能、稳定性以及可超频潜力方面不存在任何差距。他们之间的差距在于质保时间的长短以及是否带散热器。一般而言，盒装 CPU 的保修期要长一些（通常为 3 年），而且附带有一台质量较好的散热风扇，而散装 CPU 一般的质保时间是 1 年，不带散热器。

1.2.3　内存

存储器是用来存储程序和数据的部件，对于计算机来说，有了存储器，才有记忆功能，才能保证正常工作。存储器的种类很多，按其用途可分为主存储器和辅助存储器，主存储器又称内存储器（简称内存），辅助存储器又称外存储器（简称外存）。外存通常是磁性介质或光盘，像硬盘、磁带、CD 等，能长期保存信息，并且不依赖于电来保存信息，但是由机械部件带动，速度与 CPU 相比就显得慢的多。内存指的就是主板上的存储部件，是 CPU 直接与之沟通，并用其存储数据的部件，存放当前正在使用的（即执行中）的数据和程序，它的物理实质就是一组或多组具备数据输入输出和数据存储功能的集成电路，内存只用于暂时存放程序和数据，一旦关闭电源或发生断电，其中的程序和数据就会丢失。

既然内存是用来存放当前正在使用（即执行中）的数据和程序，那么它是怎么工作的呢？我们平常所提到的计算机的内存指的是动态内存（即 DRAM），动态内存中所谓的“动态”，指的是当我们将数据写入 DRAM 后，经过一段时间数据会丢失，因此需要一个额外设电路进行内存刷新操作。具体的工作过程是这样的：一个 DRAM 的存储单元存储的是 0 还是 1 取决于电容是否有电荷，有电荷代表 1，无电荷代表 0。但时间一长，代表 1 的电容会放电，代表 0 的电容会吸收电荷，这就是数据丢失的原因；刷新操作定期对电容进行检查，若电量大于满电量的 1/2，则认为其代表 1，并把电容充满电；若电量小于 1/2，则认为其代表 0，并把电容放电，借此来保持数据的连续性。

从计算机诞生开始，就有内存。内存发展到今天也经历了很多次的技术改进，从最早的 DRAM 一直到 FPMDRAM、EDODRAM、SDRAM 等，内存的速度一直在提高且容量也在不断地增加。

1. 内存分类

内存分类指内存所采用的类型，不同类型的内存传输类型各有差异，在传输率、工作频率、工作方式、工作电压等方面都有不同。主要的内存类型有 SDRAM、DDR SDRAM 和 DDR2 SDRAM 三种，其中 DDR SDRAM 和 DDR2 SDRAM 内存占据了市场的主流，而 SDRAM 内存规格已不再发展，列入被淘汰的行列。

（1）SDRAM

SDRAM 即 Synchronous Dynamic Random Access Memory（同步动态随机存储器），曾经是计算机上最被广泛应用的一种内存类型。既然是“同步动态随机存储器”，那就代表着它的工作速度是与系统总线速度同步的。SDRAM 内存又分为 PC66、PC100、PC133 等不同规格，而规格后面的数字代表该内存最大能正常工作的系统总线速度，比如 PC100，就说明此内存可以在系统总线为 100MHz 的计算机中同步工作。

与系统总线速度同步，这样就避免了不必要的等待周期，减少数据存储时间。同步还使存储控制器知道在哪一个时钟脉冲期由数据请求使用，因此数据可在脉冲上升期便开始传输。SDRAM 采用 3.3V 工作电压，168Pin 的 DIMM 接口，带宽为 64 位。SDRAM 不仅应用在内存上，在显存上也较为常见。常见的 SDRAM 内存条如图 1-14 所示。

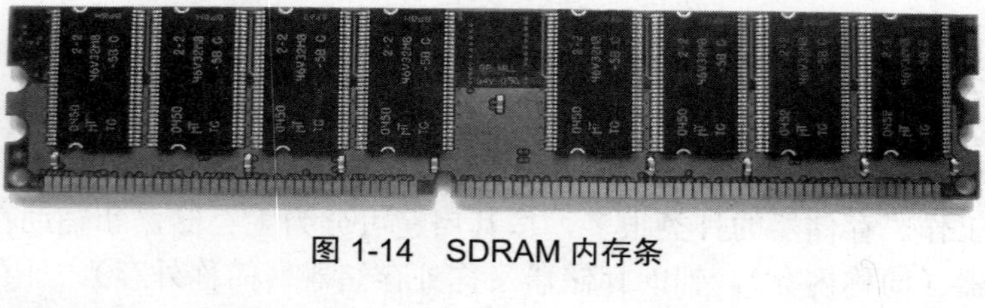

图 1-14　SDRAM 内存条

（2）DDR SDRAM

严格地说，DDR 应该叫 DDR SDRAM，人们习惯称其为 DDR。DDR SDRAM 是 Double Data Rate SDRAM 的缩写，即双倍速率同步动态随机存储器。DDR 内存是在 SDRAM 内存基础上发展而来的，仍然沿用 SDRAM 生产体系，因此对于内存厂商而言，只需对制造普通 SDRAM 的设备稍加改进，即可实现 DDR 内存的生产，可有效地降低成本。

SDRAM 在一个时钟周期内只传输一次数据，它是在时钟的上升期进行数据传输；而 DDR 内存则是一个时钟周期内传输两次数据，它能够在时钟的上升期和下降期各传输一次数据，因此称为双倍速率同步动态随机存储器。DDR 内存可以在与 SDRAM 相同的总线频率下达到更高的数据传输率。

与 SDRAM 相比，DDR 运用了更先进的同步电路，使指定地址、数据的输入和输出主要步骤既独立执行，又保持与 CPU 完全同步；DDR 使用了 DLL（Delay Locked Loop，延时锁定回路提供一个数据滤波信号）技术，当数据有效时，存储控制器可使用这个数据滤波信号来精确定位数据，每 16 次输出一次，并重新同步来自不同存储器模块的数据。DDR 本质上不需要提高时钟频率就能加倍提高 SDRAM 的速度，它允许在时钟脉冲的上升沿和下降沿读出数据，因而其速度是标准 SDRAM 的两倍。

从外形体积上 DDR 与 SDRAM 相比差别并不大，他们具有同样的尺寸和同样的针脚距离。但 DDR 为 184 针脚，比 SDRAM 多出了 16 个针脚，主要包含新的控制、时钟、电源和接地等信号。DDR 内存采用的是支持 2.5V 电压的 SSTL2 标准，而不是 SDRAM 使用的 3.3V 电压的 LVTTL 标准。图 1-15 所示为一款 DDR 内存条。

图 1-15　DDR 内存条

（3）DDR2 SDRAM

DDR2（Double Data Rate 2）SDRAM 是由 JEDEC（电子设备工程联合委员会）进行开发的新生代内存技术标准，是目前市场上的主流内存类型。它与上一代 DDR 内存技术标准最大的不同就是虽然都采用了在时钟的上升/下降阶段进行数据传输的基本方式，但 DDR2 内存却拥有两倍于上一代 DDR 内存的预读取能力（即 4bit 数据读预取）。换句话说，DDR2 内存每个时钟能够以 4 倍外部总线的速度读/写数据，并且能够以内部控制总线 4 倍的速度运行。

此外，由于 DDR2 标准规定所有 DDR2 内存均采用 FBGA 封装形式，而不同于目前广泛应用的 TSOP/TSOP-II 封装形式，FBGA 封装可以提供更为良好的电气性能与散热性，为 DDR2 内存的稳定工作与频率的发展提供了坚实的基础。图 1-16 所示为一款 DDR2 内存条。

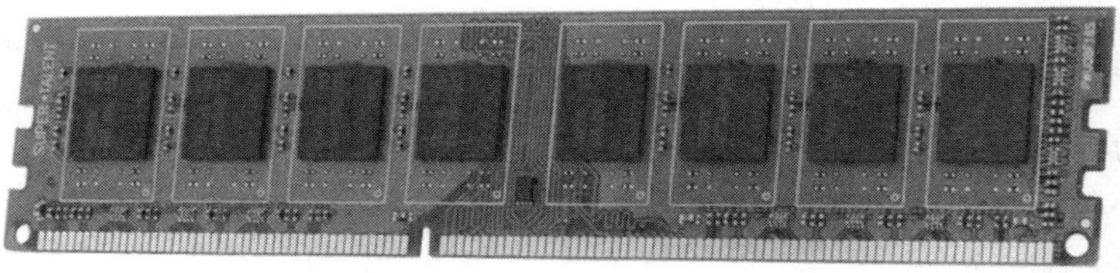

图 1-16　DDR2 内存条

（4）DDR3 SDRAM

DDR3 内存实现了一系列的技术改善，这些改善强调更快的速度和更高的性能。DDR3 器件设计用于高速信号，为改善的引脚排列提供了更多的电源，这样能实现更优的电源供电。改善的电源分布以及改善的基准信号，使得信号质量得到了改善。

DDR3 最初目标是运算和图形密集型应用，例如高端台式电脑和工作站，在这些应用中需要处理大量的信息，以在屏幕上产生栩栩如生的图像，改善用户体验。随着生产成本和销售价格的降低，DDR3 内存逐步走入了民用市场，并有取代 DDR2 内存成为市场主流内存产品的趋势。根据一些调查公司的预计，2008 年 DDR3 内存将会占据 55%的内存市场，而到 2009 年 DDR3 的普及程度将会达到 65%，图 1-17 所示为一款 DDR3 内存产品。

图 1-17　DDR3 内存

2. 内存性能指标

（1）内存容量

内存容量是指内存条的存储容量，是内存条的关键性参数。内存容量以 MB 作为单位，可以简写为 M。内存的容量一般都是 2 的整次方倍，比如 256MB、512MB、1024MB（1GB）等，一般而言，内存容量越大越有利于系统的运行。目前台式机中主流采用的内存容量为 2GB 和 4GB。

（2）内存频率与速度

内存主频和 CPU 主频一样，通常表示内存的速度，它代表内存所能达到的最高工作频率。内存主频是以 MHz（兆赫）为单位来计量的。内存主频越高在一定程度上代表着内存所能达到的速度越快。内存主频决定着内存正常工作时的最高频率。目前较为主流的内存频率为 667MHz 和 800MHz。

内存速度是用存取时间（Access Time from CLK，TAC）来表示的，以纳秒（ns）为单位。ns 值越小，表明存取时间越短，速度就越快。目前，DDR 内存的存取时间一般为 5ns 或 6ns，更快的存储器多用在显卡的显存上，如 3.8ns、3.6ns、3.3ns、2.8ns 等。

（3）CAS 的延迟时间

CAS（Column Address Strobe）即列地址选通脉冲。内存在存储信息时就如同一个大表格，通过行（Column）和列（Row）来为所有存储在内存中的信息定位，CAS 就是指要多少个时钟周期后才能找到位置，其速度越快性能也就越好。所以，它是内存的重要参数之一，通常用 CAS Latency（延迟）衡量这个指标，简称 CL。

（4）颗粒封装

内存颗粒在内存中的作用非常重要，在购买内存条的时候，一定要查看内存条上的内存颗粒。

（5）内存的奇偶校验

奇偶校验内存就是在每一个字节外又额外增加了一位作为错误检测之用。当 CPU 返回读取储存的数据时，它会再次相加前 8 位中存储的数据，检验计算结果是否与校验位相一致。当 CPU 发现二者不同时就会自动处理。

1.2.4 硬盘

硬盘是系统中极为重要的设备，存储着大量的用户资料和信息。如果说内存只是数据的中转站的话，硬盘就是存放数据的仓库。现在的硬盘容量越来越大，里面通常存放了许多珍贵的东西，所以一定要爱护好你的硬盘，否则，一旦数据丢失就有可能造成不可挽回的损失。

1. 硬盘的性能参数

在系统介绍硬盘结构之前，我们有必要先了解一下硬盘的主要性能参数。

（1）硬盘容量

作为计算机系统的数据存储器，容量是硬盘最主要的参数。硬盘的容量一般都以千兆字节（GB）为单位，1GB=1024MB。硬盘厂商在标称硬盘容量时通常取 1GB=1000MB，但操作系统中会占用一些硬盘空间，所以在操作系统中显示的硬盘容量和标称容量会存在差异。因此在 BIOS 中或在格式化硬盘时看到的容量会比厂家的标称值要小。

对于用户而言，硬盘的容量就像内存一样，永远只会嫌少不会嫌多。Windows 操作系统带给我们的除了更为简便的操作外，还带来了文件大小与数量的日益膨胀，一些应用程序动辄就要占用上百兆的硬盘空间，而且还有不断增大的趋势。因此，在购买硬盘时适当地超前是明智的。目前的主流硬盘的容量为 500GB 和 1TB，而 2TB 以上的大容量硬盘亦已开始逐渐普及。

（2）传输速率

传输速率（Data Transfer Rate）是指硬盘读写数据的速度，单位为兆字节每秒（MB/s）。硬盘数据传输率又包括了内部传输率和外部传输率。

内部传输率（Internal Transfer Rate）也称为持续传输率（Sustained Transfer Rate），它反映了硬盘缓冲区未用时的性能。内部传输率主要依赖于硬盘的旋转速度。

外部传输率（External Transfer Rate）也称为突发数据传输率（Burst Data Transfer Rate）或接口传输率，它标称的是系统总线与硬盘缓冲区之间的数据传输率，外部传输率与硬盘接口类型和硬盘缓存的大小有关。

（3）转速

转速（Rotational Speed）是硬盘内电机主轴的旋转速度，也就是硬盘盘片在一分钟内所能完成的最大转数。转速的快慢是标示硬盘档次的重要参数之一，它是决定硬盘内部传输率的关键因素之一，在很大程度上直接影响到硬盘的速度。硬盘的转速越快，硬盘寻找文件的速度也就越快，相对的硬盘的传输速度也就得到了提高。硬盘转速以每分钟多少转来表示，单位为 rpm（Revolutions Perminute），即“转/每分钟”。rpm 值越大，内部传输率就越快，访问时间就越短，硬盘的整体性能也就越好。

硬盘的主轴马达带动盘片高速旋转，产生浮力使磁头飘浮在盘片上方。要将所要存取资料的扇区带到磁头下方，转速越快，则等待时间也就越短。因此转速在很大程度上决定了硬盘的速度。

目前，市场上 7200 rpm 的硬盘已经成为台式硬盘市场主流，而且 7200 rpm 的硬盘在稳定性、发热量以及噪音控制等方面都已经非常成熟。服务器用户对硬盘性能要求最高，服务器中使用的 SCSI 硬盘转速基本都采用 10000 rpm，甚至还有 15000 rpm 的性能要超出家用产品很多。

（4）平均寻道时间

平均寻道时间（Average Seek Time）是了解硬盘性能至关重要的参数之一。它是指硬盘在接收到系统指令后，磁头从开始移动到移动至数据所在的磁道所花费时间的平均值，它一定程度上体现了硬盘读取数据的能力，是影响硬盘内部数据传输率的重要参数，单位为毫秒（ms）。不同品牌、不同型号的产品其平均寻道时间也不一样，时间越短，则产品越好，现今主流的硬盘产品平均寻道时间都在 8～9ms。

（5）缓存

一般硬盘的平均访问时间为十几毫秒，但 RAM（内存）的速度要比硬盘快几百倍。所以 RAM 通常会花大量的时间去等待硬盘读出数据，从而也使 CPU 效率下降。于是，人们采用了高速缓冲存储器（又叫高速缓存）技术来解决这个矛盾。

简单地说，硬盘上的缓存容量是越大越好，大容量的缓存对提高硬盘速度很有好处，不过提高缓存容量就意味着成本上升。目前市面上的硬盘缓存容量通常为 2MB～8MB。

（6）突发数据传输率

突发数据传输率也称为外部传输率（external transfer rate）或接口传输率，即微机系统总线与硬盘缓冲区之间的数据传输率。突发数据传输率与硬盘接口类型和硬盘缓冲区容量大小有关。目前支持 ATA/100 的硬盘最快的传输速率能达到 100Mbps。

（7）持续传输率

持续传输率也称为内部传输率（Internal transfer rate），它反映硬盘缓冲区未用时的性能。内部传输率主要依赖硬盘的转速。

（8）控制电路板

控制电路板上面主要集成了用于调节硬盘盘片转速的主轴调速电路、控制磁头的磁头驱动与伺服电路和读写电路以及控制与接口电路等。除了这些保证硬盘基本功能的基础电路以外，新式的硬盘上大多都还有自己的专用电路，主要是提供 S.M.A.R.T（Self-Monitoring Analysis and Reporting Technology，即自我监测、分析和报告系统）的支持和各厂商自己开发的提高硬盘可靠性的技术硬件上的支持。

2. 硬盘的结构

硬盘存储数据是根据电、磁转换原理实现的。硬盘由一个或几个表面镀有磁性物质的金属或玻璃等物质盘片以及盘片两面所安装的磁头和相应的控制电路组成，如图 1-18 所示，其中盘片和磁头密封在无尘的金属壳中。

图 1-18　硬盘的物理结构

硬盘工作时，盘片以设计转速高速旋转，设置在盘片表面的磁头则在电路控制下径向移动到指定位置然后将数据读入或读取出来。当系统向硬盘写入数据时，磁头中“写数据”电流产生磁场使盘片表面磁性物质状态发生改变，并在写电流磁场消失后仍能保持，这样数据就存储下来了；当系统从硬盘中读数据时，磁头经过盘片指定区域，盘片表面磁场使磁头产生感应电流或线圈阻抗产生变化，经相关电路处理后还原成数据。因此只要能将盘片表面处理得更平滑、磁头设计得更精密以及尽量提高盘片旋转速度，就能造出容量更大、读写速度更快的硬盘。这是因为盘片表面处理越平、转速越快就能使磁头离盘片表面越近，提高读、写灵敏度和速度；磁头设计越小越精密就能使磁头在盘片上占用空间越小，使磁头在一张盘片上建立更多的磁道以存储更多的数据。

硬盘是由磁道（Tracks）、扇区（Sectors）、柱面（Cylinders）和磁头（Heads）组成的。硬盘上面被分成若干个同心圆磁道。每个磁道被分成若干个扇区，每个扇区通常为 512 字节。硬盘的磁道数一般为 300～3000，每个磁道的扇区数通常是 63。

硬盘由很多个磁片叠在一起，柱面指的就是多个磁片上具有相同编号的磁道，它的数目和磁道是相同的。硬盘的容量计算方法如下：

硬盘容量=柱面数×扇区数×每扇区字节数×磁头数。

簇是文件存储的最小单位。在硬盘上，簇的大小和分区大小有关。比如，当分区容量介于 64MB 和 128MB 之间时，每个簇有 4 个扇区；介于 128MB 和 256MB 之间时，每个簇有 8 个扇区；而当分区容量大于 1024MB 时，每簇的扇区数目将超过 64，容量达到 32KB 以上。此时一个字节的文件在硬盘上也会占用 32KB 的空间。

硬盘一般需要两级，即低级格式化和高级格式化。硬盘的低级格式化是在每个磁片上划分出一个个同心圆的磁道，它是物理格式化。现在的硬盘在出厂前都已完成了这项工作。平时在给计算机安装软件时，用“format c:”命令对硬盘所做的格式化指的是高级格式化。需要注意的是：低级格式化会彻底清除硬盘里的内容，应谨慎使用，同时它也可以清除硬盘上的所有病毒；低级格式化需要特殊的软件，有些主板的 BIOS 里也有这种程序；低级格式化次数过多对硬盘是有害的。

硬盘是一种精密的机械设备，但并不能保证它永远不会出现故障，所以对重要数据的备份是非常重要的。

3. 硬盘的分类

硬盘是计算机中最重要的部件之一，按不同的接口和外形尺寸其种类有很多，除了现在最常见的台式机中使用的3.5英寸IDE和SATA接口产品外，还有其他类型的硬盘。

（1）IDE接口硬盘

IDE接口的硬盘也被称为PATA硬盘（并行ATA），如今已经逐渐被SATA硬盘所取代，IDE接口硬盘一直占据了相当大的份额，这种类型的硬盘通过IDE数据线传输数据，IDE硬盘的接口如图1-19所示。IDE数据线分为40针和80针两种，这两种数据线在传输数据时速度明显不同，80针的数据线传输速度远远高于40针数据线。

（2）SATA接口硬盘

SATA（Serial ATA）接口的硬盘也被称为串口硬盘，是一种完全不同于并行ATA的新型硬盘接口类型，如图1-20所示。

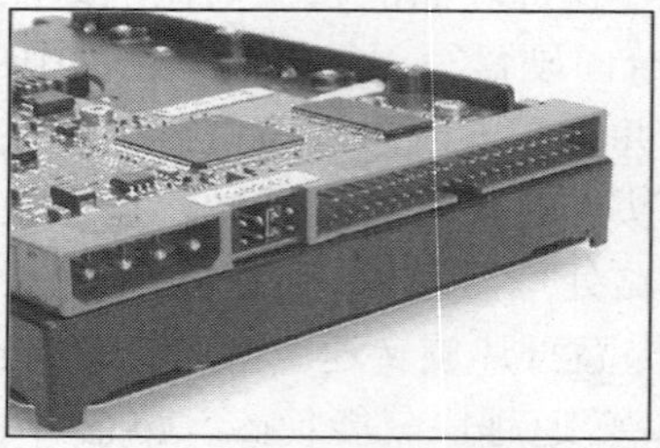

图1-19　IDE接口硬盘

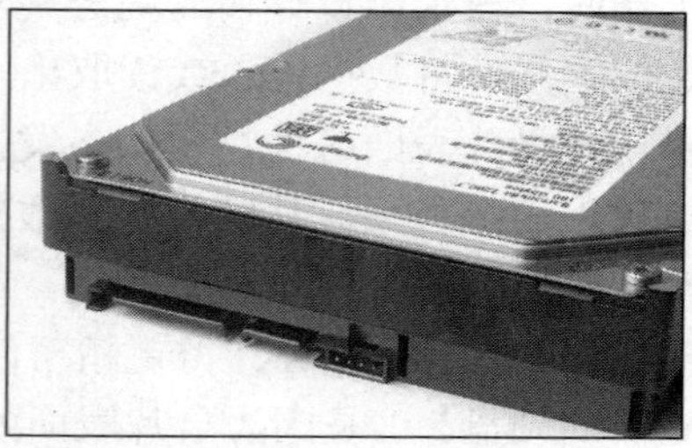

图1-20　SATA接口硬盘

（3）SCSI接口硬盘

SCSI（Small Computer System Interface，小型计算机系统接口）是与IDE（ATA）完全不同的接口，IDE接口是普通计算机的标准接口，而SCSI并不是专门为硬盘设计的接口，是一种广泛应用于小型机上的高速数据传输技术。

（4）光纤通道硬盘

光纤通道（Fibre Channel）最初也不是为硬盘设计开发的接口技术，是专门为网络系统设计的，但随着存储系统对速度的需求，才逐渐应用到硬盘系统中。

（5）笔记本硬盘

笔记本电脑内部空间狭小，电池能量有限，再加上移动中的难以避免的磕碰，对其部件的体积、功耗和坚固性等提出了很高的要求。由于笔记本电脑硬盘比通常的桌面硬盘有着更高的品质要求，生产的厂家不多，当今笔记本硬盘市场85%以上的份额被Hitachi（日立、IBM）、Toshiba（东芝）和富士通这三家公司占领。

笔记本硬盘最大的特点就是小巧轻便，如图1-21所示，它的直径一般仅为2.5英寸（还有1.8英寸的产品），厚度也远低于3.5英寸硬盘。大多数产品厚度仅有9.5mm，重量尚不足百克，堪称小巧玲珑。目前笔记本电脑硬盘的发展方向就是外形更小、质量更轻、容量更大。除了常见的为2.5英寸规格外，还有一种为1.8英寸规格，主要由东芝生产，随着轻薄机型的热销，1.8英寸笔记本硬盘的前景也十分广阔，收购了IBM硬盘事业部的日立也发布了1.8英寸的笔记本硬盘产品：Travelstar C4K40-20。另外东芝和富士通都曾经推出过PC卡接口的1.8英寸硬盘，老机器用来升级容量十分方便。

（6）微型硬盘

越来越小也是硬盘的发展方向之一，除了 1.8 英寸的硬盘外，更小的还有 1 英寸的 HDD（Micro Drive），如图 1-22 所示，其外观和接口为 CF TYPE II 型卡，传送模式为 Ultra DMA mode 2。

图 1-21　笔记本硬盘

图 1-22　微型硬盘

随着数码产品对大容量和小体积存储介质的要求，早在 1998 年 IBM 就凭借强大的研发实力最早推出了容量为 170/340MB 的微型硬盘。而现在，日立、东芝、南方汇通等公司，继续推出了 4GB 甚至更大的微型硬盘。微型硬盘最大的特点就是体积小巧容量适中，大多采用 CF II 插槽，只比普通 CF 卡稍厚一些。微型硬盘可以说是凝聚了磁储技术方面的精髓，其内部结构与普通硬盘几乎完全相同，在有限的体积里包含有相当多的部件。新第一代 1 英寸以下的硬盘已经上市，东芝是最早推出这种硬盘的公司之一，其直径仅为 0.8 英寸左右（SD 卡大小），容量却高达 10GB 以上。

（7）固态硬盘

现在市场上由各种快闪存储器构成的小型存储卡应用很广泛了，其中有一种特殊的闪存存储器采用了标准 IDE 接口，因此也被称为“固态硬盘”，如图 1-23 所示。固态硬盘具有很强的耐冲击性能和抗干扰能力，在工业控制计算机等设备中应用很广泛，而随着信息家电的不断涌入家庭，以固态硬盘为主的便携记录媒体市场将会更加红火。随着新型闪存器件容量的急速增长和价格的下跌，固态硬盘将是今后 PC 存储设备发展的趋势。

图 1-23　固态硬盘

1.2.5　机箱和电源

台式计算机都有一个机箱，用来将各种硬件设备组装到其中，而电源则是机箱中一个重要的部件，它为计算机提供所需的各种源动力。

1. 机箱的结构

机箱结构是指机箱在设计和制造时所遵循的主板结构规范标准。每种结构的机箱只能安装该规范所允许的主板类型。机箱结构与主板结构是相对应的关系。机箱结构一般也可分为 AT、Baby-AT、ATX、Micro ATX、LPX、NLX、Flex ATX、EATX、WATX 以及 BTX 等结构。

其中，AT 和 Baby-AT 是多年前的老机箱结构，现在已经淘汰，而 LPX、NLX、Flex ATX 则是 ATX 的变种，多见于国外的品牌机，国内尚不多见；EATX 和 WATX 则多用于服务器/工作站机箱；ATX 则是目前市场上最常见的机箱结构，扩展插槽和驱动器仓位较多，扩展槽数可多达 7 个，而 3.5 英寸和 5.25 英寸驱动器仓位也分别至少达到 3 个或更多，现在的大多数机箱都采用此结构；Micro ATX 又称 Mini ATX，是 ATX 结构的简化版，就是常说的“迷你机箱”，扩展插槽和驱动器仓位较少，扩展槽数通常在 4 个或更少，而 3.5 英寸和 5.25 英寸驱动器仓位也分别只有 2 个或更少，多用于品牌机；BTX 则是下一代的机箱结构。

各种结构的机箱只能安装与其相对应的主板（向下兼容的机箱除外，例如 ATX 机箱除了可以安装 ATX 主板之外，还可以安装 Baby-AT、Micro-ATX 等结构的主板）。因此，在选购机箱时要注意根据自己的主板结构类型来选购，以免出现机箱购买回来却无法使用的情况。

机箱的固定架结构如图 1-24 所示。

图 1-24　机箱的固定架结构

2. 电源的分类

计算机电源是整个计算机系统的动力站。计算机内部各元器件所需的电源电压有±3V、±5V、±12V 等，一般市电电压为 220V 交流且不稳定，计算机电源的作用主要是将 220V 交流电转换为主机内部所需的多种稳压直流电源。

计算机电源的外观如图 1-25 所示，从规格上主要可以划分为 AT、ATX 和 Micro ATX 3 种类型。

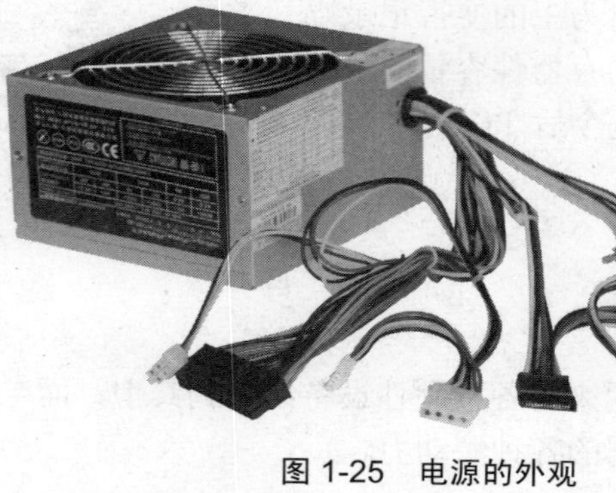

图 1-25　电源的外观

（1）AT 电源

AT 电源的功率一般在 150～250W 之间，有 4 路输出（±5V，±12V），另外向主板提供一个 PG（接地）信号。输出线为两个 6 芯插座和一些 4 芯插头，其中两个 6 芯插座为主板提供电力。

AT 电源是通过控制 220V 交流的接通和断开来控制计算机的开关，也就是说用户一按计算机的电源开关，计算机就立刻关闭，且不能实现软件开/关机，这也是很多计算机用户不满意的地方。AT 电源在市场上已不多见，如果要安装 AT 电源到主板的电源插座上，一定要分清两个插头的方向，两个插头带黑线的一边要靠拢，然后再插入主板插座中，否则就会烧坏主板。

（2）ATX 电源

ATX 电源是 Intel 公司 1997 年 2 月推出的电源结构，和以前的 AT 电源相比，在外形规格和尺寸方面并没有发生本质上的变化，但在内部结构方面却做了相当大的改动。

ATX 电源增加了一个电源管理功能，称为 Stand-By，即±3.3V 和+5V Stand-By 两路输出和一个 PS-ON 信号，并将电源输出线改为一个 20 芯的电源线为主板供电。

PS-ON 信号是主板向电源提供的电平信号，低电平时电源启动，高电平时电源关闭。利用+5V StandBy 和 PS-ON 信号，就可能实现软件开关机、键盘开机、网络唤醒等功能。

（3）Micro ATX 电源

Micro ATX 是 Intel 公司在 ATX 电源的基础上改进的标准电源，其主要目的就是降低制作成本。Micro ATX 电源与 ATX 电源相比，其最显著的变化就是体积减小、功率降低。ATX 标准电源的体积大约是 150mm×140mm×86mm，而 Micro ATx 电源的体积是 125mm×100mm×63.5mm。ATX 电源的功率大约在 200W 左右，而 Micro ATX 电源的功率只有 90～150W 左右。目前 Micro ATX 电源大都在一些品牌机和 OEM 产品中使用，零售市场上很少见到。

另外，若从电源的额定功率划分，常见的有 200W、250W、300W、360W、400W 和 460W 等；从电源适用对象来划分，可以分为服务器类和台式机类等。

3. 电源的性能指标

电源是主机的动力系统，电源的稳定直接关系着主机是否能稳定工作。评价一个电源的好坏，不能单从外观上进行辨认，应该从性能指标上入手。电源的性能指标主要包括以下几点。

（1）电源效率

电源效率和电源设计电路有密切的关系，高效率的电源可以提高电能的使用效率，在一定程度上可以降低电源的自身功耗和发热量。

（2）输入技术指标

输入技术指标有输入电源相数、额定输入电压，电压的变化范围、频率、输入电流等。国内输入电源的额定电压为 220V。开关电源的电压范围比较宽，一般为 180～260V。交流输入功率为 50Hz 或 60Hz。

冲击电流是指以规定的时间间隔对输入电压进行通断操作时，输入电流达到稳定状态之前流经的最大瞬时电流。对于开关电源，冲击电流是输入电源接通和其后输出电压上升时流经的电流，它受输入开关能力的限制，峰值电流一般为 30～50A。

（3）电源寿命

按照元件的可能失效周期计算，电源寿命一般为 3～5 年，平均工作时间为 80000～100000 小时。

（4）输出电压的纹波

电源输出的是直流电压，但总有些交流成分在里面，纹波太大会对主板以及内存条和板卡不利。

（5）电压的保持时间

在计算机系统中后备式的 UPS 占有相当大的比例，当突然停电，后备式的 UPS 会切换供电，一般需要 2～10ms 的切换时间，所以在此期间需要电源自身能够靠储能元件中存储的电量维持短暂的供电，一般优质的电源的保持时间可以达 12～18ms，确保 UPS 切换期间的正常供电。

（6）过压保护

ATX 电源较传统 AT 电源多了 3.3V 电压组，有的主板没有稳压组件直接用 3.3V 为主板部分设备供电，同时对输入电压也有上限，一旦电压升高对被供电设备可能会造成严重不可逆的物理损伤，所以电源的过压保护非常重要，应防患于未然。

（7）Power Good 信号

Power Good 信号简称 PG 或 POK 信号，该信号是直流输出电压检测信号和交流输入电压检测信号的逻辑。当电源接通后，如果交流输入电压在额定工作范围之内，且各路直流输出电压也已达到它们的最低检测电平（+5V 输出为 4.75V 以上），那么经过 100～500ms 的延时，PG 电路发出“电源正常”的信号。当电源交流输入电压降至安全工作范围以下，电源送出“电源故障”信号。PG 信号非常重要，即使电源的各路直流输出都正常，如果没有 PG 信号，主板还是无法工作。如果 PG 信号的时序不对，可能会造成不能开机。

（8）电磁干扰

由于开关电源的工作原理决定内部具有较强的电磁震荡，且具有类似无线电波的对外辐射特性，如果不加以屏蔽可能会对其他设备造成影响。电源一般通过外面的铁盒和机箱加以屏蔽，但泄漏不可避免。因此国际上有 FCC A 和 FCC B 的标准，在国内也有国标 A（工业级）和国标 B（家用电器级）的标准，优质的电源都可以通过国标 B 级。

1.2.6 显卡

显示接口卡（Video card，Graphics card），又称为显示适配器（Video adapter），习惯上简称为显卡，它是个人电脑最基本的组成部分之一。显卡的用途是将计算机系统所需要的显示信息进行转换驱动，并向显示器提供行扫描信号，控制显示器的正确显示，是连接显示器和个人电脑主板的重要元件，是“人机对话”的重要设备之一。显卡作为电脑主机里的一个重要组成部分，承担输出显示图形的任务，对于喜欢玩游戏和从事专业图形设计的人来说显卡非常重要。目前民用显卡图形芯片供应商主要包括 AMD（ATI）和 Nvidia 两家。

1. 显卡的组成

显卡由显示芯片、显示缓存（简称显存）、显示 BIOS、数字/模拟转换器（DAC）、显示器连接端口和总线接口组成，如图 1-26 所示。

显卡通过 AGP 插槽或 PCI-E 插槽与主板的系统总线相连，CPU 在显示芯片的协助下通过系统总线将数据传输到显存，显存接收并存储来自 CPU 的数字图像数据，显示芯片扫描显存中的数据并且将这些数据传送给数字/模拟转换器，数字/模拟转换器将数字图像转换为模拟信号并发送到连接显示器的 15 芯 D 型 VGA 接口，将模拟图像送到显示器上显示。

图 1-26　显卡的组成

2. 显卡的分类

按照接口类型可以分成 ISA、PCI、AGP、PCI-E 等几种接口，按照适用类型可以分为普通和专用显卡，按照使用的不同电脑还可以分为笔记本和台式机的显卡。

（1）按照接口类型分类

接口类型是指显卡与主板连接所采用的接口种类。显卡的接口决定着显卡与系统之间数据传输的最大带宽，也就是瞬间所能传输的最大数据量。不同的接口决定着主板是否能够使用此显卡，只有在主板上有相应接口的情况下，显卡才能使用，并且不同的接口能为显卡带来不同的性能。

显卡发展至今主要出现过 ISA、PCI、AGP、PCI-E 等几种接口，所能提供的数据带宽依次增加。其中 2004 年推出的 PCI-E 接口已经成为主流，以解决显卡与系统数据传输的瓶颈问题，而 ISA、PCI 接口的显卡已经基本被淘汰。

① AGP 显卡

目前市场上主流的 AGP 显卡是 AGP 8X 版本，其数据传输带宽达 2.1GB/s，能够基本满足大部分的游戏及图形图像设计需要。如图 1-27 所示为一款 AGP 8X 显卡，由于显卡技术的不断发展，此类显卡已经逐渐淡出市场了。

② PCI-E 显卡

采用 PCI-E 接口的显卡也被称为 PCI-E 显卡。PCI-E 的接口根据总线位宽不同而有所差异，包括 X1、X4、X8 以及 X16，而 X2 模式将用于内部接口而非插槽模式。PCI-E 规格从 1 条通道连接到 32 条通道连接，有非常强的伸缩性，以满足不同系统设备对数据传输带宽的需求。此外，较短的 PCI-E 卡可以插入较长的 PCI-E 插槽中使用，PCI-E 接口还能够支持热拔插，这也是个不小的飞跃。PCI-E X1 的 250MB/秒传输速度已经可以满足主流声效芯片、网卡芯片和存储设备对数据传输带宽的需求，但是远远无法满足图形芯片对数据传输带宽的需求。因此，用于取代 AGP 接口的 PCI-E 接口位宽为 X16，能够提供 5GB/s 的带宽，即便有编码上的损耗但仍能够提供约为 4GB/s 左右的实际带宽，远远超过 AGP 8X 的 2.1GB/s 的带宽。如图 1-28 所示为一款 PCI-E 显卡。

（2）按照适用类型分类

① 普通显卡

普通显卡就是普通台式机内所采用的显卡产品，也就是DIY市场内最为常见的显卡产品。之所以叫它普通显卡，是相对于应用于图形工作站上的专业显卡产品而言的。普通显卡更多注重于民用级应用，更强调的是在用户能接受的价位下提供更强大的娱乐、办公、游戏、多媒体等方面的性能；而专业显卡则强调的是强大的性能、稳定性、绘图的精确等方面。目前设计制造普通显卡显示芯片的厂家主要有NVIDIA、ATI、SIS等，但主流的产品都是采用NVIDIA、ATI的显示芯片。

图1-27 AGP 8X显卡

图1-28 PCI-E显卡

② 专业显示卡

专业显示卡是指应用于图形工作站上的显示卡，它是图形工作站的核心。从某种程度上来说，在图形工作站上它的重要性甚至超过了CPU。与针对游戏、娱乐和办公市场为主的消费类显卡相比，专业显示卡主要针对的是三维动画软件（如3DS Max、Maya、Softimage|3D等）、渲染软件（如LightScape、3DS VIZ等）、CAD软件（如AutoCAD、Pro/Engineer、Unigraphics、SolidWorks等）、模型设计（如Rhino）以及部分科学应用等专业应用市场。专业显卡针对这些专业图形图像软件进行必要的优化，都有着极佳的兼容性。

普通家用显卡主要针对Direct 3D加速，而专业显示卡则是针对OpenGL来加速的。OpenGL（Open Graphics Library开放图形库）是目前科学和工程绘图领域无可争辩的图形技术标准。OpenGL注重于快速绘制2D和3D物体用于CAD、仿真、科学应用可视化和照片级真实感的游戏视景中。它是一个开放的三维图形软件包，它独立于窗口系统和操作系统，能十分方便地在各平台间移植，它具有开放性、独立性和兼容性三大特点。

专业显示卡在多边形产生速度或是像素填充率等指标上都要优于普通显卡，同时在调整驱动程序以及提供绘图的精确性方面也要强很多。与普通显卡注重的生产成本不同，专业显卡更强调性能以及稳定性，而且受限于用户群体较少，产量很小，因此专业显卡的价格都极为昂贵，不是普通用户所能承受的。

目前专业显卡厂商有3DLabs、NVIDIA和ATI等几家公司，3DLabs公司主要有“强氧（OXYGEN）”和“野猫（Wildcat）”两个系列的产品，是一家专注于设计、制造专业显卡的厂家。NVIDIA公司一直是家用显卡市场的中坚力量，专业显卡领域近几年才开始涉足，但凭借其雄厚的技术力量，其Quadro系列显卡在专业市场也取得了很大的成功。ATI

公司同样也是涉足专业显卡时间不长，它是在收购了原来“帝盟（DIAMOND）”公司的 FireGL 分部后，才开始推出自己的专业显卡，目前 FireGL 同样也有不俗的表现。市场还有艾尔莎、丽台等公司也在生产专业显卡，但其并不自主开发显示芯片，而都采用上面三家公司的显示芯片，生产自有品牌的专业显卡。

3. 显卡的技术指标

（1）显示芯片

显示芯片是显卡的核心芯片，又称为图形处理器（GPU），其性能好坏直接决定了显卡的性能，它的主要任务就是处理系统输入的视频信息并将其进行构建、渲染。显示芯片的性能直接决定了显示卡性能的高低。图 1-29 所示为一款显示芯片的外观。

图 1-29　显示芯片

① 制造工艺

显示芯片的制造工艺与 CPU 一样，也是用 μm 来衡量其加工精度。其制造工艺的提高，意味着显示芯片的体积将更小、集成度更高，可以容纳更多的晶体管，性能会更加强大，功耗也会降低。

和 CPU 一样，显示卡的核心芯片也是在硅晶片上制成的。采用更高的制造工艺，对于显示核心频率和显示卡集成度的提高都是至关重要的。而且重要的是制作工艺的提高可以有效地降低显卡芯片的生产成本。

微电子技术的发展与进步，主要是靠工艺技术的不断改进，使得器件的特征尺寸不断缩小，从而集成度不断提高，功耗降低，器件性能得到提高。芯片制造工艺在 1995 年以后，从微米数量级一直发展到当前的纳米数量级。

② 核心频率

显卡的核心频率是指显示核心的工作频率，其工作频率在一定程度上可以反映出显示核心的性能，但显卡的性能是由核心频率、显存、像素管线、像素填充率等多方面的情况所决定的，因此在显示核心不同的情况下，核心频率高并不代表此显卡性能强。比如 9600PRO 的核心频率达到了 400MHz，要比 9800PRO 的 380MHz 高，但在性能上 9800PRO 要强于 9600PRO。在同样级别的芯片中，核心频率高的则性能要强一些，提高核心频率是显卡超频的方法之一。显示芯片主流的只有 ATI 和 NVIDIA 两家，两家都提供显示核心给第三方的厂商，在同样的显示核心下，部分厂商会适当提高其产品的显示核心频率，使其工作在高于显示核心固定的频率上以达到更高的性能。

（2）显存

① 显存类型

显存是显卡上的核心部件之一，它的优劣和容量大小会直接关系到显卡的最终性能表现。可以说显示芯片决定了显卡所能提供的功能和基本性能，而显卡性能的发挥则很大程度上取决于显存。无论显示芯片的性能如何出众，最终其性能都要通过配套的显存来发挥。

显存，也叫做帧缓存，它的作用是用来存储显卡芯片处理过或者即将提取的渲染数据。如同计算机的内存一样，显存是用来存储要处理的图形信息的部件。我们在显示屏上看到的画面是由一个个的像素点构成的，而每个像素点都以 4 位至 32 位甚至 64 位的数据来控制它的亮度和色彩，这些数据必须通过显存来保存，再交由显示芯片和 CPU 调配，最后把运算结果转化为图形输出到显示器上。

目前市场上主要以 DDRII、DDRIII 为主，而新一代的 1950 芯片则支持 DDRIIII 显存。

② 显存位宽

显存位宽是显存在一个时钟周期内所能传送数据的位数，位数越大则瞬间所能传输的数据量越大，这是显存的重要参数之一。目前市场上的显存位宽有 64 位、128 位、256 位和 512 位，用户习惯上说的 64 位显卡、128 位显卡和 256 位显卡就是指其相应的显存位宽。显存位宽越高，性能越好价格也就越高，因此 512 位宽的显存更多应用于高端显卡，而主流显卡基本都采用 128 位和 256 位显存。

③ 显存容量与速度

显存容量是显卡上本地显存的容量数，这是选择显卡的关键参数之一。显存容量的大小决定着显存临时存储数据的能力，在一定程度上也会影响显卡的性能。显存容量也是随着显卡的发展而逐步增大的，并且有越来越大的趋势。显存容量从早期的 8MB、12MB、32MB、64MB 等极小容量，发展到 16MB、32MB、64MB，一直到目前主流的 512MB、1GB 和高档显卡的 2GB，某些专业显卡甚至已经具有 4GB 的显存了。

值得注意的是，显存容量越大并不一定意味着显卡的性能就越高，因为决定显卡性能的三要素首先是其所采用的显示芯片，其次是显存带宽（这取决于显存位宽和显存频率），最后才是显存容量。一款显卡究竟应该配备多大的显存容量才合适是由其所采用的显示芯片所决定的，也就是说显存容量应该与显示核心的性能相匹配才合理，显示芯片性能越高，由于其处理能力越高所配备的显存容量相应也应该越大，而低性能的显示芯片配备大容量显存对其性能是没有任何帮助的。

显存速度一般以 ns（纳秒）为单位。常见的显存速度有 7ns、6ns、5.5ns、5ns、4ns、3.6ns、2.8ns、1.1ns 等，数值越小表示速度越快。

（3）输出接口

显卡处理图像信息后，需要进行输出。目前最常见的显卡输出接口有 VGA、DVI 和 S-Video 接口，如图 1-30 所示。

图 1-30 显卡输出接口

① VGA（Video Graphics Array）：视频图形阵列接口，作用是将转换好的模拟信号输出到显示器中。

② DVI（Digital Visual Interface）：数字视频接口，视频信号无须转换，信号无衰减或失真，是未来 VGA 接口的替代接口。

③ S-Video（Separate Video）：S 端子，也叫二分量视频接口，一般采用五线接头，它是用来将亮度和色度分离输出的设备，主要功能是为了克服视频节目复合输出的亮度跟色度互相干扰。

（4）散热装置

散热装置的好坏也能影响到显卡的运行稳定性，常见的散热装置有以下几种。

① 被动散热：即只安装了铝合金或铜等金属的散热片。

② 风冷散热：在散热片上加装了风扇，目前多数采用这种方法。

③ 水冷散热：通过热管液体把 GPU 和水泵相连，一般在高端和顶级显卡中采用。

4. 独立显卡和集成显卡的区分

集成显卡是将显示芯片、显存及其相关电路都做在主板上，与主板融为一体；集成显卡的显示芯片有单独的，但现在大部分都集成在主板的北桥芯片中；一些主板集成的显卡也在主板上单独安装了显存，但其容量较小，集成显卡的显示效果与处理性能相对较弱，不能对显卡进行硬件升级，但可以通过 CMOS 调节频率或刷新 BIOS 文件实现软件升级来挖掘显示芯片的潜能；集成显卡的优点是功耗低、发热量小，部分集成显卡的性能已经可以媲美入门级的独立显卡，所以不用花费额外的资金购买显卡。

独立显卡是指将显示芯片、显存及其相关电路单独做在一块电路板上，自成一体而作为一块独立的板卡存在，它需占用主板的扩展插槽（ISA、PCI、AGP 或 PCI-E）。独立显卡单独安装有显存，一般不占用系统内存，在技术上也较集成显卡先进得多，能够比集成显卡得到更好的显示效果和性能，容易进行显卡的硬件升级；其缺点是系统功耗有所加大，发热量也较大，需额外花费购买显卡的资金。独立显卡成独立的板卡存在，需要插在主板的相应接口上，独立显卡具备单独的显存，不占用系统内存，而且技术上领先于集成显卡，能够提供更好的显示效果和运行性能。

1.2.7　显示器

随着多媒体计算机的普及，显示器处于越来越重要的地位。显示器质量的好坏，直接影响到工作效率与娱乐效果。本小节我们详细介绍显示器的相关知识。

1. CRT 显示器

CRT 显示器是一种使用阴极射线管（Cathode Ray Tube）的显示器，阴极射线管主要由 5 部分组成：电子枪（Electron Gun）、偏转线圈（Deflecting Coil）、荫罩（Shadow Mask）、荧光粉层（Phosphor）和玻璃外壳。它是应用最广泛的显示器之一，CRT 纯平显示器具有可视角度大、无坏点、色彩还原度高、色度均匀、可调节的多分辨率模式、响应时间极短等 LCD 显示器难以超过的优点，而且现在的 CRT 显示器价格要比 LCD 显示器便宜很多。图 1-31 所示为 CRT 显示器。

2. LCD 显示器

液晶显示器（LCD）英文全称为 Liquid Crystal Display，如图 1-32 所示，它是一种采用了液晶控制透光度技术来实现色彩的显示器。和 CRT 显示器相比，LCD 的优点是很明显的。由于通过控制是否透光来控制亮和暗，当色彩不变时，液晶也保持不变，这样就无须考虑刷新率的问题。对于画面稳定、无闪烁感的液晶显示器，刷新率不高但图像也很稳定。LCD 显示器还通过液晶控制透光度的技术原理让底板整体发光，所以它做到了真正的完全平面。一些高档的数字 LCD 显示器采用了数字方式传输数据、显示图像，这样就不会产生由于显卡造成的色彩偏差或损失。完全没有辐射，即使长时间观看 LCD 显示器屏幕也不会对眼睛造成很大伤害。体积小、能耗低也是 CRT 显示器无法比拟的，一般一台 15 寸 LCD 显示器的耗电量也就相当于 17 寸纯平 CRT 显示器的 1/3。

图 1-31　CRT 显示器

图 1-32　LCD 显示器

目前相比 CRT 显示器，LCD 显示器的图像质量仍不够完善。在色彩表现和饱和度上，LCD 显示器都在不同程度上输给了 CRT 显示器，而且液晶显示器的响应时间也比 CRT 显示器长，当画面静止的时候还可以，一旦用于玩游戏、看影碟这些画面更新速度快而剧烈的显示时，液晶显示器的弱点就暴露出来了，画面延迟会产生重影、脱尾等现象，严重影响显示质量。

1.2.8　光盘驱动器

光盘驱动器就是我们平常所说的光驱（CD-ROM），读取光盘信息的设备，如图 1-33 所示，它是多媒体电脑不可缺少的硬件配置。光盘存储容量大，价格便宜，保存时间长，适宜保存大量的数据，如声音、图像、动画、视频信息、电影等多媒体信息。

1. 光驱的分类

目前，光驱可分为 CD-ROM 驱动器、DVD 光驱（DVD-ROM）、康宝（COMBO）和刻录机等。

（1）CD-ROM 光驱

CD-ROM 光驱又称为致密盘只读存储器，是一种只读的光存储介质。它是利用原本用于音频 CD 的 CD-DA（Digital Audio）格式发展起来的。CD-ROM 是光驱的最早形式，也是使用最为广泛的一种光驱，如图 1-34 所示。

CD-ROM 是一种只能对光盘读出信息而不能写入信息的光驱。它的制作成本低、信息存储量大而且保存时间长。

CD-ROM 根据读取数据速度可分为单速 CD-ROM 驱动器和倍速 CD-ROM 驱动器。

CD-ROM 的单速为 150KB/s，而 16 倍速光驱的数据传输率就是 150×16=2400KB/s。

图 1-33　光盘驱动器

图 1-34　CD-ROM 光驱

CD-ROM 光盘只有一面存储数据，且不同尺寸的光盘其存储容量不同。以 12cm 的 CD-ROM 光盘为例，CD-ROM 74 可存储 650MB 的数据或 74min 的音乐（一张 CD-R74 有 333000 个扇区，每个扇区有 2048 个字节，它可录制 333000×2048=681984000 字节，即 650MB）。而现在市场上流行的 CD-R80 则可以存放 700MB 的数据或 80min 的音乐。

（2）DVD-ROM 光驱

DVD 之前被称为 Digital Video Disc，因为 DVD 的涵盖规模已经超过当初规定的视频播映的范围，所以现在的 DVD 是指 Digital Versatile Disc，即“数字多功能光碟”或“数字多功能光盘”。如图 1-35 所示，它集计算机技术、光学记录技术和影视技术为一体，其目的是满足人们对大容量、高性能的存储媒体的需求。DVD 光盘不仅已在音频/视频领域得到广泛应用，而且带动了出版、广播、通信和 WWW 等行业的发展。

图 1-35　DVD-ROM 光驱

与 CD-ROM 相比，DVD-ROM 的优势主要是容量大。DVD-ROM 的容量一般为 4.7GB，是传统 CD-ROM 光盘的 7 倍，甚至更高。随着半导体激光的短波化、格式效率的提高和双层盘技术的应用，DVD 容量将进一步增加到 8.5GB 以上，逐渐成为未来计算机中的主流部件。

DVD-ROM 驱动器用于读取 DVD 盘片上的数据，其外观与 CD-ROM 基本相似。但是 DVD-ROM 驱动器的读盘速度比 CD-ROM 驱动器提高了 4 倍以上，而且完全兼容现在流行的 VCD、CD-ROM、CD-R 和 CD-AUDIO，但是普通的光驱不能读取 DVD 光盘。

（3）COMBO 光驱

“康宝”光驱是人们对 COMBO 光驱的俗称。而 COMBO 光驱是一种集合了 CD 刻录、CD-ROM 和 DVD-ROM 为一体的多功能光存储产品。COMBO 光驱一般配置于笔记本电脑上，如图 1-36 所示。

（4）刻录光驱

刻录光驱包括了 CD-R、CD-RW 和 DVD 刻录机等，其中 DVD 刻录机又分为 DVD+R、DVD-R、DVD+RW、DVD-RW（W 代表可反复擦写）和 DVD-RAM。刻录机的外观和普通光驱差不多，只是其前置面板上通常都清楚地标识着写入、复写和读取三种速度。如图1-37所示是一款DVD+RW刻录光驱。

图 1-36　COMBO 光驱

图 1-37　刻录光驱

2. 光盘驱动器的性能与技术指标

只知道光驱的外表是不够的，我们还要了解它的“内心”，即光驱的性能。接下来介绍关于光驱的性能和技术指标。

（1）数据传输率

数据传输率是光驱的一个重要指标，它和标称速度有密切关系。标称速度是由数据传输率换算而来的，CD-ROM标称速度与数据传输率的换算关系为：1X=150KB/s。随着光驱速度的提高，单纯的数据传输率已经不能衡量光驱的整体性能，由寻道时间和数据传输率结合派生出的两个子项内圈传输速率（Inside Transfer Rate）和外圈传输速率（Outside Transfer Rate）也衡量着光驱的性能。

对于DVD-ROM而言，其传输速率有两个指标，一个是普通光盘的读取速率，另一个是DVD-ROM的数据传输率，此时1X=1385KB/s，约是CD-ROM的9倍。

（2）速度

速度指的是光驱的标称速度，如光驱外壳上标识的40X、52X等。普通的CD-ROM有一个标称速度，而DVD-ROM有两个，一个是读取DVD光盘的速度，现在一般都是16X；另一个是读取CD光盘的速度，其等同于普通光驱的读盘速度。

（3）寻道时间

寻道时间是光驱中激光头从开始寻找到所需数据花费的时间。寻道时间的值越小越好，如果寻道时间比较长，那么在频繁存取小文件时必然会把时间浪费在寻道操作上，降低设备的整体性能。

（4）容错

光驱的容错性能的好坏决定了光驱读盘时对光盘中出现错误的兼容性。厂商们采用了各种手段来提高纠错能力，比如安装金属防尘激光头、提供变频调速功能、采用可升降激光头。

（5）机芯材料

光驱的机芯材料有塑料和钢制两种。塑料机芯是目前市场上常见的，原材料便宜，但是不断增大的发热量会加速其老化速度，缩短光驱的寿命。另外，采用塑料机芯的光驱标示的倍速与实际倍速不符。钢制机芯的抗高温和抗高速性能很好，可以保证光驱在读盘时稳定快速，能有效地抗老化。

（6）缓存容量

对于光驱来说，缓存越大，连续读取数据的性能越好，在播放视频影像时，效果越明显。目前，一般 CD-ROM 的缓存为 128KB，DVD-ROM 的缓存为 512KB。

（7）数据传输模式

光驱的数据传输模式有 PIOM（PIO-Mode）和 UDMA（Ultra-DMA）两种。早期大多光驱采用的是 PIOM，CPU 资源占用率较大。现在的产品基本上都是 UDMA，可以通过 Windows 的设备管理器将 DMA 模式激活，以提高性能。

1.2.9　键盘和鼠标

键盘和鼠标是计算机最常用的输入设备。计算机的输入设备就是计算机在外界获取信息的设备。用户通过输入设备向计算机发送命令（如文字、数字、声音、图像、程序、指令等输入资料）。它是计算机与用户或其他设备通信的桥梁。输入设备是用户和计算机系统之间进行信息交换的主要装置之一。键盘、鼠标、摄像头、扫描仪、光笔、手写输入板、游戏杆、语音输入装置等都属于输入设备。输入设备是人或外部设置与计算机进行交互的一种装置，用于把原始数据和处理这些数据的程序输入到计算机中。

1. 键盘

键盘（KeyBoard）是数字和字符的输入装置。通过键盘，可以将信息输入到计算机的存储器中，从而向计算机发出命令和输入数据。早期键盘有 83 键和 84 键，后来发展到 101 键、104 键和 108 键。一般的 PC 用户使用的是 104 键盘。键盘上的按键大致可分为 3 个区域：字符键区、功能键区和数字键区（数字小键盘），如图 1-38 所示。

图 1-38　键盘

键盘的接口主要有 PS/2 和 USB 接口，有的键盘采用无线连接。后来还发明了根据人体工程学所设计的键盘。对于键盘的分类，通常有以下 3 种标准。

（1）按照键盘的接口划分

不同的键盘适用不同的接口，键盘按其接口可以分为 3 种。

① AT 接口：就是俗称的“大口”，它多应用于一些老式主板上，现已基本被淘汰。

② PS/2 接口：基本是现在主流计算机主板的必备接口，接口的颜色是橙色，俗称“小

口”，应用最为普遍。

③ USB 接口：它是一种应用在计算机领域的新型接口技术，不仅可以连接键盘、鼠标，还可以连接其他 USB 设备，兼具热插拔的优点。

（2）按照键盘的工作原理划分

键盘主要有机械式键盘和电容式键盘两种。机械式键盘是最早被采用的结构，类似于金属接触式开关的原理使触点导通或断开，具有工艺简单、维修方便、手感一般、噪声大、易磨损的特性。大部分廉价的机械键盘采用铜片弹簧作为弹性材料，铜片易折易失去弹性，现在已基本被淘汰。

电容式键盘是基于电容式开关的键盘，原理是通过按键改变电极间的距离，从而产生电容量的变化，暂时形成震荡脉冲允许通过的条件。理论上这种开关是无触点非接触式的，磨损率极小甚至可以忽略不计，也没有接触不良的隐患，具有噪声小、容易控制、手感好等特点，但是制作工艺较机械式键盘复杂。

（3）按照键盘的外形划分

键盘分为标准键盘和人体工程学键盘，人体工程学键盘是在标准键盘上将指法规定的左手键区和右手键区这两大板块左右分开，并形成一定角度，使操作者不必有意识地夹紧双臂，保持一种比较自然的形态，这种键盘被微软公司命名为“自然键盘”（Natural KeyBoard），对于习惯盲打的用户可以有效地减少左右手键区的误击率，如字母“G”和“H”。图 1-39 所示为一款人体工程学键盘。

图 1-39　人体工程学键盘

2. 鼠标

（1）鼠标的工作方式

鼠标（Mouse）是一种手持式屏幕坐标定位设备，是适应菜单操作的软件和图形处理环境而出现的一种输入设备。特别是在现今流行的 Windows 图形操作系统环境下，应用鼠标方便、快捷。常用的鼠标有两种，一种是机械式的，另一种是光电式的。

机械式鼠标的底座上装有一个可以滚动的金属球，当鼠标在桌面上移动时，金属球与桌面摩擦，发生转动。金属球与 4 个方向的电位器接触，可测量出上下左右 4 个方向的位移量，用以控制屏幕上光标的移动。光标和鼠标的移动方向是一致的，而且移动的距离成比例。

光电式鼠标的底部装有两个平行放置的小光源。这种鼠标在反射板上移动，光源发出的光经反射板反射后，由鼠标接收，并转换为电移动信号送入计算机，使屏幕的光标随之移动。其他方面与机械式鼠标一样。

常见的鼠标上有两键的，也有三键的，如图 1-40 所示。最左边的键是拾取键，最右边的键为消除键，中间的键是菜单的选择键。由于鼠标所配的软件系统不同，对上述 3 个键的定义有所不同。一般情况下，鼠标左键可在屏幕上确定某一位置，该位置在字符输入状态下是当前输入字符的显示点；在图形状态下是绘图的参考点。在菜单选择中，左键（拾取键）可选择项，也可以选择绘图工具和命令。当做出选择后系统会自动执行所选择的命令。鼠标能够移动光标，选择各种操作和命令，并可方便地对图形进行编辑和修改，但不能输入字符和数字。

图 1-40　鼠标

鼠标可以通过专用的鼠标插头座与主机相连，也可以通过计算机通用的串行接口与主机相连。

（2）鼠标的分类

按照鼠标与计算机的接口划分，鼠标分为串口、PS/2 接口和 USB 接口 3 种。目前使用最为普遍的是 PS/2 接口和 USB 接口，而且 USB 还有逐渐取代 PS/2 的趋势。

① 按照鼠标的内部构造划分，鼠标可分为机械鼠标和光电鼠标两种。

② 按照鼠标按键的数量划分，鼠标可分为单键、双键和三键鼠标。苹果电脑通常都使用单键鼠标，两键鼠标通常叫做 MS 鼠标，三键鼠标叫做 PC 鼠标。

③ 按照鼠标有无连线划分，鼠标可分为有线和无线两种。无线鼠标又可以分为两种：红外无线型鼠标和电波无线型鼠标。红外无线型鼠标一定要对准红外线发射器后才可以活动自如，否则就没有反应；相反，电波无线型鼠标可以“随时随地传信息”。

随着网络的发展，现在 3D 鼠标、4D 鼠标得到广泛应用。3D 鼠标多了一个滚轮，它可以使用户在浏览网页和其他文档的时候，轻松拖动滚动条，但只能针对垂直滚动条，要想对水平滚动条也起作用，就要使用 4D 鼠标。

1.2.10　声卡

声卡（Sound Card）是计算机硬件中最基本的组成部分，如图 1-41 所示，它是实现声波/数字信号相互转换的硬件。声卡的基本功能是把来自话筒、磁带、光盘的原始声音信号加以转换，输出到耳机、扬声器、扩音机、录音机等声响设备，或通过音乐设备数字接口（MIDI）使乐器发出美妙的声音。

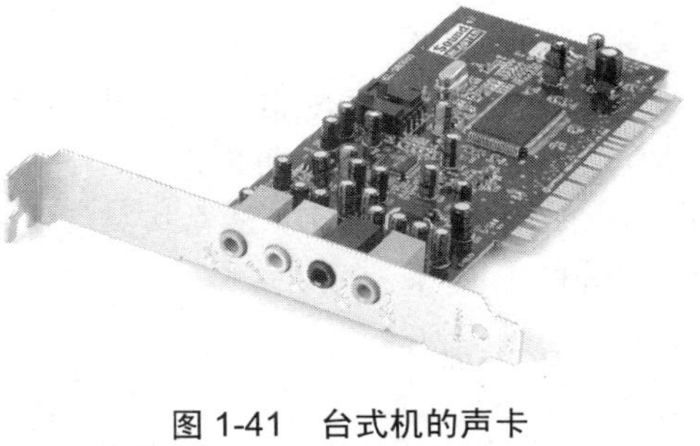

图 1-41　台式机的声卡

1. 声卡的功能

声卡的主要功能包括：录制与播放、编辑与合成处理、提供 MIDI 等接口及文语转换和语音识别等几个部分。

（1）录制与播放

通过声卡，人们可将外部的声音信号录入计算机，并以文件形式保存，需要时只需调出相应的声音播放即可。使用不同声卡和软件录制的声音文件格式可能不同，但它们之间可以相互转换。

（2）编辑与音乐合成

可以对声音文件进行多种特技效果的处理，包括加入回声、倒放、淡入淡出，往返放音以及左右两个声道交叉放音等。音乐合成功能和性能主要依赖于合成芯片。目前，Yamaha 合成器芯片市场占有率最高，其中主要是 FMOPL 系列。

（3）各种接口

① MIDI 接口：用于外部电子乐器与计算机之间的通信，实现对多台带 MIDI 接口的电子乐器的控制和操作。

② CD-ROM 接口：目前声卡的 CD-ROM 接口有很多种，如 Sound Blaster、专用 CD-ROM 接口。

③ 游戏棒接口：标准的 PC 游戏棒接口，可接一个或两个游戏棒。

（4）文语转换和语音识别

① 文语转换：把计算机内的文本文件转换成声音文件。一般声卡都提供英语文语转换软件，如 Sound Blaster。

② 语音识别：有的声卡提供语音识别软件，如 Sound System 卡上的 Voice Pilot 软件，通过这个软件可以利用语音来控制计算机或执行 Windows 下的命令。

2. 声卡的分类

声卡的分类主要根据数据采样量化的位数来分，通常分为 16 位、32 位和 64 位几种类型，位数越高取样频率越高，量化精度越高，音质就越好。

1.2.11 网卡

网卡也叫网络适配器（NIC）或网络接口卡，作为一种 I/O 接口卡插在主板的扩展槽上。网卡是网络通信的主要瓶颈之一，它的质量好坏将直接影响网络的稳定性和速度。目前，市场上的网卡种类繁多，通常按总线类型划分，网卡可分为 PCI 网卡、ISA 网卡、PCMCIA 网卡和 USB 网卡。

1. PCI 网卡

随着网络流量的增大，出现了 PCI 网卡，如图 1-42 所示。PCI 网卡的理论带宽为 32 位 133Mbit/s，所以 PCI 网卡的速度比 ISA 网卡的速度快很多。

PCI 网卡一般只有一个或两个 RJ-45 接口，以前 ISA 网卡上的 BNC 和 AUI 接口由于较少使用，所以基本上没有了。

2. ISA 网卡

较早的计算机大多采用的是 ISA 总线型网卡，一般带 BNC 接头或 RJ-45 接口，有些还带 AUI 接口（用于直接连接粗缆收发器上的 AUI 接口）。常见的有 NE 2000 兼容网卡，如图 1-43 所示。

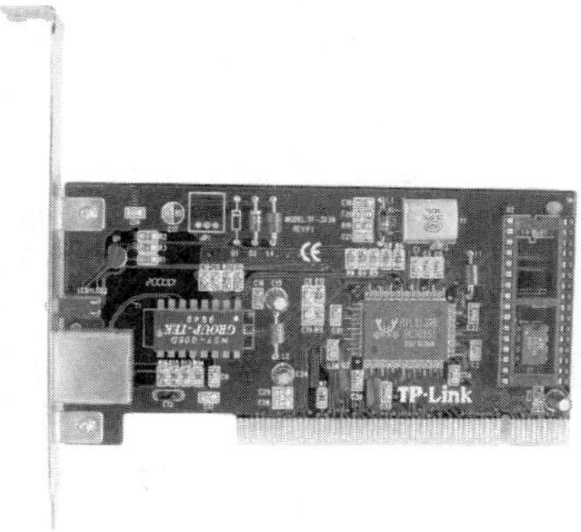

图 1-42　PCI 网卡

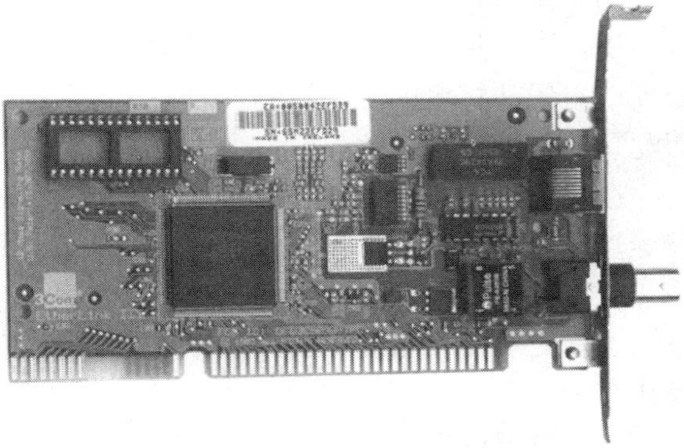

图 1-43　ISA 网卡

ISA 网卡又可分为 8 位和 16 位两种，8 位 ISA 网卡目前已被淘汰，市场上常见的是 16 位 ISA 接口的 10Mbit/s 网卡，它的唯一好处就是价格低廉。

3. PCMCIA 网卡

PCMCIA 网卡一般用于笔记本电脑，具有质量小、体积小等特点，如图 1-44 所示。

另外，网卡也可以按照速度进行划分，有 10Mbit/s 网卡、10/100Mbit/s 自适应网卡和 1000Mbit/s 网卡 3 种。

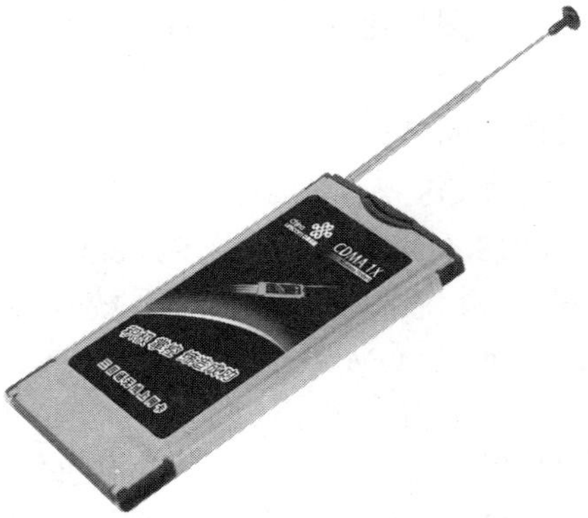

图 1-44　PCMCIA 网卡

1.3　计算机的软件系统

计算机软件又称计算机程序，是控制计算机实现用户需求的计算机操作以及管理计算机自身资源的指令集合，是指在硬件上运行的程序和相关的数据及文档，是计算机系统中不可缺少的主要组成部分，可分成两大部分，即系统软件和应用软件。

1.3.1 系统软件

系统软件是计算机必备的，用以实现计算机系统的管理、控制、运行、维护，并完成应用程序的装入、编译等任务的程序。系统软件与具体应用无关，是在系统一级上提供的服务。

常用的系统软件包括操作系统、编译程序、语言处理程序和数据库管理系统等。

（1）操作系统

操作系统是所有系统软件中最重要的，它的作用是有效管理计算机软件和硬件资源，合理地组织计算机的工作流程，以充分发挥计算机系统的工作效率和方便用户使用计算机而配置的一种系统软件。

在操作系统中，通常都设有处理器管理、存储器管理、设备管理、文件管理和作业管理等功能模块，它们相互配合，共同完成操作系统既定的全部功能。

根据处理方式、运行环境、服务对象和功能的不同，操作系统通常可分为单用户操作系统、批处理操作系统、实时操作系统、分时操作系统、网络操作系统和分布式操作系统等几类。

目前微型计算机上，常用的操作系统有 DOS、Windows、Linux 和 UNIX 操作系统。

① Windows 操作系统。

Windows 操作系统是 Microsoft 公司的产品，它是一个单用户多任务的新一代的操作系统。它以图形化的用户界面、一致性的操作方法、多任务的操作环境等优点风靡全球，深受用户喜爱。特别是在最新版本中将多媒体技术、网络技术和 Internet 技术融为一体，更是受到用户的赞誉。

② DOS 操作系统。

DOS（Disk Operating System，磁盘操作系统）是一种面向磁盘操作的单用户、单任务的操作系统。DOS 操作系统由命令处理器（COMMAND.COM）、文件管理系统（IBMDOS.COM 或称 MSDOS.SYS）和输入输出系统（IBMBIO.COM 或称 IO.SYS）3 个模块和一个引导程序（BOOT）组成。它的主要功能是文件管理和设备管理。DOS 的文件管理是以文件为对象，按文件名进行管理，由文件管理系统实现各类文件的建立、显示、比较、复制、修改、检索和删除等操作。设备管理是由输入输出系统实现对显示器、键盘、磁盘、打印机、鼠标以及异步通信器等外部设备的驱动和管理。

③ Linux 操作系统。

Linux 操作系统起源于 1991 年芬兰一个大学生的构思。目前应用面还不广，但它正以其良好稳健的性能、丰富的功能以及代码公开、完全免费得以迅速发展。

④ UNIX 操作系统。

UNIX 操作系统是一个相对复杂的多用户、多任务的操作系统。UNIX 操作系统在大型机、小型机以及工作站上形成了一种工业标准操作系统。在微型机领域中，也正以多用户分时、多任务处理等特点及强大的文字处理与网络支持性能，逐步得到广泛的应用。

（2）数据库管理系统

数据库管理系统（Data Base Management System，DBMS）是用于管理数据库的软件系统。DBMS 为各类用户或有关的应用程序提供了访问与使用数据库的方法，其中包括建库、存储、查询、检索、恢复、权限控制、增加、修改、删除、统计、汇总和排序分类等各种手段。目前最流行的是关系型数据库管理系统。在关系型 DBMS 中，把一张二维表看作一个关系，关系型数据库中的一个文件相当于一张关系表，表的每一行相当于一个记录（称为元组），每一列称为一个字段（称为属性），这与现实世界中的报表类似。

DBMS 大都包含数据库的定义功能、数据库的操作功能、数据库的运行控制功能、数据库的建立与维护功能以及数据字典等。

1.3.2　应用软件

应用软件是为了解决计算机应用中的实际问题而编制的程序。它包括商品化的通用软件和实用软件，也包括用户自己编制的各种应用程序。

按照应用软件的应用领域与开发方式，可以把应用软件分为 3 类。

（1）流行应用软件

在一些相对广泛使用的领域中有着相当多用户的流行应用软件，这些软件不断推出新的版本，不断改进其功能、效率和使用的方便性，如文字处理软件、电子表格软件和绘图软件等。

（2）定制软件

定制软件是针对某些具体应用问题而研制的软件。这类软件完全是按照用户自己的特定需求而专门进行开发的，应用面相对较窄，运行效率较高，如股票分析软件、工资管理软件、学籍管理软件和企业经营管理软件等。

（3）应用软件包

在某个应用领域中有一定通用性的软件通常称为应用软件包。应用软件包不能满足该领域内的所有用户的需要，通常用户购买这类软件后，需要经过二次开发才能投入实际使用，如财务管理软件包、统计软件包和生物医用软件包等。

1.4　计算机的工作原理

计算机的工作过程就是执行程序的过程。怎样组织程序，涉及到计算机体系结构问题。现在的计算机都是基于“程序存储”概念设计制造出来的。

1.4.1　“程序存储”设计思想

冯·诺依曼在 1946 年提出了关于计算机组成和工作方式的基本设想。到现在为止，尽管计算机制造技术已经发生了极大的变化，但是就其体系结构而言，仍然是根据他的设计思想制造的，这样的计算机被称为冯·诺依曼结构计算机。

冯·诺依曼设计思想可以简要地概括为以下三点。

① 计算机应包括运算器、存储器、控制器、输入和输出设备5大基本部件。

② 计算机内部应采用二进制来表示指令和数据。每条指令一般具有一个操作码和一个地址码。其中操作码表示运算性质，地址码指出操作数在存储器中的地址。

③ 将编好的程序送入内存储器中后启动计算机工作，计算机无需操作人员干预，能自动逐条取出指令和执行指令。

冯·诺依曼设计思想最重要之处在于明确地提出了“程序存储”的概念，他的全部设计思想实际上是对“程序存储”概念的具体化。

1.4.2 计算机的工作过程

整个计算机工作过程的实质就是指令的执行过程，因为控制器对各个部件的控制都是通过指令实现的。指令的执行过程可以分为4步。

① 取指令。从存储器的某个地址中取出要执行的指令，送到控制器内部的指令寄存器中暂存。

② 分析指令。把保存在指令寄存器中的指令送到指令译码器，译出该指令对应的微操作命令。

③ 执行指令。根据指令译码器向各个部件发出相应的控制信号，完成指令规定的操作。

④ 为执行下一条指令做好准备，即形成下一条指令地址。

计算机不断重复这个过程，直到组成程序的所有指令全部执行完毕，就完成了程序的运行，实现了相应的功能。

本章习题

1. 填空题

（1）按计算机规模划分，可以将计算机分为________、________、________、________、________和________。

（2）计算机系统由________和________组成。

（3）世界上第一台电子数字计算机________年诞生于美国。

（4）计算机的软件系统可以分为________和________。

（5）________是计算机最重要的部件，类似于计算机的“心脏”，它支配计算机进行各种工作。

（6）存储器的种类很多，按其用途可分为主存储器和辅助存储器，主存储器又称________，辅助存储器又称________。

（7）AMD的Duron CPU采用________作为CPU接口类型。

（8）主板中的北桥芯片主要负责管理CPU、内存、________这些高速的部分。

（9）硬盘的容量一般都以________为单位，1GB=________。

（10）USB 是计算机连接外围设备的 I/O 接口标准。目前流行的 USB2.0 接口标准，设备之间的数据传输速度为____________Mb/s。

（11）计算机电源从规格上主要可以划分为____________、____________和____________3种类型。

（12）____________的用途是将计算机系统所需要的显示信息进行转换驱动显示器，并向显示器提供行扫描信号，控制显示器的正确显示，是连接显示器和个人电脑主板的重要元件，是“人机对话”的重要设备之一。

（13）光驱可分为____________、____________、____________和____________等。

（14）键盘上的按键大致可分为 3 个区域，即：____________、____________和____________。

（15）____________是计算机硬件中最基本的组成部分，它是实现声波/数字信号相互转换的硬件。

（16）AT 电源为主板供电的两组插头上所接导线的颜色不同，其中蓝色导线所对应的信号名为____________。

（17）CD-ROM 驱动器的数据传输速率，1X 代表____________。

2. 实训题

（1）打开电脑主机箱，观察主机箱中的各种型号，并记录下来。

（2）使用 DVD 刻录机刻录一张数据文件光盘。

第2章　计算机系统组装与检测

本章导读

要组装一台完整的计算机，必须首先了解计算机组装的流程和组装要点。在本章中，我们主要介绍计算机的组装流程、拆卸机箱和安装电源、安装 CPU、安装内存条、安装主板、安装显卡、安装网卡、安装硬盘、安装光驱以及连接计算机等内容。

2.1　组装前的准备工作

在动手组装电脑前，应先学习电脑的基本知识，包括硬件结构、日常使用的维护知识、常见故障处理、操作系统和常用软件安装等。

2.1.1　工具准备

1. 螺丝刀

在装机时要用到两种螺丝刀，一种是“一”字型的，另一种是“十”字型的。应尽量选用带磁性的螺丝刀，如图 2-1 所示，这样可以降低安装的难度，因为机箱内空间狭小，用手扶螺丝很不方便。

2. 尖嘴钳

尖嘴钳主要用来拧一些比较紧的螺丝，如在机箱内固定主板时就可能用到尖嘴钳。如图 2-2 所示。

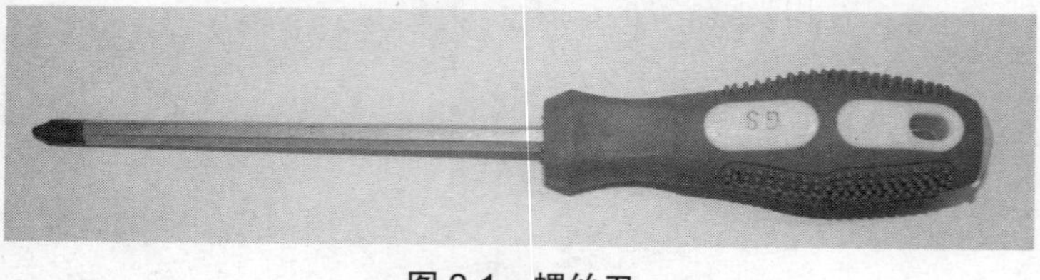

图 2-1　螺丝刀

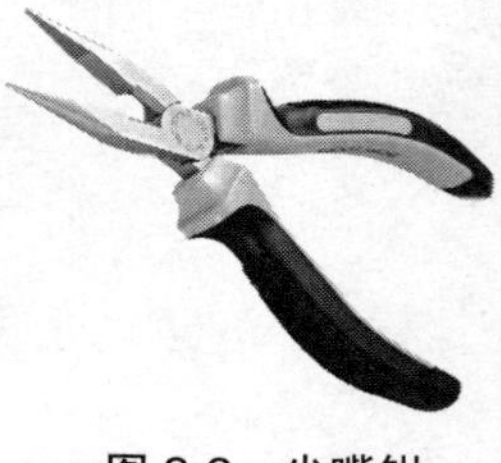

图 2-2　尖嘴钳

3. 镊子

镊子在插拔主板或硬盘上的跳线时需要用到。另外如果有螺丝不慎掉入机箱内部，也可以用镊子将螺丝取出来，如图 2-3 所示。

4. 万用表

万用表用来检测计算机配件的电阻、电压和电流是否正常，以及检查电路是否有问题，如图 2-4 所示。

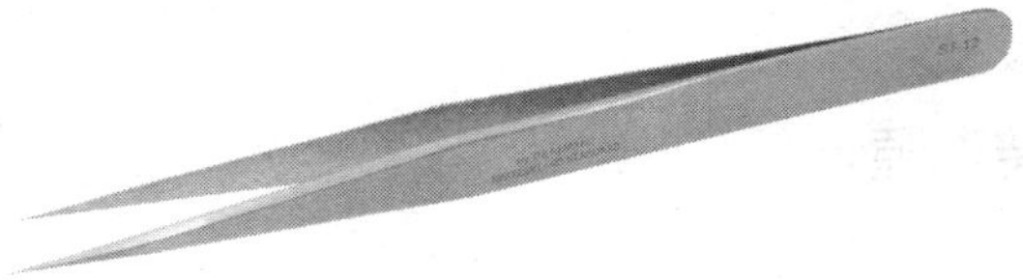

图 2-3 镊子

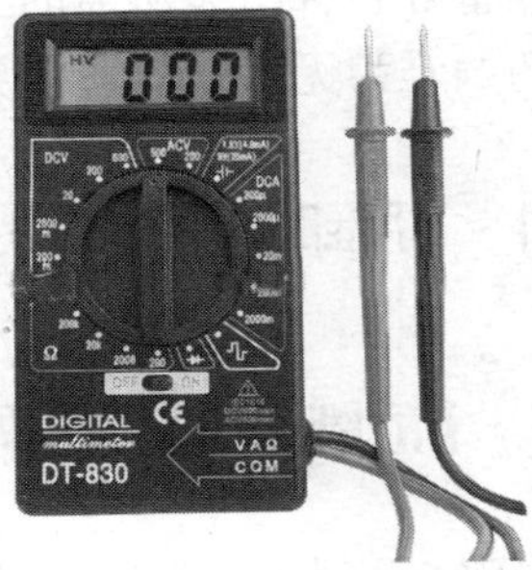

图 2-4 万用表

2.1.2 掌握计算机组装流程

【范例 2-1】 组装计算机。

准备好组装计算机所需的工具后，还需要进行以下一些准备工作：

（1）释放身上的静电，身体上所带的静电可能会对 CPU、内存等部件造成损坏，因此首先释放身上的静电，其方法是洗手或者在水管上摸一下。

（2）熟悉计算机的一般组装流程，组装时就可以一气呵成，具体的流程如下：

步骤 1：机箱的安装，主要是对机箱进行拆封，并且将电源安装在机箱里。

步骤 2：主板的安装，将主板安装在机箱主板上。

步骤 3：CPU 的安装，在主板处理器插座上插入安装所需的 CPU，并且安装上散热风扇。

步骤 4：内存条的安装，将内存条插入主板内存插槽中。

步骤 5：显卡的安装，根据显卡总线选择合适的插槽。

步骤 6：声卡的安装，现在市场主流声卡多为 PCI 插槽的声卡。

步骤 7：驱动器的安装，主要针对硬盘和光驱进行安装。

步骤 8：机箱与主板间的连线，即各种指示灯、电源开关线、PC 喇叭的连接，以及硬盘、光驱和软驱电源线和数据线的连接。

步骤 9：盖上机箱盖（理论上在安装完主机后，就可以盖上机箱盖了，但为了此后出问题的检查，最好先别加盖，等系统安装完毕后再盖）。

步骤 10：输入设备的安装，连接键盘鼠标与主机一体化。

步骤 11：输出设备的安装，即显示器的安装。

步骤 12：再重新检查各个接线，准备进行测试。

步骤 13：给机器加电。若显示器能够正常显示，表明初装已经正确，此时进入 BIOS 进行系统初始设置即可。

2.2 计算机组装过程

准备好各种组装所需的工具和掌握计算机组装流程后，就可以开始组装计算机了，当然，巧妇难为无米之炊，计算机的各种硬件用户需要提前购买。

2.2.1 拆卸机箱和安装电源

【范例 2-2】 拆卸机箱并安装电源。

步骤 1：用“十”字型螺丝刀将机箱上的挡板固定螺丝拧开。

提示	现在有些计算机机箱是没有螺丝的，很容易就可以拆卸掉机箱外壳，大大方便了经常自己动手拆卸计算机的用户。

步骤 2：把与机箱配套的配件包打开，里面有很多小零件，如图 2-5 所示，有很多不同型号大小的螺丝，一般分专门固定硬盘用的螺丝，专门固定主板、光驱的螺丝，专门固定机箱挡板、电源用的螺丝，专门固定显卡、声卡等内置插卡的螺丝。一些用于把电源线、软驱线、硬盘线捆绑在一起的塑料扎线。还有为了适合不同类型主板的机箱挡片以及支撑主板的铜柱等。

图 2-5 机箱中的小零件

步骤 3：机箱打开后，如果电源是另配的，那么就得将其安装在机箱的预留位置上，并用 4 个螺丝固定好。安装时，要留意对应机箱后部预留的开口与电源背面的螺丝孔位置，否则容易把电源装反，如图 2-6 所示。

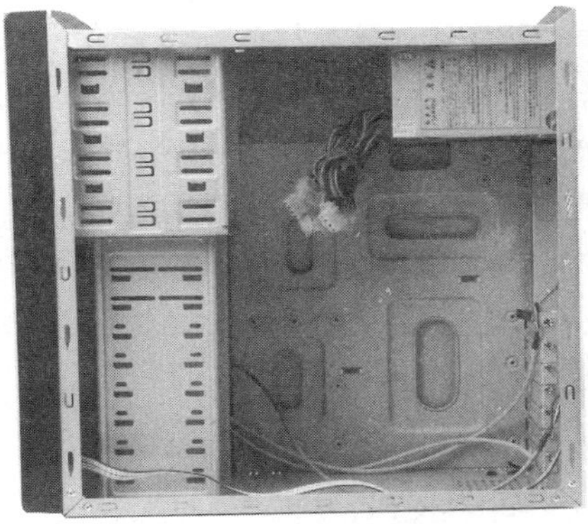

图 2-6 安装电源

2.2.2 安装 CPU

【范例 2-3】 以 Intel Core 2 Duo 为例来说明其安装。

步骤 1：将主板上 LGA775 插座的固定杆向上抬起，如图 2-7 所示。

步骤 2：然后打开 CPU 的固定保护盖，如图 2-8 所示。

图 2-7 拉起固定杆

图 2-8 打开 CPU 保护盖

步骤 3：打开保护盖后的 LGA775 插槽，如图 2-9 所示，然后从 CPU 包装盒中取出 CPU 芯片，注意 CPU 芯片上有两个缺口。

步骤 4：拿稳 CPU 芯片，按照与插槽对应的方向将其缓缓平放在插槽中，如图 2-10 所示。

图 2-9 打开保护盖的插槽

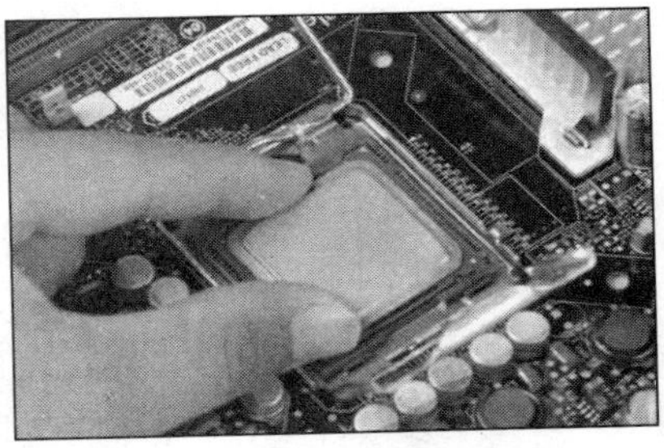

图 2-10 将 CPU 放入插槽

提示	在安装 CPU 时，需要特别注意。仔细观察可以看到在 CPU 的一角上有一个三角形的标识，另外在主板上的 CPU 插座同样会发现一个三角形的标识。在安装时，CPU 上印有三角标识的那个角要与主板上印有三角标识的那个角对齐，然后慢慢将处理器轻压到位。这不仅适用于英特尔的处理器，而且适用于目前所有的处理器，特别是对于采用针脚设计的处理器而言，如果方向不对则无法将 CPU 安装到全部位，有可能会烧毁 CPU 和主板，用户在安装时要特别注意。

步骤 5：确定方向正确后，用手将 CPU 保护盖盖上，然后用力压下固定拉杆，固定好 CPU 芯片，如图 2-11 所示。

步骤 6：安装 CPU 风扇。将风扇和固定架垂直对准 CPU，缓慢下降轻轻地放在 CPU 的上方，然后扣紧固定螺丝，如图 2-12 所示。

步骤 7：散热风扇安装完成后，一定要把风扇的电源接口插在主板上，如图 2-13 所示。

图 2-11　固定好的 CPU 芯片

图 2-12　安装 CPU 风扇

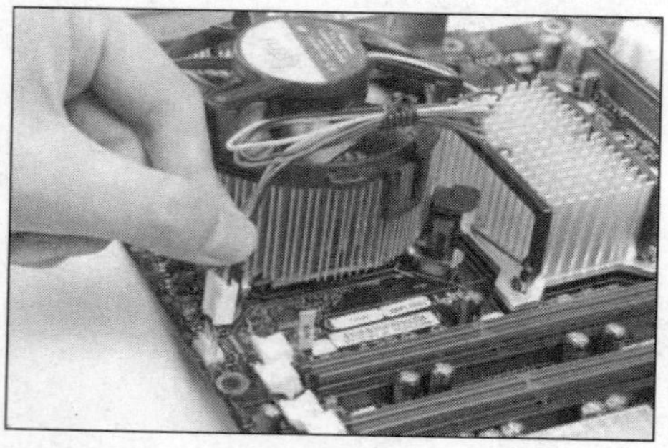

图 2-13　连接 CPU 风扇电源

2.2.3　安装内存条

在组装计算机时，需要先把内存条安装在主板上之后，再将主板放入机箱内进行固定。下面介绍内存条的安装方法。

【范例 2-4】　安装 DDR2 内存条。

步骤 1：取出内存条，用力扳开白色的内存条卡子，然后按照内存条上的缺口跟内存条插槽（DDR2 DIMM）缺口一致的方向插上，确保方向没有错的情况下均匀用力压下，如图 2-14 所示。此时应该听到“啪，啪”的两声，这是固定内存条的扣正常扣紧了内存条时发出的声音。

步骤 2：如果需要支持双通道，则按照主板说明书上的说明在另外一个内存插槽中再安装一条内存条，如图 2-15 所示。

图 2-14　插入内存条

图 2-15　安装双通道内存

步骤 3：安装内存条时需要注意以前的 SD 内存与 DDR 和 DDR2 内存条都是不能混插的，否则可能会烧毁内存。

2.2.4　安装主板

【范例 2-5】 安装主板。

步骤 1：将支撑主板的铜柱取出，拧在主板上的预留位置上，如图 2-16 所示。

步骤 2：把安装好内存、CPU 和散热风扇的主板轻轻放在铜柱上，并对准位置，再用专门固定主板的螺丝一一拧紧。上螺丝的时候按主板对角线的顺序上，拧的时候最好先拧到一半，等螺丝都拧上了再一一拧紧，这样是为了防止当用户把一个螺丝拧紧后，其他的螺丝有可能因为对不上位置而拧不进去。

步骤 3：为了防止手上的静电把主板上的芯片毁坏，应该先把手上的静电放掉。放静电的方法有很多，如使用静电环或戴防静电手套，简单方便一点的方法就是先洗手。擦干手后把主板从防静电袋中取出来，对照说明书，先把主板上的相关跳线跳好，由于现在很多主板都设计成“软跳线”（在 BIOS 中进行跳线），这样就可以免去手动跳线了。

步骤 4：手平行托住主板，将主板放入机箱中，如图 2-17 所示。

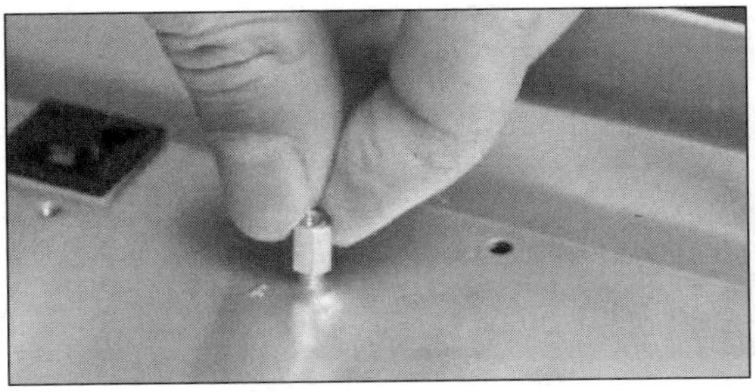

图 2-16　安装主板固定螺钉

图 2-17　将主板放入机箱

步骤 5：主板安放到位后，可以通过机箱背部的主板挡板来确定（如图 2-18 所示）。（注意，不同的主板的背部 I/O 接口是不同的，在主板的包装中均提供一块背档板，因此我们在安装主板之前先要将档板安装到机箱上。）

步骤 6：用螺丝钉和螺丝刀将主板固定在机箱中，如图 2-19 所示。

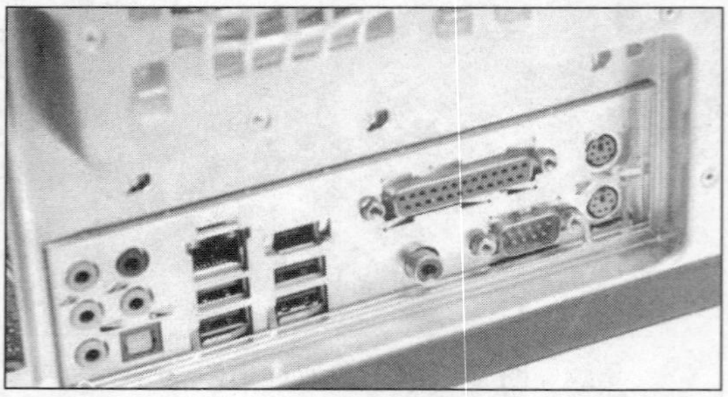

图 2-18　查看主板是否正确装入机箱

图 2-19　固定主板

步骤 7：主板安装好的效果如图 2-20 所示。

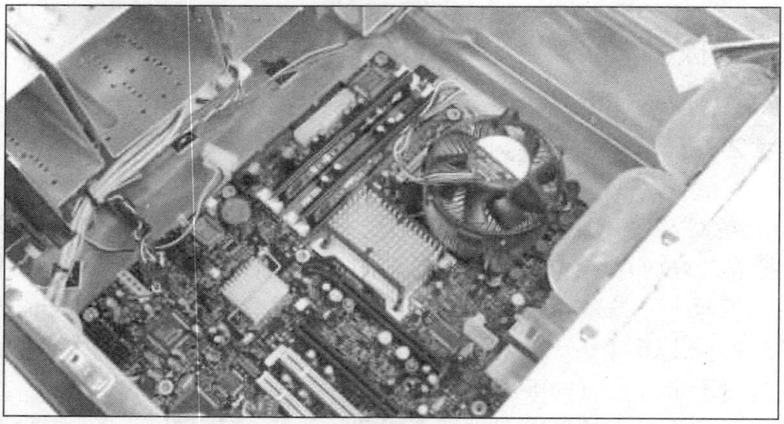

图 2-20　主板安装好的效果

步骤 8：接下来连接机箱和主板上的电源线。机箱上一般都带有电源开关线、复位（Reset）线、电源指示灯线、硬盘指示灯线、喇叭线等，这些线是要与主板上的插针相连的。这些插针集中在主板的一个区域，如图 2-21 所示。

图 2-21　主板上的插针

步骤 9：对照主板说明书上具体说明，将这些线头插到对应的插针上。其实，即使没有说明书，用户也能从主板的插针旁边的字母标示上看出来。按照通常的约定，PW 代表电源开关线的插针，Reset 代表复位线插针，PW LED 代表电源指示灯线插针，HDD LED 代表硬盘指示灯线插针，Speaker 代表喇叭线插针。

步骤 10：找到主板电源线，将其插入主板插座，如图 2-22 所示。目前大部分主板采用了 24 针的供电电源设计，但仍有些主板为 20 针，大家在购买主板时需要引起注意，以便购买适合的电源。

步骤 11：插入 CPU 专用的电源插头，如图 2-23 所示。这里使用了高端的 8 针设计（以前的插头为 4 针），以提供 CPU 稳定的电压供应。

图 2-22　插入主板电源线

图 2-23　插入 CPU 电源接头

2.2.5　安装显卡

【范例 2-6】　安装显卡。

步骤 1：如果选择的是 PCI-E 的显卡，则必须把它安装在 PCI-E 插槽上，然后拧上螺丝；如果是 AGP 的显卡，则需要把显卡安装在 AGP 插槽上，然后拧上螺丝。下面以市场上主流的 PCI-E 接口的显卡为例进行介绍，如图 2-24 所示。

图 2-24　主板上的 PCI-E 接口

步骤 2：双手握住显卡，将其平稳地插入插槽中，如图 2-25 所示。然后用螺丝钉固定显卡，此时完成安装过程。

图 2-25　插入显卡

步骤 3：安装好显卡后，如果不能确定显卡是否完好以及连接是否正确，此时就可以先接上显示器和电源，然后启动一下计算机。其实这种方法就是以前常用的测试最小系统法。如果一切顺利，应该能看到显示器出现系统自检画面，这也表明这些配件基本上可以协调工作了。如果没有启动，就需要重新检查一下前面的安装步骤，尤其是需要确认一下内存条和显卡是否插紧了。由于现在的硬件可靠性都比较高，只要确保硬件的连接正确，那么也可以跳过该测试过程，而接着安装其他的硬件。

2.2.6　安装网卡

【范例 2-7】 安装网卡。

步骤 1：把 PCI 的声卡安装在主板的 PCI 插槽上，然后拧上螺丝，如图 2-26 所示。

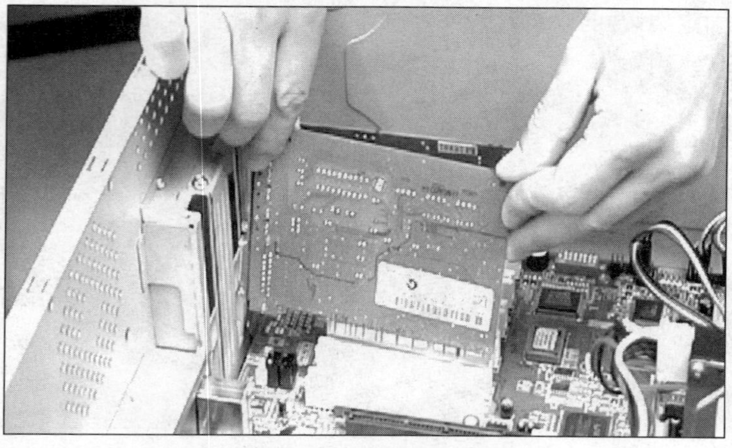

图 2-26　安装声卡

步骤 2：网卡的安装方法与安装声卡基本相同。如果主板集成了声卡或网卡，就可以跳过该步骤。

2.2.7　安装硬盘

【范例 2-8】 安装硬盘。

步骤 1：这里使用的是 3 寸的 SATA 接口硬盘，它是装在 3 寸固定架上的，如图 2-27 所示。

步骤 2：为了方便硬盘的安装，先把 3 寸固定架卸下来，如图 2-28 所示。

图 2-27　硬盘固定架

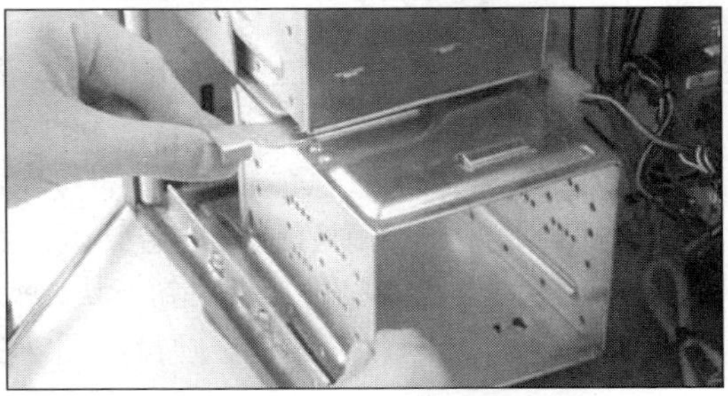

图 2-28　将固定架卸下

步骤 3：将硬盘插到固定架中，注意方向，如图 2-29 所示。保证硬盘正面朝上，电源接口和数据线接口必须对着主板。

步骤 4：安装好硬盘后，同样需要用螺丝（一般需要用粗螺纹的螺丝，仔细观察一下即可发现粗螺纹与细螺纹的差别）固定，如图 2-30 所示。

步骤 5：将固定架装回到机箱里，用螺丝固定好，如图 2-31 所示。

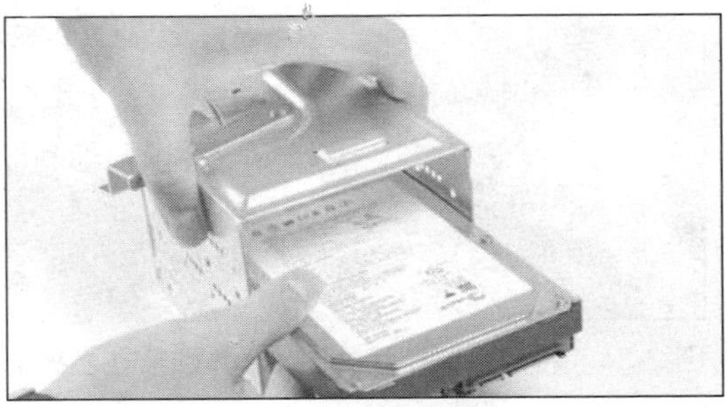

图 2-29　安装硬盘

图 2-30　固定好固定架

图 2-31　把硬盘固定在机箱上

步骤 6：连接硬盘的数据线和电源线。把数据线和电源线一端接到硬盘上（如图 2-32 所示），另外一端的数据线则需要接到主板的 SATA 接口中（如图 2-33 所示）。由于接线插头都有防呆设计，因此不会有插错方向的问题。

图 2-32　连接硬盘上的电源线和数据线

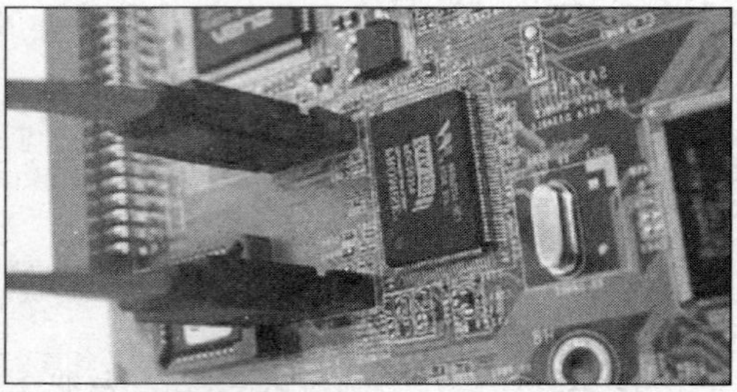

图 2-33　将数据线另一端连接到主板上的 SATA 接口

步骤 7：如果安装 IDE 接口的硬盘，其数据线和电源线连接方法与光驱的连接方法相同。只是需要把数据线上标识 System 的一头接在主板的 IDE 接口上，如图 2-34 所示。

步骤 8：把有标识 Master 的一头接在主启动硬盘上，标识 Slave 的一头可以接在第二块硬盘上（此时这块硬盘就要按着硬盘上标明的方法改变跳线使之变成副盘，这样计算机才能识别两块硬盘，否则只能找到一块，或者两块都找不到，所以一定要注意硬盘的跳线）。连接好数据线和电源线的 IDE 硬盘如图 2-35 所示。

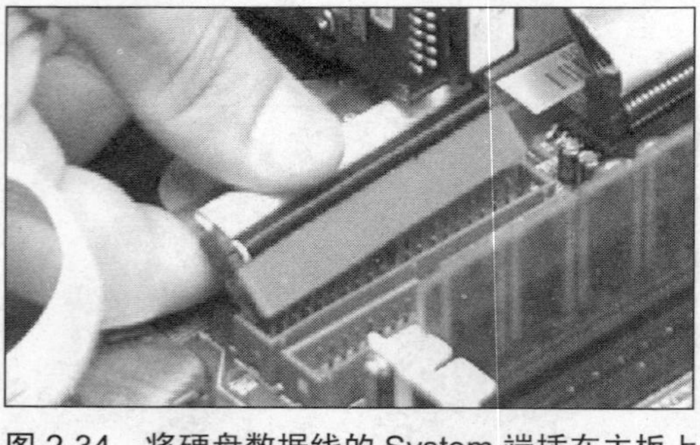

图 2-34　将硬盘数据线的 System 端插在主板上

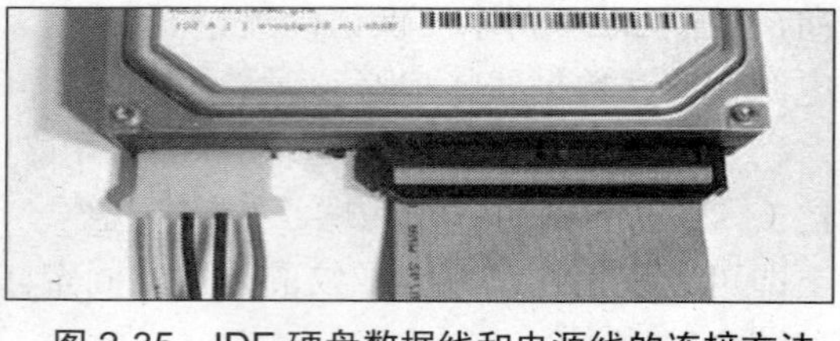

图 2-35　IDE 硬盘数据线和电源线的连接方法

2.2.8　安装光驱

【范例 2-9】　安装光驱。

步骤 1：安装光驱之前先从面板上拆下一个 5 寸槽口的挡板，然后将光驱从机箱前面放入，如图 2-36 所示。

步骤 2：把光驱安装在 5 寸固定架上，保持光驱的前面和机箱面板齐平，在光驱的每一侧用两个螺丝初步固定，先不要拧紧，这

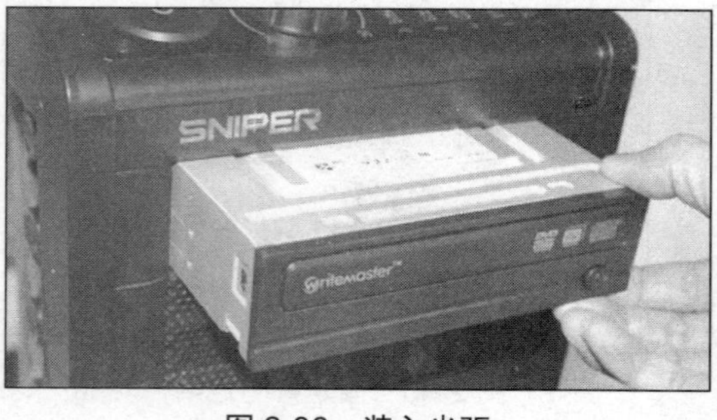

图 2-36　装入光驱

样可以对光驱的位置进行细致的调整，如图 2-37 所示。然后再把螺丝拧紧，这是考虑到面板的美观所采取的措施。

步骤 3：下面连接光驱电源线和数据线。光驱数据线采用防呆式设计，安装数据线时可以看到 IDE 数据线的一侧有一条蓝或红色的线，这条线位于电源接口一侧，如图 2-38 所示。

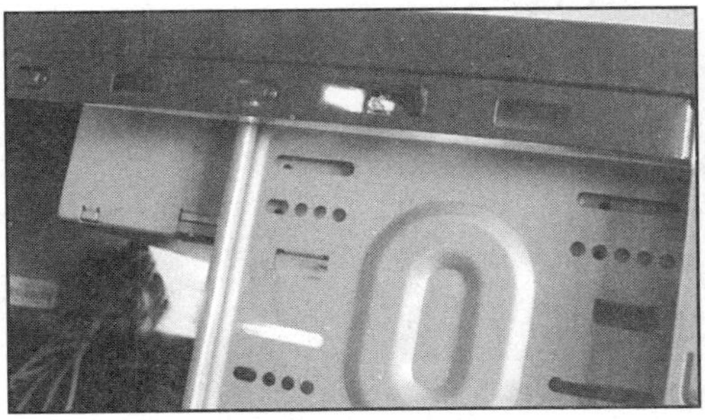

图 2-37　初步固定

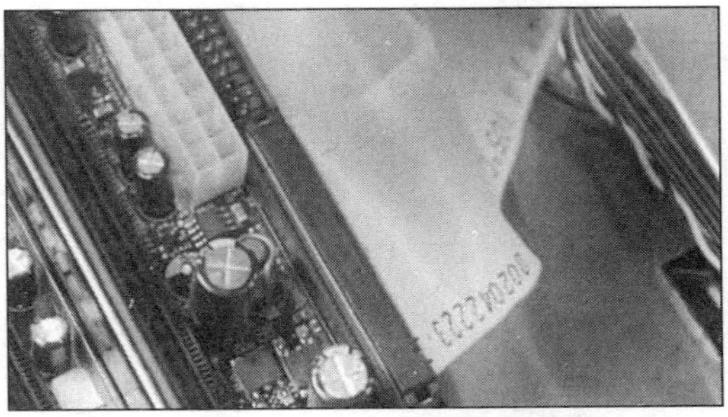

图 2-38　安装光驱电源线和数据线

2.2.9　连接计算机

【范例 2-10】　连接计算机。

步骤 1：把键盘的接口接在主板上的键盘接口上，现在的计算机部件都是符合 PC'99 规范的，有明显的彩色标志，比如主板上的键盘接口是紫色，PS/2 鼠标接口是绿色，跟键盘接口、PS/2 鼠标接口的颜色是一致的，这样在连接键盘和鼠标时候就不会插错了。键盘和鼠标的连接如图 2-39 所示。

步骤 2：另外要注意的是，插的时候要确认方向，避免键盘、PS/2 鼠标接口针被插歪，造成计算机不识别键盘和鼠标。

步骤 3：接着把显示器的接口（15 针）接到显卡上，如图 2-40 所示。也要注意接口方向，由于是梯形接口，所以插的时候不需要用很大的力气，否则就会把针插歪或插断，导致显示器显示不正常。

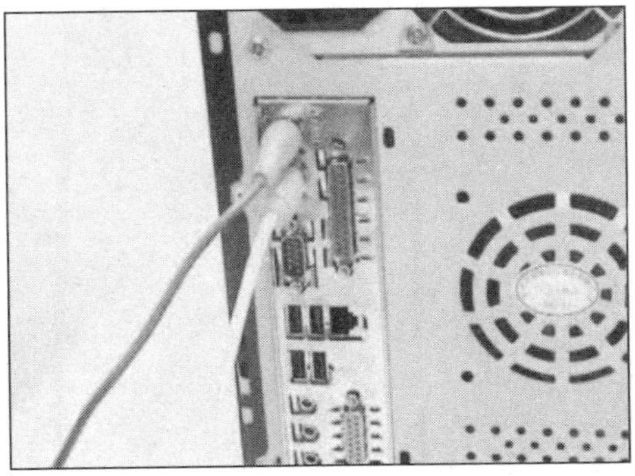

图 2-39　连接键盘和鼠标

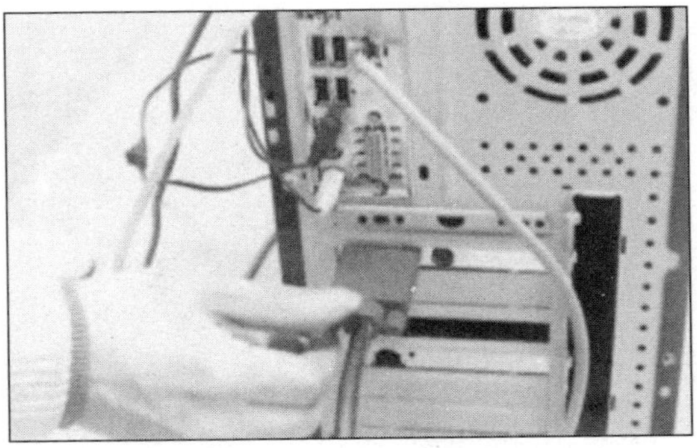

图 2-40　连接显示器

步骤 4：然后再连接音箱到声卡的连线，普通的音箱是由一对喇叭组成的，所以连接起来很简单，即把喇叭后面的一根线缆，接到声卡的 SPEAKER OUT 或 LINE OUT 接口上。如图 2-41 所示。

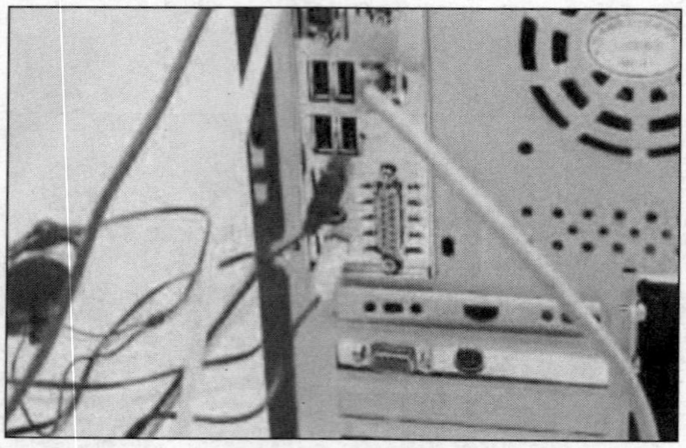

图 2-41　连接声卡

步骤 5：最后把主机的电源线插在电源的输入口上。现在，已经安装并连接完所有的部件，在封闭机箱之前，应用橡皮筋扎好各种连线后固定在远离 CPU 风扇的地方。

步骤 6：经过以上步骤，整个计算机组装过程结束。要实际使用计算机，还需要经过 BIOS 优化、安装操作系统及应用软件等多个步骤，具体内容将在后续章节中详细介绍。

本章习题

实训题

（1）对着主板说明书或主板，说明主板主频、外频、倍频、CMOS 清除密码等主要的跳线方法并说明当时的主频和外频。

（2）将计算机主机中的各个部件拆下来，然后按照本章所学的知识进行计算机组装。

第 3 章　微机系统安装与调试

本章导读

通过本章的学习，要求掌握 BIOS 参数的设置方法并对系统进行优化、硬盘分区与格式化、安装操作系统和驱动程序等操作技能。

3.1　BIOS 设置

3.1.1　BIOS 与 CMOS 的联系与区别

BIOS 是 Basic Input/Output System 的缩写，意思是基本输入/输出系统。完整地说应该是 ROM-BIOS，即只读存储器基本输入/输出系统的简写。它实际上是被固化到计算机中的一组程序，为计算机提供最低级的、最直接的硬件控制。更准确地说，BIOS 是硬件与软件程序之间的一个“转换器”或者说是接口（虽然它本身也只是一个程序），负责解决硬件的即时需求，并按软件对硬件的操作要求具体执行。

从功能上看，BIOS 分为 3 个部分。

① 自检及初始化程序。

② 硬件中断处理。

③ 程序服务请求。

CMOS 是 Complementary Metal Oxide Semiconductor（互补金属氧化物半导体）的缩写。它是指制造大规模集成电路芯片用的一种技术或用这种技术制造出来的芯片。是计算机主板上的一块可读写的 RAM 芯片。因为它具有可读写的特性，所以在计算机主板上用来保存 BIOS 设置的计算机硬件参数后的数据，这个芯片仅仅用来存放数据。

现在的 CMOS 芯片通常都集成在主板的 BIOS 芯片里面（所以主板上一般看不到 CMOS 芯片，只能看到 BIOS 芯片），如图 3-1 所示。

图 3-1　BIOS 芯片

平时说的 BIOS 设置和 CMOS 设置其实是相同的，就是通过 BIOS 程序对计算机硬件进行设置，设置好的参数放在 CMOS 芯片里面。但是 CMOS 芯片和 BIOS 芯片却是两个完全不同的概念。

BIOS 是主板上的一块 EPROM 或 EEPROM 芯片，里面装有系统的重要信息和设置系统参数的设置程序（BIOSSetup 程序）；CMOS 是主板上的一块可读写的 RAM 芯片，里面装的是关于系统配置的具体参数，其内容可通过设置程序进行读写。CMOS RAM 芯片靠后备电池供电，即使系统掉电后信息也不会丢失。BIOS 与 CMOS 既相关又不同：BIOS 中的系统设置程序是完成 CMOS 参数设置的手段；CMOS RAM 既是 BIOS 设定系统参数的存放场所，又是 BIOS 设定系统参数的结果。

3.1.2 Award BIOS 的设置

由于 BIOS 直接和系统硬件资源相关，因此总是针对某一类型的硬件系统，而各种硬件系统又各不相同，所以存在不同种类的 BIOS，随着硬件技术的发展，同一种 BIOS 也先后出现了不同的版本，新版本的 BIOS 比起老版本来说功能更强。

目前市场上主要的 BIOS 有 AMI BIOS、Award BIOS 和 Phonix-Award BIOS。

（1）AMI BIOS

AMI BIOS 是 AMI 公司出品的 BIOS 系统软件，最早开发于 20 世纪 80 年代中期，被多数的 286 和 386 计算机系统所采用，因具有对各种软、硬件的适应性好，硬件工作可靠，系统性能较佳，操作直观方便等优点而受到用户的欢迎。

（2）Award BIOS

Award BIOS 是 Award Software 公司开发的 BIOS 产品，其功能比较齐全，对各种操作系统提供良好的支持。Award BIOS 也有许多版本，例如 4.5 版和 6.0 版，现在一般用的是 6.0 版本。

（3）Phonix-Award BIOS

Phonix 公司收购了 Award，在新买的主板上一般是 Phonix-Award BIOS。在后面的讲解中将以 Phonix-Award BIOS 来演示。

1. 进入 CMOS

如果是组装的计算机，并且是 Award、AMI、Phoenix 公司的 BIOS 设置程序，那么开机后按 Delete 键或小键盘上的 Del 键就可以进入 CMOS 设置界面，如图 3-2 所示。

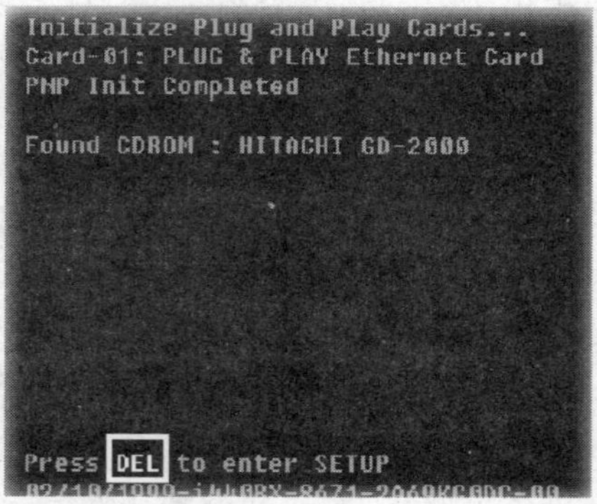

图 3-2 按“Del”键进入 CMOS 设置

如果是品牌机（包括台式计算机或笔记本计算机），如果按 Delete 键不能进入 CMOS，那么就要看开机后计算机屏幕上的提示，一般是出现“Press XXX to Enter SETUP”，直接按“XXX”键就可以进入 CMOS 了。

如果没有任何提示，就要查看计算机的使用说明书。如果实在找不到，那么就尝试使用一些常用键 F2、F10、F12、Ctrl+F10、Ctrl+Alt+F8、Ctrl+Alt+Esc 等。

2. 设置 BIOS

【范例 3-1】 设置 BIOS。

步骤 1：按下 Delete 键后，首先打开的是 CMOS 设置主界面（不同的 BIOS 程序和版本界面可能不一样，但是具体的操作方法大同小异），如图 3-3 所示。

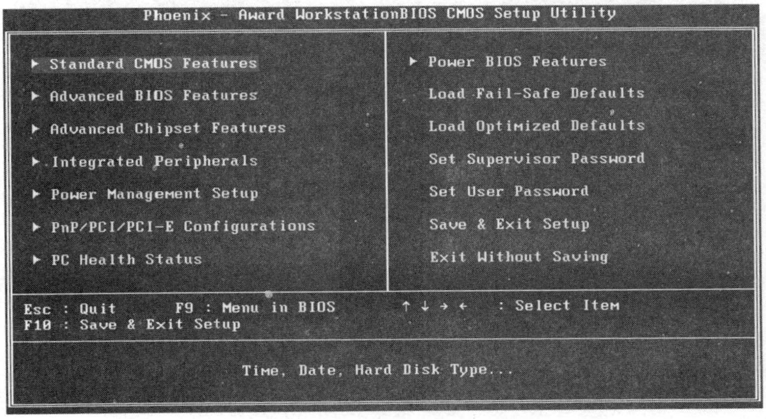

图 3-3 CMOS 设置界面

步骤 2：在这个设置界面里，可以按键盘上的 4 个方向键来选择具体的选项，选择了某个选项后按 Enter 键即可进入该选项。例如选择第二项“Advanced BIOS Features”，按 Enter 键后就会出现如图 3-4 所示的界面。

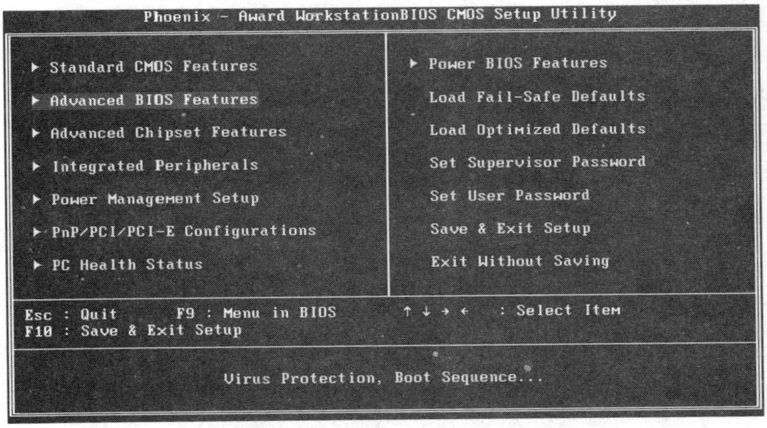

图 3-4 “Advanced BIOS Features”选项

步骤 3：再用方向键选择，选定了后就可以按键盘上的 Page Down 键或 Page Up 键来改变值（有些 BIOS 版本设计的是按 Enter 键后再按方向键来选择值）。

步骤 4：修改完毕后，按 Esc 键可以退出“Advanced BIOS Features”选项返回主界面。

步骤 5：要退出 CMOS 设置，有两种选择，一个是保留刚才的设定退出，可以选择“Save & Exit Setup”（或按键盘上的 F10 键），在这个选项上按 Enter 键后再选择“Y”键即可。

步骤 6：另一个就是选择“Exit Without Saving”或按 Esc 键，按“Y”键后就是不保留设定退出 CMOS，如图 3-5 所示。

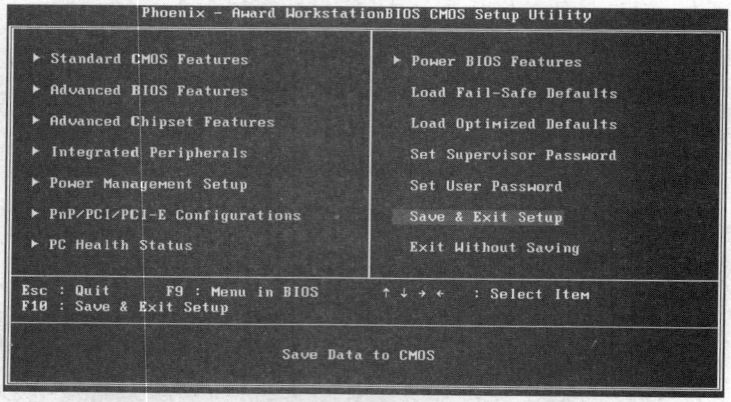

图 3-5　退出 CMOS

3.1.3　频率、电压的控制

频率/电压控制实际上就是为超频而准备的，但是不当的超频和超电压都有可能造成 CPU、主板及内存的损坏或减少其使用寿命。

超频对象是一块 1.6GHz 的 Intel Pentium 4 CPU，如图 3-6 所示。

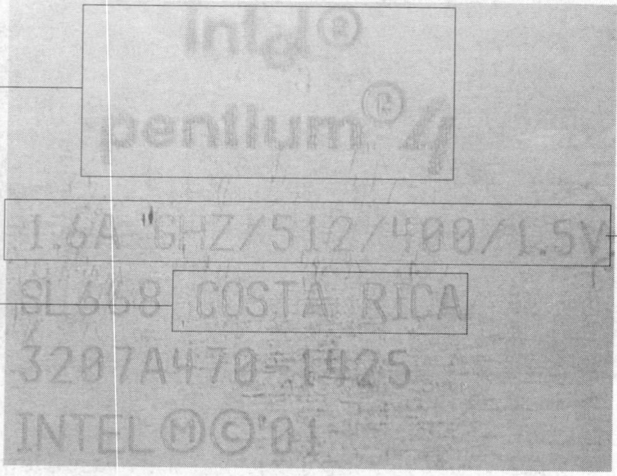

图 3-6　要超频的 CPU

开机后按 Delete 键进入 CMOS 设置，主板如果是采用 Award 的 BIOS 芯片，可以选择“CHIPSET FEATURES SETUP”项，找到“CPU/PCI Clock<MHz>”选项，如图 3-7 所示。

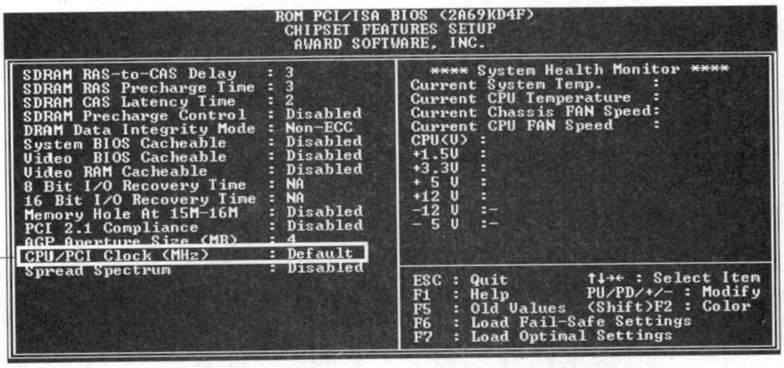

CMOS 里改变 CPU 频率、即超频的设置

图 3-7　找到“CPU/PCI Clock<MHz>”选项

按“+”“−”键来选择设置 CPU 的频率，一般可以选择 66.8MHz～150MHz 间的频率。如图 3-8 所示，设定的外频是最低档的 66.8MHz。

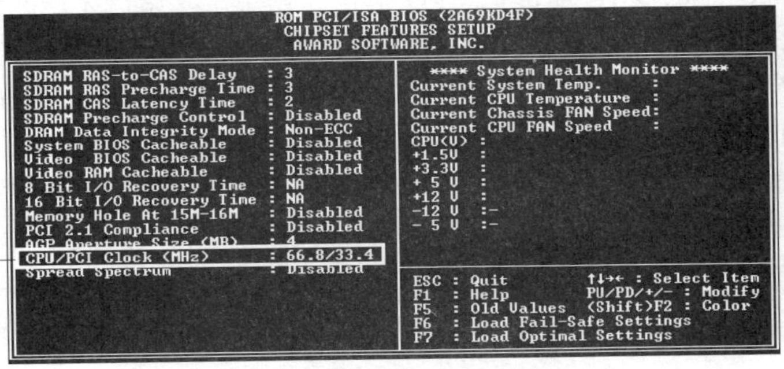

CPU 外频和系统总线外频是 66.8MHz，PCI 总线是 33.4MHz

图 3-8　设定外频为 66.8MHz

下面是 CMOS 设置，里面预定能调节达到的最高 CPU 频率 150MHz，如图 3-9 所示。

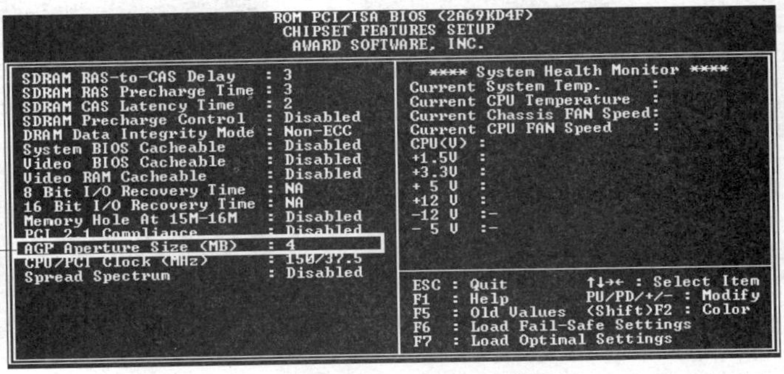

CPU 外频和系统总线外频是 150MHz，PCI 总线是 37.5MHz

图 3-9　CMOS 设置里面能调节达到的最高 CPU 频率

提示	如果是其他公司（比如 Phoenix、AMI）的 BIOS，那么选择的项可能不一样。

如果是某些对 BIOS 设置程序进行过优化或特殊改动的主板，比如 Abit（升技）主板，就在 BIOS 里面加入了自己公司开发的选项。这里用的是一块 Abit BD7 主板，CMOS 里面第一项就是“SoftMenu III Setup”，进入这个选项，就弹出如图 3-10 所示的界面。

现在看到的是系统默认值。“SoftMenu III Setup”命令里面有许多针对 CPU 超频的选项，比如调节 CPU 核心电压的“CPU Power Supply”中的“Core Voltage”选项，调节内存电压的“DRAM Voltage”选项等。

该如何对选项进行设置呢？首先需要分析被超频的 CPU。这是一颗主频 1.6AGHz 的 CPU（A 代表采用 0.13μm 工艺制造的）。主频就是 CPU 的时钟频率，英文全称是“CPU Clock Speed”，表示在 CPU 内数字脉冲信号震荡的速度。通常在同类型号的 CPU 里，主频越高，CPU 在一个时钟周期里面完成的指令数也越多，CPU 的速度也就越快。

CPU 的主频是由倍频乘以外频得到。例如，该计算机系统默认的外频是 100MHz，CPU 的倍频是 16，那么 CPU 的主频为：

100MHz×16＝1600MHz＝1.6GHz

由上面的公式可以知道，提高 CPU 的倍频或提高系统的外频都可以使主频得到提高。但是现在 Intel 公司在出厂前都把 CPU 的倍频锁定了，用户无法改变倍频。但是 AMD 的 CPU 有些没有锁定倍频，可以通过特殊的方法破解 CPU 的倍频（比如用 2B 铅笔、导电银笔等把 CPU 表面的金属节点之间画上线，利用石墨、银等的导电性连接被分开的两个节点，这样就可以破解被 AMD 公司锁定倍频的 CPU）。

那么对于 Intel 的 CPU 超频，就只能调高系统总线频率（因为 CPU 的外频跟系统总线频率一样，所以也可以称为 CPU 的外频）了。此时就是要调高 CPU 的外频，默认是 100MHz，如图 3-11 所示。

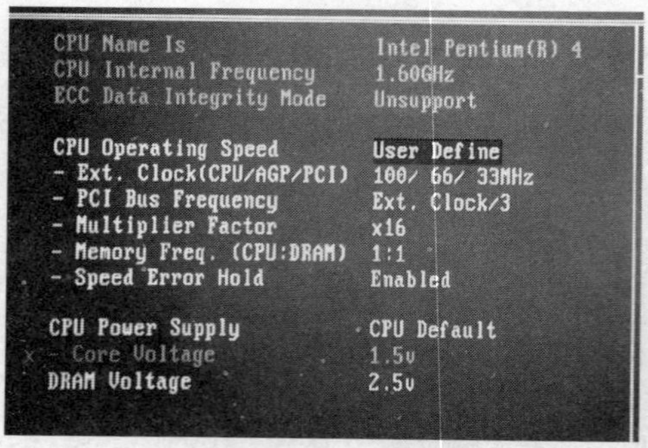

图 3-10　进入“SoftMenu III Setup”选项

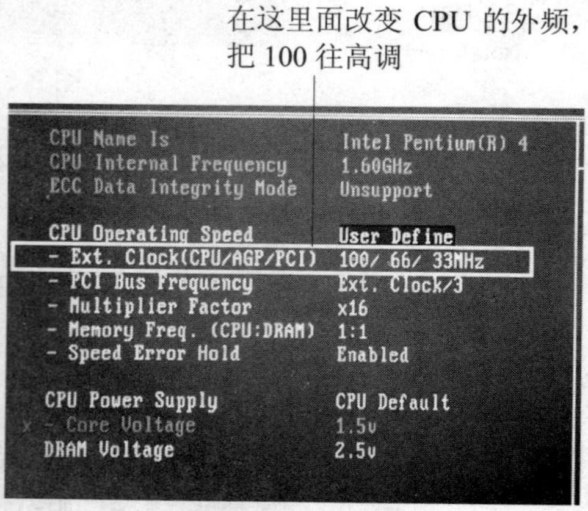

图 3-11　调高 CPU 的外频

刚开始调节时，因为 Intel 公司的 CPU 可超频的幅度比较大，所以可以调节大一点，以后就要小幅度调节。这里先暂时调节到 112MHz，如图 3-12 所示。

但是在调高 CPU 外频的时候，可以发现 AGP/PCI 的频率也跟着提高，如图 3-13 所示。由原来的 66/33MHz 提高到了 74/37MHz，这样有可能造成计算机的 AGP 显卡、PCI 设备（包括 IDE 接口上的所有设备，比如硬盘、光驱等）因为频率的提高而造成损坏。所以为了安全起见（特别是如果硬盘坏了，损失就惨重），一般把 AGP/PCI 的频率调回原来默认值或按照 4 分频来设定（系统默认是 3 分频）。4 分频就是把 PCI 总线频率设定为系统总线频率的 1/4。具体操作方法是：把选择光标移动到“PCI Bus Frequency”选项上，按“＋”

“—”键改变值。如图 3-13 所示。

图 3-12　将 CPU 频率调节到 112MHz

图 3-13　改变“PCI Bus Frequency”的值

保存后退出，如果计算机能够正常启动，那么显示器上就显示超频成功后的 CPU 频率值，如图 3-14 所示。

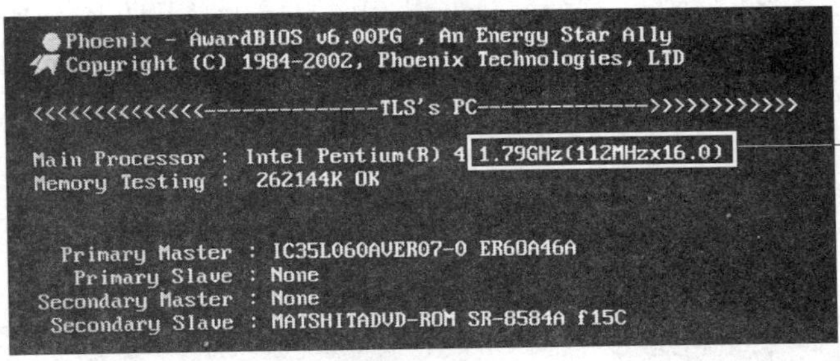

现在 CPU 的频率是 2.04GHz，比没有超频之前高了 400GHz

图 3-14　超频成功后的 CPU 频率值

如果超频后能正常启动计算机，这只能说明超频成功了一半，关键是要在系统下稳定运行，如果不能稳定运行，那还是不成功的超频。现在进入 Windows，运行大型的软件或 3D 游戏，如果运行 3、4 个小时都没有死机，则表示超频成功，同时说明这个 CPU 还有继续超频的潜力，我们还可以重新启动计算机，再次进入 CMOS，把 112MHz 外频再往高处调节，不过这次最好超频的幅度小一点，如果成功，就再继续超频，直到运行软件不稳定为止。

在这一台计算机试验中，外频可以超频到 128MHz，主频可达到 2.04GHz，如图 3-15 所示。

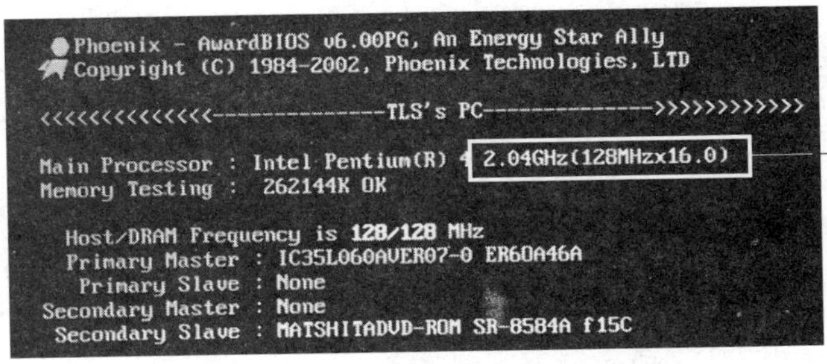

现在 CPU 的频率是 2.04GHz。比没有超频之前高了 400MHz

图 3-15　CPU 主频达到了 2.04GHz

3.1.4　常用优化设置项

1. 加快电脑的启动速度

如果两台计算机的 CMOS 设置不一样，那么启动速度就会不一样。按照下面介绍的几种方法去改变 CMOS 里面的参数，会提高计算机的启动速度。

【范例 3-2】 改变计算机的启动顺序。

步骤 1：新买的计算机的主板上 CMOS 启动顺序默认值是“A，C，SCSI”，如图 3-16 所示。如果不改变，那么计算机每次都是先从 A 盘启动。如果检测 A 盘里没有启动程序后，再跳转到 C 盘启动。对于正常工作的计算机来说，没有必要用这样的顺序。建议把启动顺序改成“C，A，SCSI”。

步骤 2：首先进入 CMOS 的主界面，选择“BIOS FEATURES SETUP”（BIOS 特性设置）选项，按 Enter 键后出现该选项的设置界面，可以用向下的方向键把光标移动到“Boot Sequence”选项，把值改为“C，A，SCSI”，如图 3-17 所示。

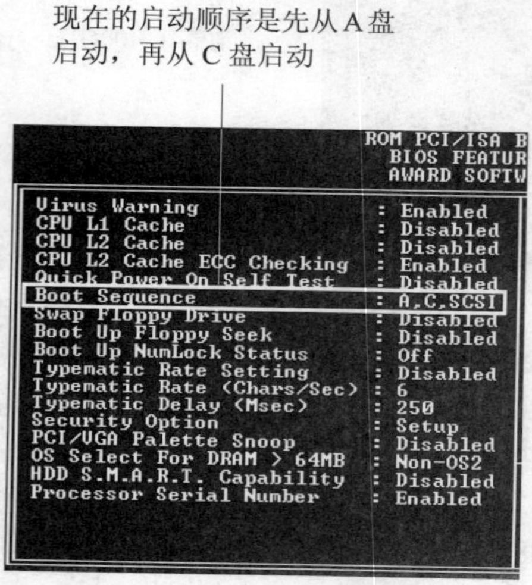

图 3-16　CMOS 上默认的启动顺序

图 3-17　修改启动顺序

这样计算机启动时就不用检测 A 盘上是否有启动程序，而是直接从 C 盘（即硬盘）启动，比原来启动速度要快。

【范例 3-3】 打开快速上电自检选项。

步骤 1：计算机每次启动后要进行上电自检 POST（Power On Self Test），CMOS 默认值是关闭了快速上电自检，如图 3-18 所示。

步骤 2：开机后，关闭快速上电自检要比打开快速上电自检花更多的时间。比较明显的就是对内存的检测，如果没有打开快速上电自检，则要检测 3 遍内存，当内存很大（比如 512MB）时，要花非常多的时间来检测。对于正常的计算机来说，没有必要每次都进行内存检测，所以建议打开快速上电自检选项。

步骤 3：首先进入 CMOS 主界面，选择“BIOS FEATURES SETUP”选项后，再选择“Quick Power On Self Test”选项，把值改为“Enabled”，如图 3-19 所示。

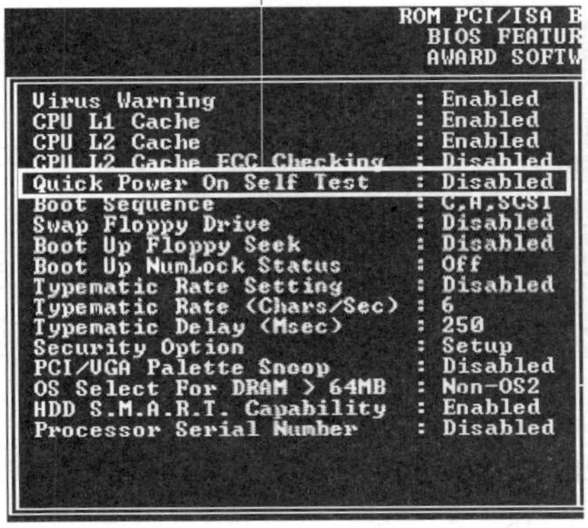

图 3-18　默认关闭快速上电自检

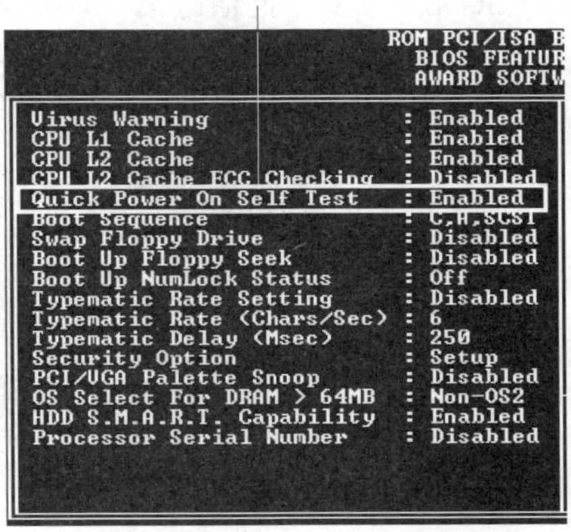

图 3-19　打开快速上电自检

【范例 3-4】 设定软硬盘接口参数。

步骤 1：如果在 CMOS 设置里面的硬盘接口类型是“Auto”类，那么计算机开机后会检测接在主板 IDE 接口上的所有设备。如果是“None”类，那么开机后计算机就不会再检测主板上的 IDE 接口设备。如果是“User”类，计算机就会自动按照“User”类定义好的配置来启动机器。

步骤 2：选择 CMOS 主界面里面的“STANDARD CMOS SETUP”（标准 CMOS 设置），在此选项里将硬盘的类型设置为“User”。其他没有连接设备的接口都设为“None”，如图 3-20 所示，这样能够加快启动速度。

【范例 3-5】 禁止启动时搜索软驱。

步骤 1：启动计算机时，默认的 CMOS 设置要搜索软驱，影响了启动速度，通常不需要这项功能；甚至有可能因为启动软盘带有病毒，引导系统后病毒破坏系统。所以可以禁止启动时搜索软驱，以提高启动速度。

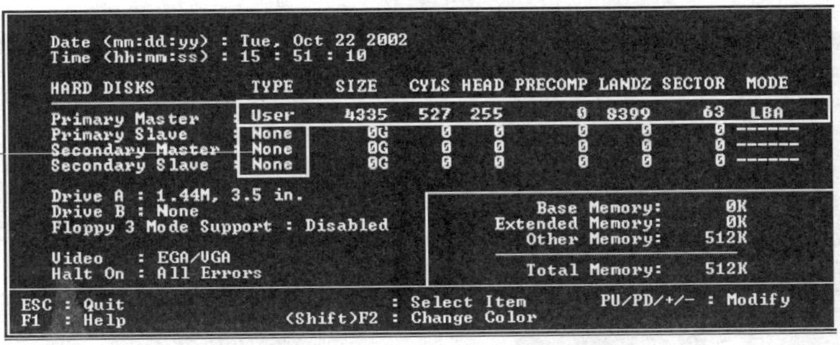

图 3-20　设置软硬盘接口参数

步骤 2：进入 CMOS 主界面，选择“BIOS FEATURES SETUP”选项后，再选择“Boot Up Floppy Seek”选项，把值改为“Disabled”，如图 3-21 所示。

屏蔽该项设置

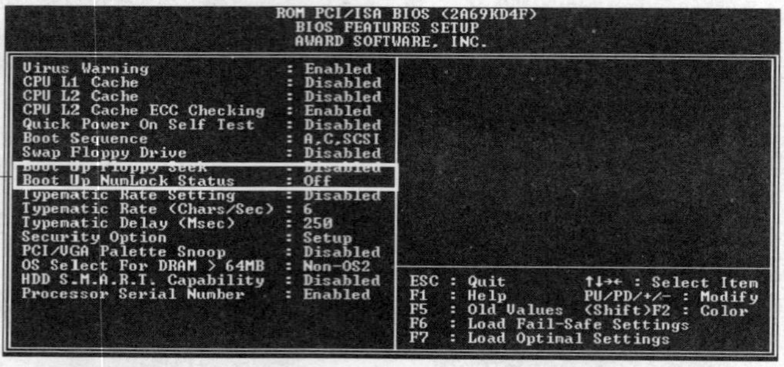

图 3-21 禁用启动时搜索软驱

经过以上设置后，计算机的启动速度就会比原来快很多。

2. 提高系统性能

怎样充分发挥计算机的性能呢？可以通过下面这些操作提高系统的性能。

（1）打开 CPU 的 Cache（高速缓存）

CPU L1 Cache 和 CPU L2 Cache 是 CPU 的内、外部高速缓存，它们的大小和开关对计算机的整体性能有很大影响，关闭 Cache 以后系统的性能会下降很多。所以应该在 CMOS 里面把 CPU 的 L1、L2 Cache 都打开。

进入 CMOS 主界面，选择“BIOS FEATURES SETUP”选项后，再选择“CPU L1 Cache”和“CPU L2 Cache”两项，把值都改为“Enabled”，如图 3-22 所示。

如果打开“CPU L2 Cache ECC Checking”选项，那么系统就会多花时间来处理“ECC Checking”（这是一个校验数据是否正确的选项，对家庭用户用处不大）。所以要想提高系统速度，可以把“CPU L2 Cache ECC Checking”选项设置为“Disabled”，也就是屏蔽掉。

（2）打开 System BIOS Cacheable

把 System BIOS Cacheable、Video BIOS Cacheable、Video RAM Cacheable 都打开会提高系统性能。

进入 CMOS 主界面，选择“CHIPSET FEATURES SETUP”（芯片组特性设置）后，把“System BIOS Cacheable”、“Video BIOS Cacheable”和“Video RAM Cacheable”这 3 项都打开，这样有利于提高系统性能，如图 3-23 所示。

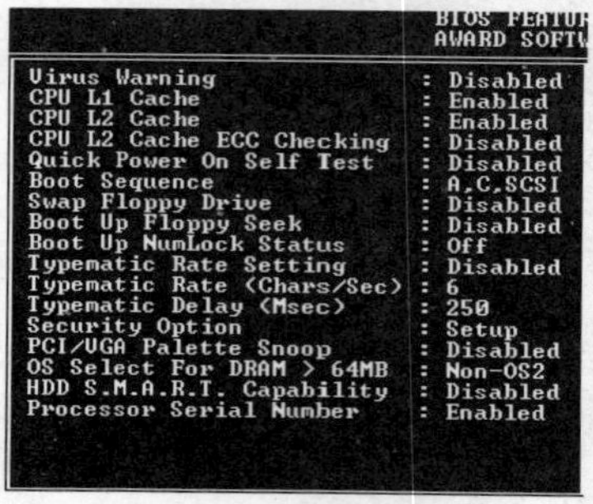

图 3-22 打开 CPU 的高速缓存

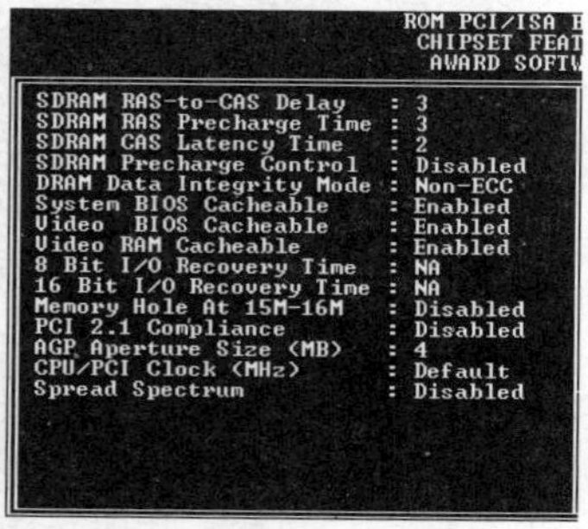

图 3-23 打开 System BIOS Cacheable

（3）调整内存条的响应时间

进入 CMOS 主界面，选择“CHIPSET FEATURES SETUP”选项后，可改变下面几项参数值。

- SDRAM RAS-To-CAS Delay：该项是控制 SDRAM 内存条的 RAS（Row Address Strobe，行地址选通脉冲）和 CAS（Column Address Strobe，列地址选通脉冲）之间的延迟时间，默认值是 3，可尝试改为 2，如果不稳定就改回 3。
- SDRAM RAS Precharge Time：该项是内存行地址选通脉冲预充电时间，默认值是 3。它用于控制在进行 SDRAM 进行刷新操作之前 RAS 预充电所需要的时钟周期数。可以将预充电时间设为 2，这样可以提高内存的性能，如果不稳定就改回 3。
- SDRAM CAS Latency Time：该项是设置内存的 CAS 延迟时间。如果内存条质量好，而且速度规格是 10ns（包括比这个标准还高的内存条），可以试一试把原来的 3 改成 2，如果系统不稳定就改回 3，如图 3-24 所示。

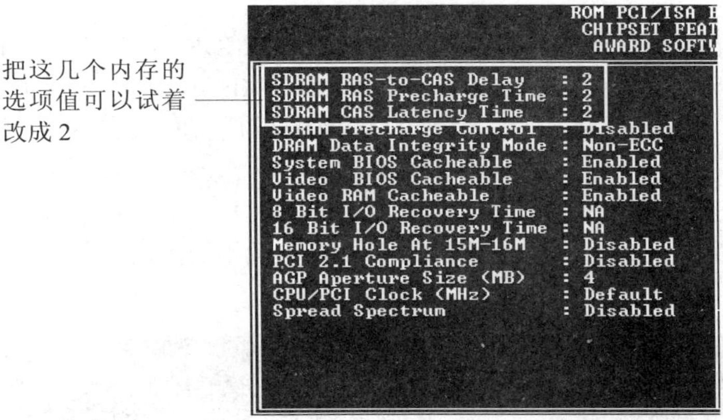

图 3-24　调整内存的相应时间

提示　改动这个选项要求内存条的质量非常好，如果质量不好，就非常容易出现死机、自动重启、非法操作等故障现象。如果出现不稳定的现象，要把这些值改回原来的值。

（4）调整硬盘的接口、传输模式

首先进入 CMOS 主界面，选择“INTEGRATED PERIPHERALS SETUP”（综合外设设置）选项后，再选择“IDE HDD Block Mode”选项，把值由“Disabled”改为“Enabled”。

如果硬盘是支持 Ultra DMA 的，并且主板也支持 Ultra DMA 模式，就可以按照下面的方法进行设置，以提高磁盘性能。如果硬盘接在“IDE Primary Master”（就是主板上第一个 IDE 接口）上，并且硬盘是主盘，那么就把“IDE Primary Master UDMA”的值由“Disabled”改为“Enabled”。如果硬盘是跳成副盘的，就把“IDE Primary Slave UDMA”的值由“Disabled”改为“Enabled”。硬盘接在哪个接口上，就把该接口的“UDMA”值打开，如图 3-25 所示。

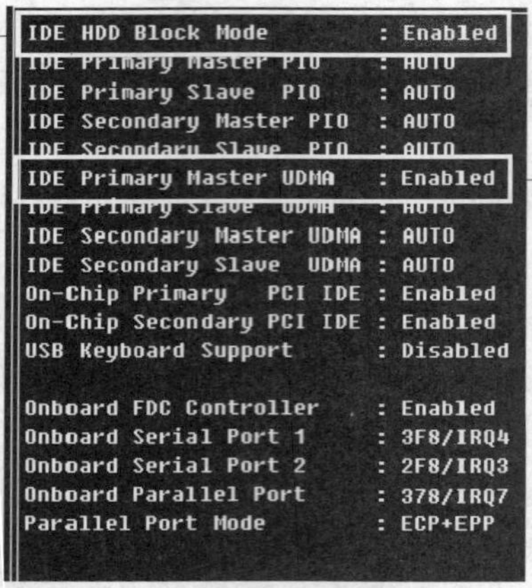

图 3-25　调整硬盘接口和传输模式

（5）超频

超频一直是提高系统性能最快最有效的方法。进入 CMOS 里面的“CHIPSET FEATURES SETUP”芯片组特性设置，找到“CPU/PCI Clock（MHz）”选项（不同的主板，不同的 BIOS 版本可能会有不同的提示），主板默认的是“Default”值，如图 3-26 所示。

可以改为其他的 CPU 外频值，因为刚开始不知道这块 CPU 最高可以超频到多少，所以最好逐级超频，再开机运行大型软件或游戏，看会不会出现死机、非法操作等问题，如果没有问题，可以再往上超频，直到开机运行软件或游戏后出现不稳定的现象，这就代表 CPU 只能超频到目前这个频率的前一级，如图 3-27 所示。

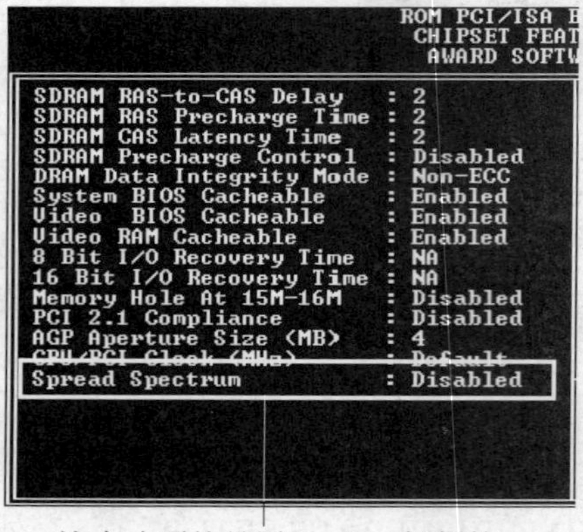

图 3-26　超频选项

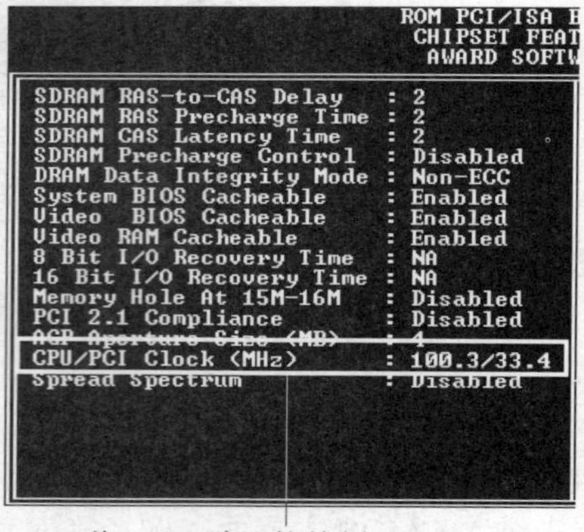

图 3-27　超频 CPU

3.1.5　CMOS 参数的清除

1. 硬件清除法

如果 CMOS 设置了密码或因为超频无法开机，则可以使用硬件清除法清除 CMOS 参数。

（1）跳线法

① 清除身体上的静电。简单的方法是将手放在机箱或接地的地线上，即可清除身体静电。如有腕式静电环，就更方便了。

② 关闭电源，打开机箱，在主板上找到 CMOS 清除跳线，一般为一个三针跳线，在主板 BIOS 芯片或电池旁边标有 CLEAR CMOS 标识，如图 3-28 所示。

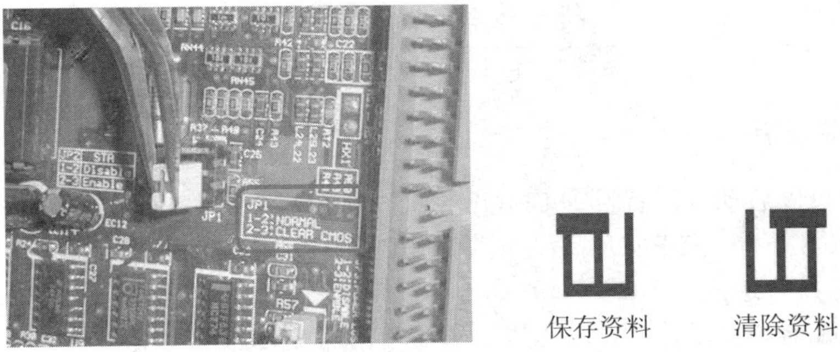

图 3-28　主板上 CMOS 的跳线

③ 正常情况下，跳线是在 1、2 的位置上（保存），拔下跳线，短接 2、3，稍停恢复到 1、2，CMOS 即清除。此时 CMOS 中数据为空，在随后的开机中，系统会提示 CMOS 数据错误等，提示按 F1 进入 CMOS 设置，此时，调节默认设置后，保存，重新开机即可。

（2）断电法

如果主板上没有此跳线或没有找到，可以方便地使用断电法清除 CMOS。

虽然 CMOS 芯片中的数据是由电池提供电力来保存的，但并不能拔下电池来清除 CMOS 参数，因为 CMOS 电路中还有相应的电容，其电容上的存电也可使 CMOS 保存一些时间。

正确的做法是首先取下电池，然后用一个金属导体短接主板电池座中的正负极，用短路的方式快速放掉相应电容中的存电，从而达到清除 CMOS 的目的，如图 3-29 和图 3-30 所示。

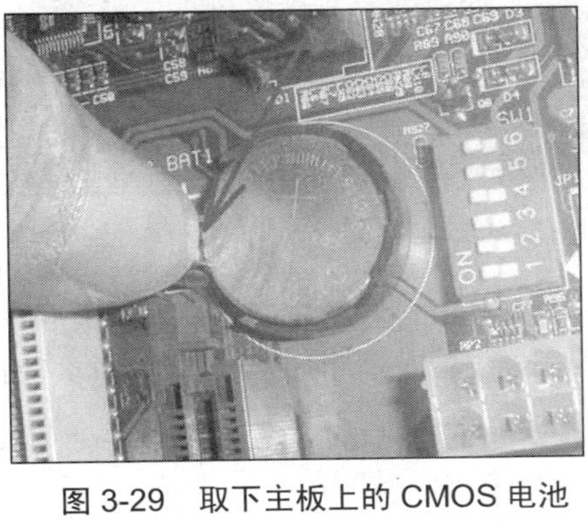

图 3-29　取下主板上的 CMOS 电池

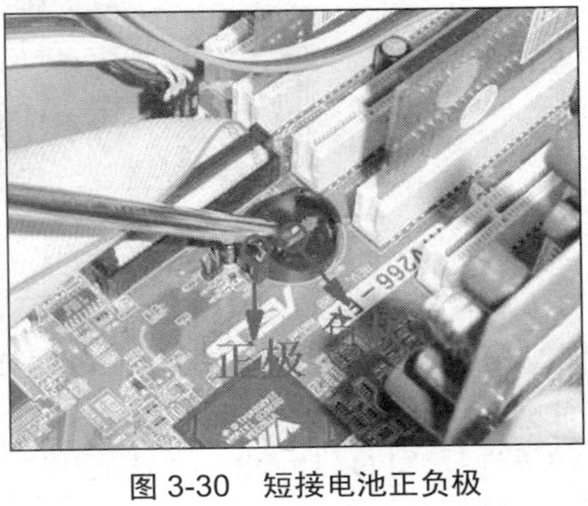

图 3-30　短接电池正负极

短接正负极一般 1min 左右，即可清除 CMOS，然后将电池正确插入电池座中，重新开机即可。

提示	在打开机箱，在主板上操作时，一定要先清除自身可能带的静电。一般情况下，在主板上使用 CMOS 清除跳线清除 CMOS 时，最好将主板电源线从插座上拔下；但也有的主板，必须在主板有待机电源的情况下才可清除 CMOS。在使用 CMOS 清除跳线清除 CMOS 后，开机前，一定要将 CMOS 跳线设置在 1、2，即保存的位置，否则可能无法启动机器。在使用断电清除 CMOS 时，清除完成后，将电池插入电池座时，一定要注意电池的正负极。

2. 软件清除法

如果系统可以启动且没有设置 CMOS 密码，则可以软清除 CMOS 参数。

（1）在 DOS 下使用 DEBUG 命令清除 CMOS 参数

① 启动系统，进入纯 DOS 环境。

② 在 DOS 命令提示符下，输入以下命令来清除 CMOS 参数：

```
C:\>DEBUG
—0 70 10
—0 71 01
—Q
```

（2）进入 CMOS 设置，调入原厂默认设置

① 进入 CMOS 主界面，有“LOAD FAIL-SAFE SETTINGS”和“LOAD OPTIMAL SETTINGS”两个选项，如图 3-31 所示。

当 CMOS 设置失败后，可以选择这两项来恢复

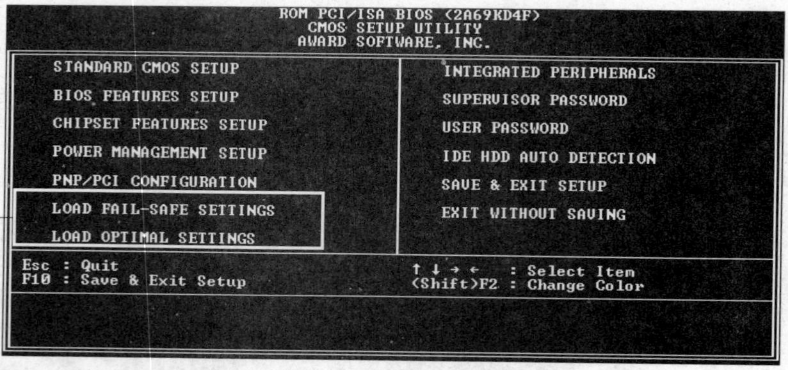

图 3-31　CMOS 主界面

② 如果选择“LOAD FAIL-SAFE SETTINGS”按 Enter 键并按“Y”键确认后，就可以把 CMOS 里面的所有参数都按照最保守的设置进行设定。取消了所有高性能的参数设置，保证计算机能正常启动。

如果选择“LOAD OPTIMAL SETTINGS”按 Enter 键并按“Y”键确认后，就是按照主板工厂默认的优化设置来设定 CMOS 的。通常当 CMOS 参数设置乱了后，一般都先选择这一项，如果还不行，再选择“LOAD FAIL-SAFE SETTINGS”项。

3.2　硬盘分区与格式化

如果把硬盘看成一张白纸的话，分区就相当于在这张白纸上先画几个大方框，格式化就相当于在这些方框中打上格子，安装程序就相当于在格子里写字。

所以，分区和格式化就相当于为安装软件打基础，实际上它们为计算机在硬盘上存储数据起到了标记定位的作用。

3.2.1　用 FDISK 命令进行硬盘分区和格式化

下面介绍在 DOS 下用 FDISK 命令对硬盘进行分区和进行高级格式化的方法。

由于 Windows 2000 以后的系统不再基于 DOS，安装了 Windows XP/7 后，要想在纯 DOS 模式下启动，一般只能借助软盘、U 盘、光盘和无盘网络。

启动系统后进入 DOS 模式，在命令提示符后输入“FDISK”并按 Enter 键。

这时出现提示，说明硬盘比较大，如果选择支持大硬盘的方式，可以使一个 DOS 分区容量超过 2G。这里选择“Y”，表示使用支持大硬盘的功能，如图 3-32 所示。

如图 3-33 所示的就是 FDISK 程序主界面，第一项是建立分区，选择该项，输入数字“1”，然后按 Enter 键。

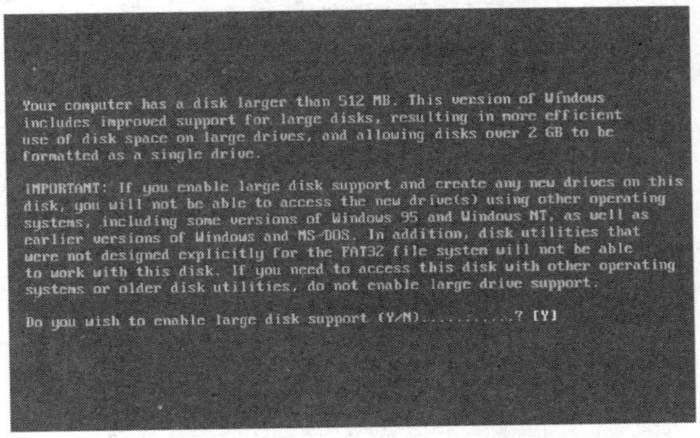

图 3-32　提示是否启用大硬盘的支持

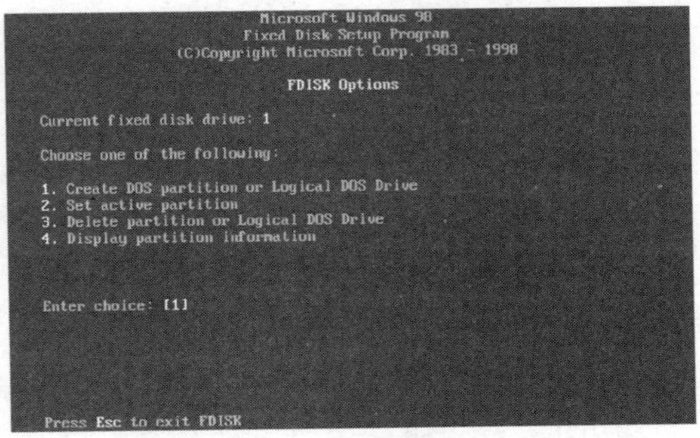

图 3-33　FDISK 程序的主界面

（1）建立主 DOS 分区

在图 3-34 所示的建立分区的选项画面中，第一条是建立主 DOS 分区，第二条是建立扩展 DOS 分区，第三条是在扩展 DOS 分区中建立逻辑分区。

先把硬盘分成主 DOS 分区和扩展 DOS 分区，然后再把扩展 DOS 分区分为几个逻辑 DOS 分区。通常，主 DOS 分区就是常说的 C 盘，而 D、E、F 等则是扩展分区中的几个逻辑分区。

首先，建立主 DOS 分区。输入数字“1”，按 Enter 键，程序开始检测硬盘。

接着会询问是否将硬盘分为一个区，如图 3-35 所示。如果将硬盘分成一个区的话，就显得太大，所以此时选择“N”，表示不将硬盘整个分成一个区，然后按 Enter 键，程序会自动确认一遍硬盘容量。

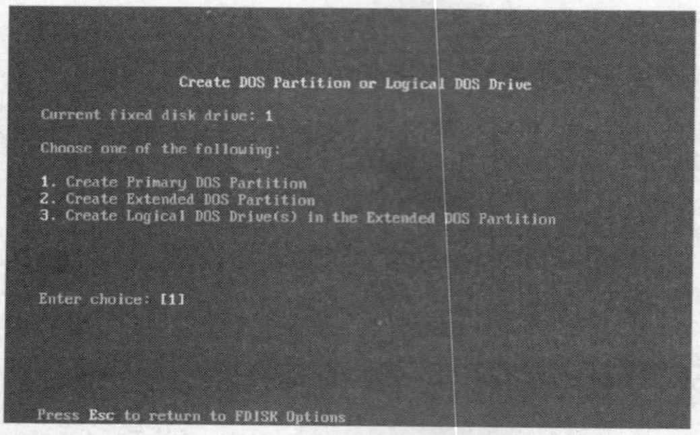

图 3-34　创建 DOS 分区或逻辑分区的界面

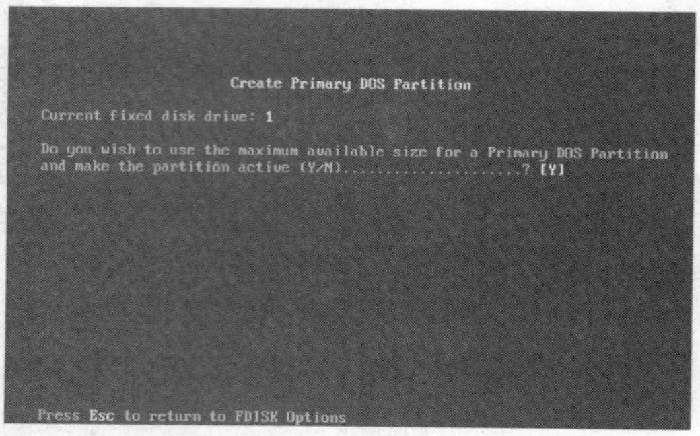

图 3-35　创建主 DOS 分区的界面

接着需要输入分配给主 DOS 分区的字节数，单位是兆字节。此时输入“8000”，表示给主 DOS 分区，即 C 盘分配 8GB 的硬盘容量，如图 3-36 所示。

按 Enter 键确认后，程序即可完成主 DOS 分区的建立，如图 3-37 所示。

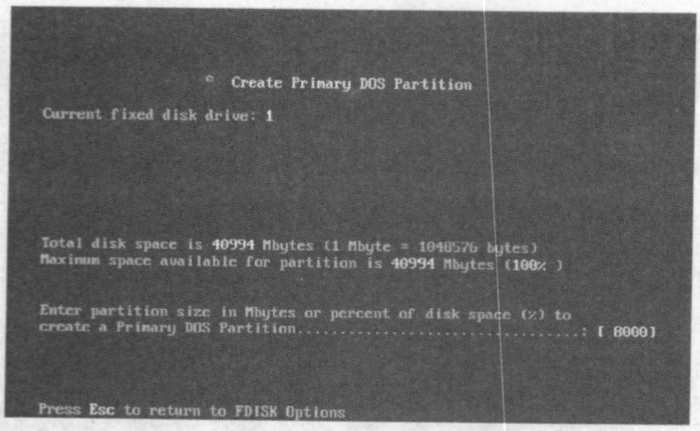

图 3-36　分配主 DOS 分区的容量

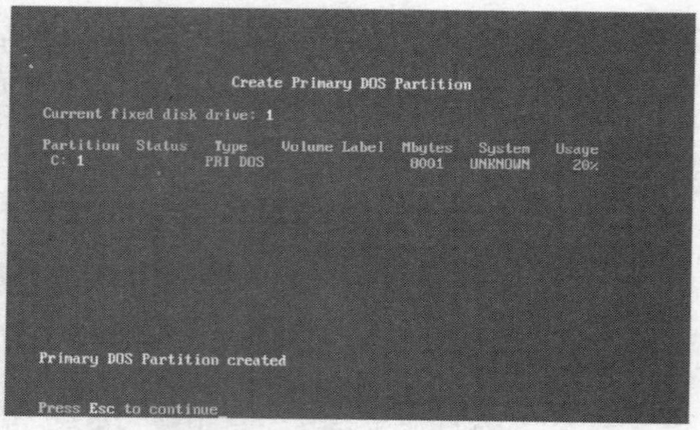

图 3-37　创建好了主 DOS 分区

（2）设置活动分区

按 Esc 键，继续设置其他分区，这时出现一条警告信息，要求设置一个活动分区，否则这块硬盘将不能启动计算机，一般把主 DOS 分区设置成活动分区。

菜单中的第二项即设置活动分区，输入“2”，按 Enter 键确认。

程序询问要将第几个分区设置为活动分区，如图 3-38 所示。输入“1”并按 Enter 键，表示将第一个分区，即主 DOS 分区设置成活动分区。再按 Esc 键，继续设置其他分区。

（3）建立扩展 DOS 分区

选择“1”，按 Enter 键，显示刚才设置主 DOS 分区的菜单。

由于已经建立了主 DOS 分区，所以这次选择第二项来建立扩展 DOS 分区，输入“2”，按 Enter 键确认，如图 3-39 所示。

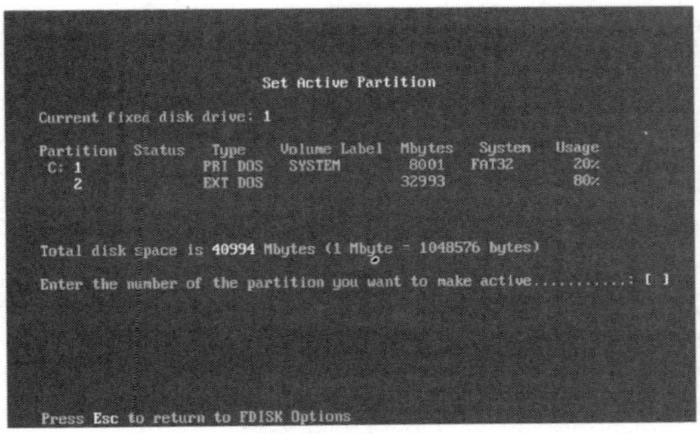

图 3-38 设置活动分区

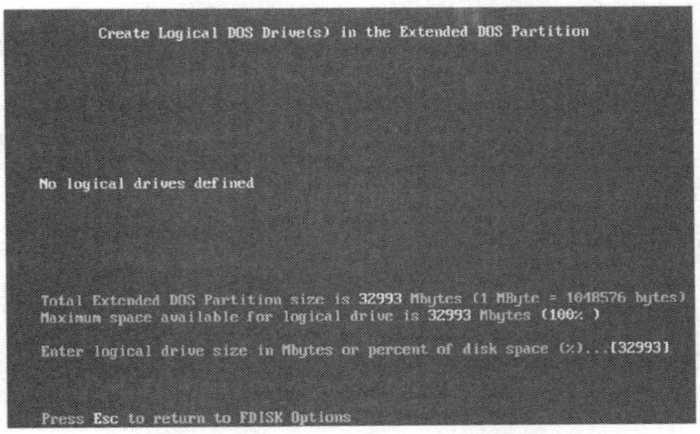

图 3-39 创建 DOS 分区及逻辑分区

此时需要输入分配给扩展 DOS 分区的字节数，保持系统默认值，按 Enter 键，即可建立扩展 DOS 分区。

从容量百分比看，主 DOS 分区和扩展 DOS 分区的容量加在一起，刚好就是硬盘的总容量，然后按 Esc 键继续其他分区。

（4）建立逻辑分区

程序会自动建立逻辑分区，如图 3-40 所示。

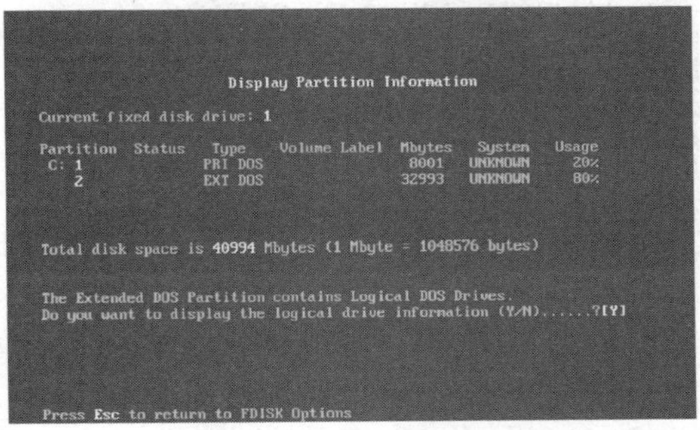

图 3-40 创建逻辑分区

这时需要输入分配给第一个逻辑分区的字节数，即 D 盘的容量大小，此时输入“10000”并按 Enter 键，表示分配给 D 盘的空间是 10GB。

程序创建好 D 盘，然后会继续检测硬盘，分配剩下的硬盘空间，如图 3-41 所示。

接着需要输入分配给第二个逻辑分区的字节数，即 E 盘的容量大小，可以将剩下的硬盘空间都分配给 E 盘，所以直接按 Enter 键，如图 3-42 所示。

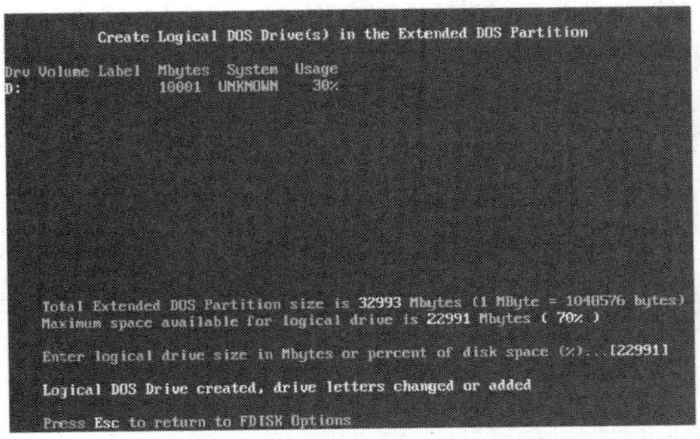

图 3-41 创建好逻辑分区 D

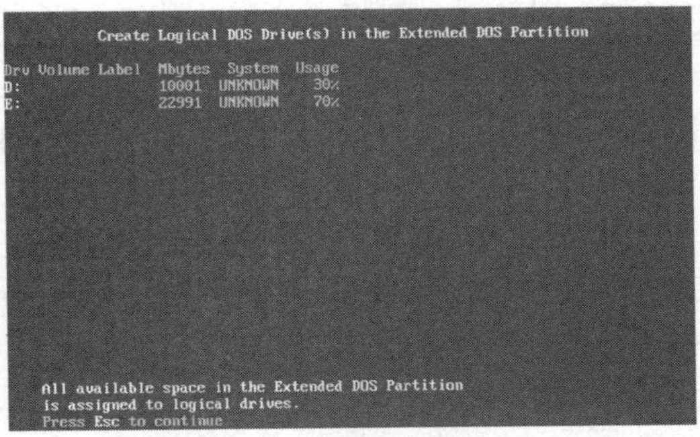

图 3-42 将扩展 DOS 分区分配给逻辑分区 D 和 E

这时在窗口最下面，程序提示已经将扩展 DOS 分区中所有的硬盘空间都分配完了。

按 Esc 键，返回主菜单。此时选择“4”，该项可以显示硬盘的分区信息，如图 3-43 所示。

这里只显示了主 DOS 分区和扩展 DOS 分区的信息，而 D、E 是两个逻辑分区，它们都包含在扩展 DOS 分区里。

程序还提示是否要查看逻辑分区的信息，直接按 Enter 键，就可以看到 D 盘和 E 盘的分区信息了。

按 Esc 键返回，再按 Esc 键退出 FDISK 程序。此时屏幕提示重新启动计算机，才能使分区生效，而且重启计算机后要格式化硬盘。此时再按 Esc 键，同时按下 Ctrl+Alt+Delete 组合键，重启计算机。

刚分完区的硬盘必须进行格式化，否则将无法使用。现在就可以用 FORMAT 命令手动格式化硬盘。

首先格式化 C 盘。在 DOS 提示符下输入“FORMAT C:”命令，然后按 Enter 键即可。按“Y”键，确认格式化，如图 3-44 所示。

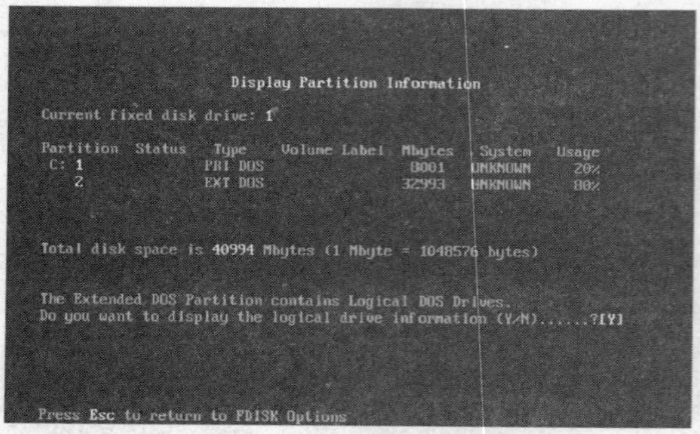

图 3-43 显示 DOS 分区信息

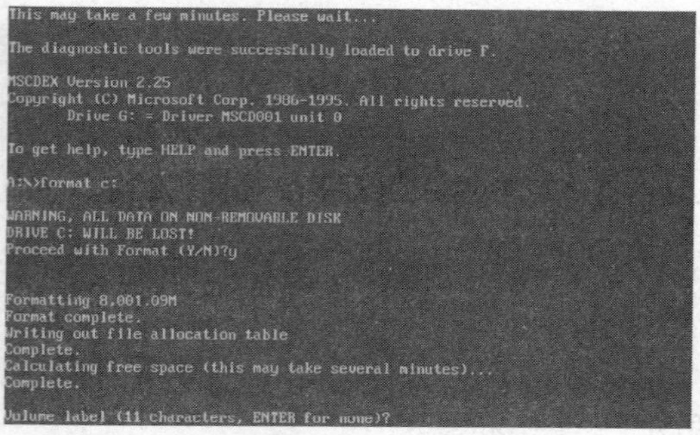

图 3-44 格式化 C 盘

接着程序提示给 C 盘加卷标，即给 C 盘起个名字，因为通常要把操作系统装在 C 盘上，所以键入“system”。按 Enter 键后，C 盘就格式化完毕。

如果是安装 Windows XP 及其之后的操作系统，可以不用格式化硬盘。安装程序可以在安装的过程中格式化系统分区，安装完成后再使用 Windows 的磁盘管理工具格式化其余的分区。

3.2.2 用 Partition Magic 对磁盘进行分区和高级格式化

下面以磁盘魔法师（Partition Magic，PM）为例来说明用第三方软件进行磁盘分区和高级格式化。

操作分区对初学者来说也是一件麻烦而危险的工作，其中主要原因是很多操作都要在 DOS 下进行。而 Partition Magic 能在 Windows 界面中非常直观地显示磁盘分区信息并且能对磁盘进行各种操作。

PM 最大的优点在于，使用 PM 对硬盘进行分区、调整大小、转换分区格式时，相关操作都是所谓“无损操作”，不会影响磁盘中的数据。用 PM 对硬盘进行操作并不复杂，下面以 PM8.0 为例进行介绍。PM 主界面比较简单，在右上方直观地列出了当前硬盘的分区以及使用情况，在其下方是详细的分区信息（见图 3-45）。在左边的分栏中，列有常见的一系列操作，选择任意分区再点选一个操作就会弹出其向导界面。PM 的操作会形成一个操作队列，必须再单击左下角的“应用”按钮后才能使设置起作用，而在此之前可以任意撤销和更改操作，并不会对磁盘产生影响。

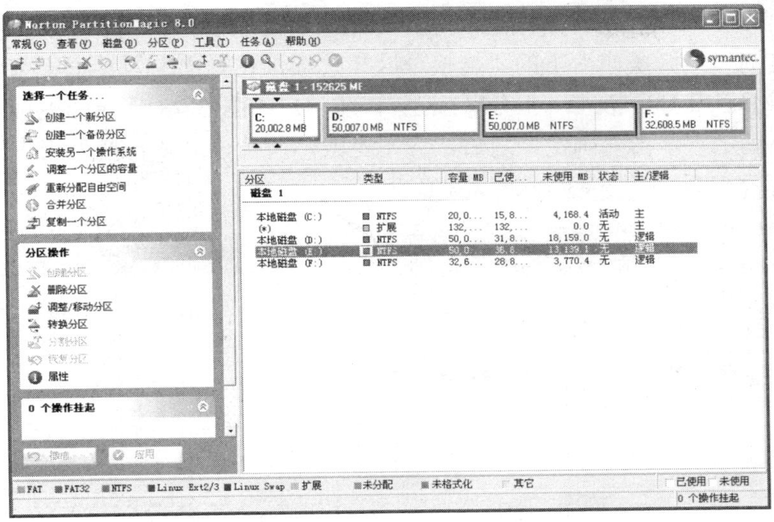

图 3-45　Partition Magic 主界面

（1）创建磁盘分区

磁盘上如果还有空闲的空间，或者是因为某种原因删除了某个分区，那么这部分的磁盘空间 Windows 是无法访问的。用户可以在 PM 提供的向导帮助下，在一个硬盘上创建分区：选中未分配的空间后单击窗口左侧的“创建分区”命令，在“创建分区”对话框中选择要创建的分区是“逻辑分区”还是“主分区”，一般选择逻辑分区；接着选择分区类型，PM 支持 FAT16、FAT32、NTFS、HPFS、Ext2 等多种磁盘格式，作为 Windows XP 用户，一般选择 NTFS 格式。同时，还可以输入分区的卷标、容量、驱动器盘符号等。

（2）重新分配自由空间

如果发现硬盘中各个盘的空间存在诸多不合理的情况，如何才能快速地对它们进行重新分配呢？单击主窗口左侧“选择一个任务”下的“重新分配自由空间”命令，在向导的提示下，先选择要调整的硬盘，然后选择要重新分配的盘符，在“确认更改”选项组中，可以看到调整前后的各分区大小对比（如图 3-46 所示），最后单击“完成”按钮即可。

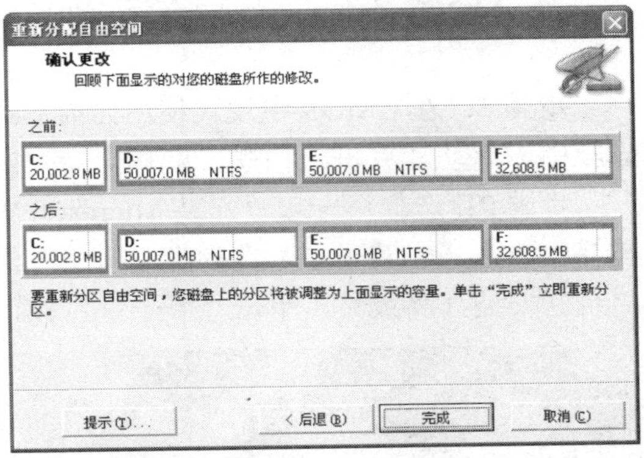

图 3-46　调整前后的分区大小对比

（3）调整分区容量

很多用户在计算机使用一段时间后，发现系统盘的剩余空间越来越少，而其他盘的闲置空间又非常多，可否将这些空闲的空间分配给 C 盘（系统盘），以便让系统运行更流畅呢？单击窗口左侧的“调整一个分区的容量”命令，在向导的提示下调整各分区的空间大小，我们只需要选择从哪个盘提取空间，提取多少即可，如图 3-47 所示。

（4）转换分区格式

在 Windows XP 中虽然自带了 FAT 分区转换为 NTFS 分区的工具，但是转换过程不能逆转，而在 PM 中可以在两种格式之间互相转化。只要先在分区列表中选择要转换的分区盘符，单击左侧“分区操作”下的“转换分区”选项，在弹出的对话框中可以选择要转换的文件系统类型以及分区格式（主分区或逻辑分区），如图 3-48 所示。变成灰色的选项表示当前条件不满足，单击“确定”之后，应用更改，所选分区就转换为相应的格式了。

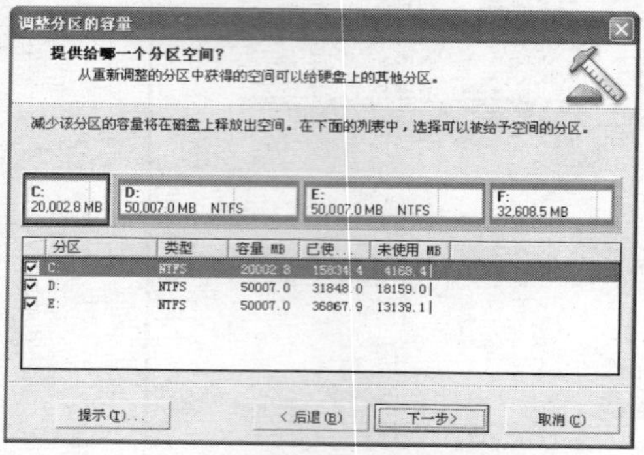

图 3-47　调整分区容量

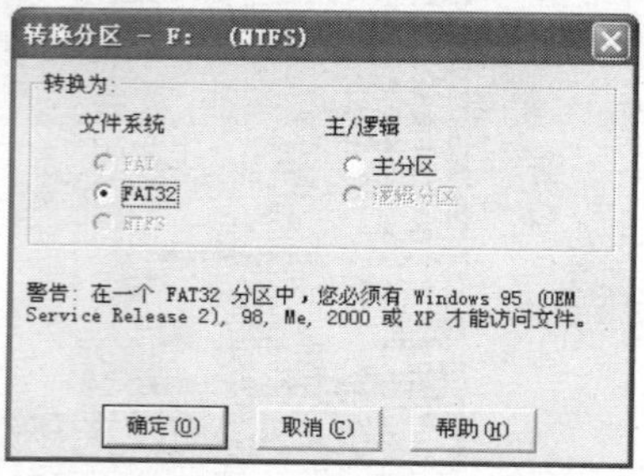

图 3-48　转换分区

3.3　安装 Windows XP 操作系统

硬盘分区和格式化完成之后，现在我们在硬盘上安装 Windows XP 操作系统。

3.3.1　开始安装

【范例 3-6】　开始安装 Windows XP 操作系统。

步骤 1：在 CMOS 中设置使用光盘启动计算机，然后将 Windows XP 的安装光盘放入光驱中，启动计算机。稍候，屏幕上会弹出一个蓝色的欢迎画面，如图 3-49 所示。

步骤 2：选择第一项“安装 Microsoft Windows XP”命令，即可进入 Windows XP 的安装界面。选择安装类型，在列表中有“升级（推荐）”和“全新安装（高级）”两种。选择“全新安装（高级）”，单击“下一步”按钮，如图 3-50 所示。

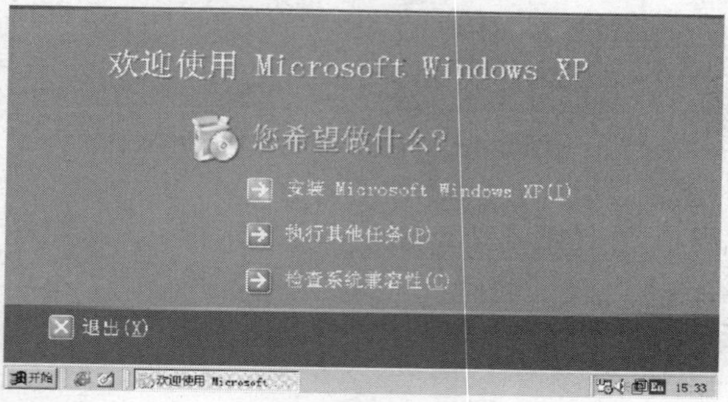

图 3-49　欢迎画面

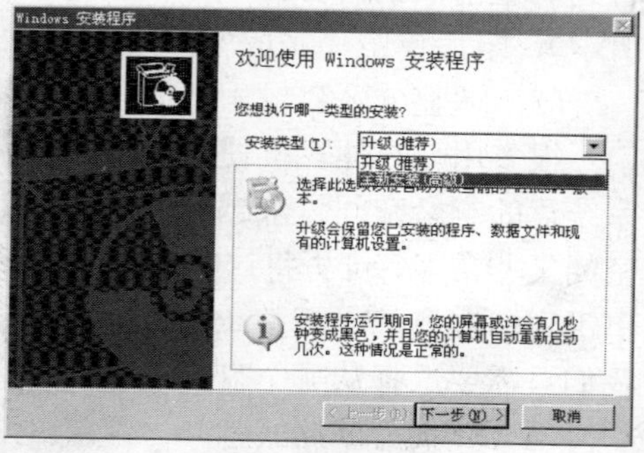

图 3-50　选择安装类型

步骤 3：在许可协议窗口中，选择“我接受这个协议”单选项，单击“下一步”按钮，如图 3-51 所示。

步骤 4：输入 Windows XP 的产品密钥，单击“下一步”按钮，如图 3-52 所示。

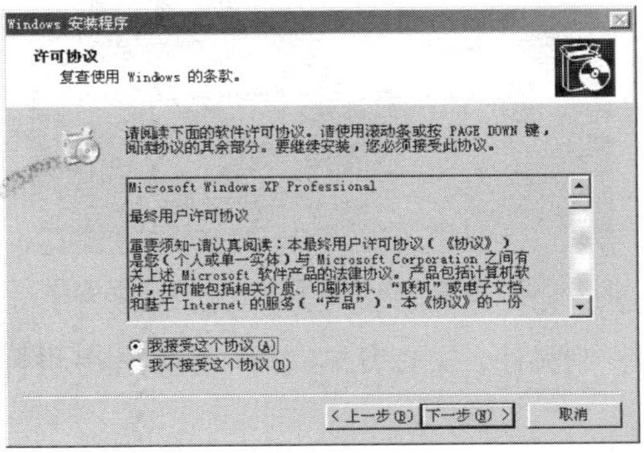

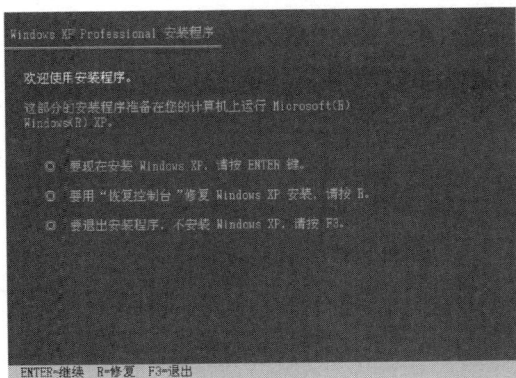

图 3-51　“许可协议”对话框

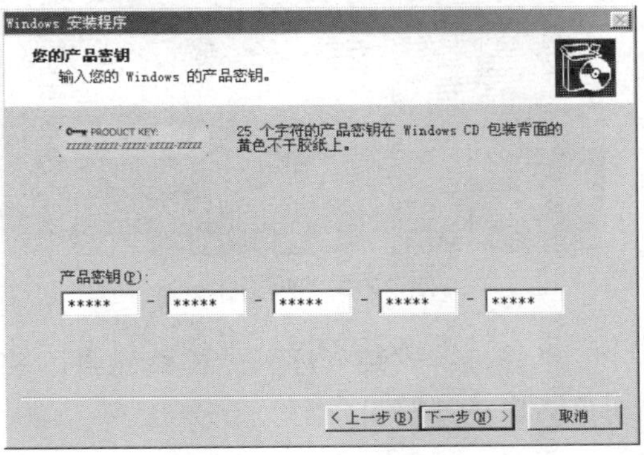

图 3-52　输入产品密钥

步骤 5：安装程序开始向计算机里复制安装文件。在复制完成后，计算机自动重新启动。

3.3.2　选择安装分区

【范例 3-7】　选择安装分区。

步骤 1：计算机重新启动后便进入 Windows XP 的安装界面。在此界面里直接按 Enter 键，开始安装 Windows XP，如图 3-53 所示。

步骤 2：选择将要安装 Windows 的磁盘分区，如图 3-54 所示。

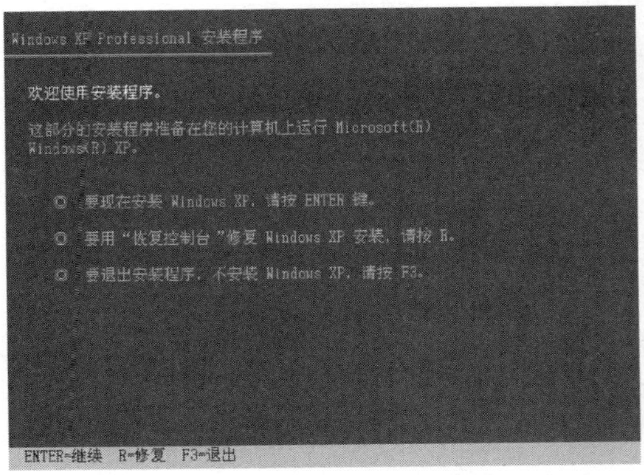

图 3-53　按 Enter 键开始安装

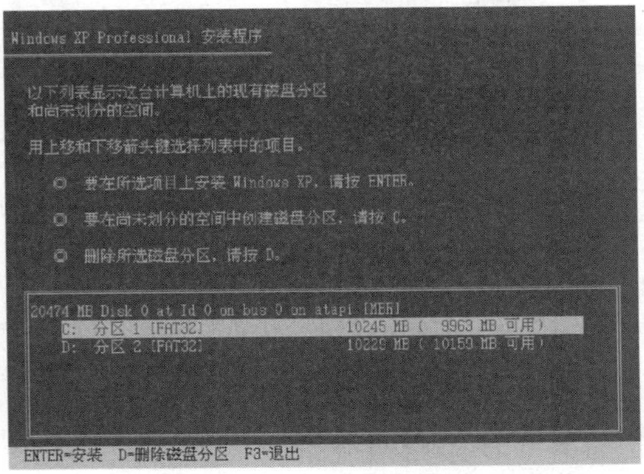

图 3-54　选择安装分区

步骤 3：选择 D 盘，然后按 Enter 键，如图 3-55 所示。

步骤 4：询问是否要改变 D 盘的文件系统，选择“保持现有文件系统（无变化）”命令，如图 3-56 所示。

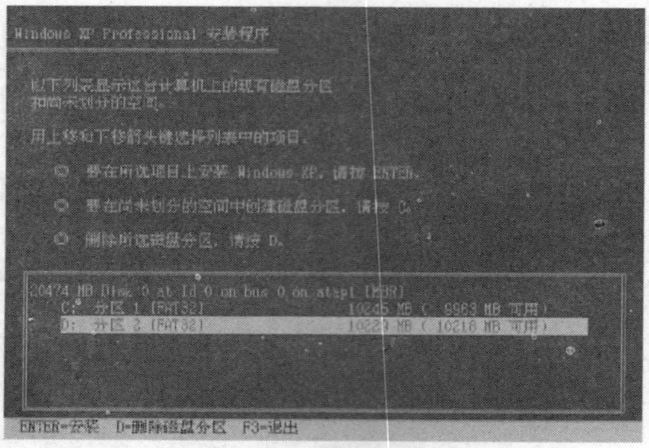

图 3-55　选择 D 分区

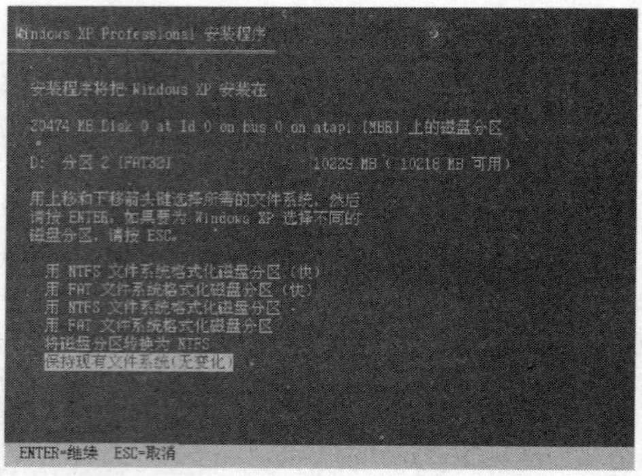

图 3-56　选择“保持现有文件系统（无变化）”

步骤 5：安装程序开始检查磁盘，并向里面复制文件。文件复制完后，安装程序将自动重新启动计算机。

3.3.3　进行相关设置

【范例 3-8】　进行相关设置。

步骤 1：计算机重新启动后，安装程序便开始了一系列的自动设置。稍候，安装程序将提示用户进行区域和语言设置，如图 3-57 所示。

步骤 2：保持系统默认设置，单击“下一步”按钮继续。

步骤 3：输入“姓名”和“单位”，单击“下一步”按钮，如图 3-58 所示。

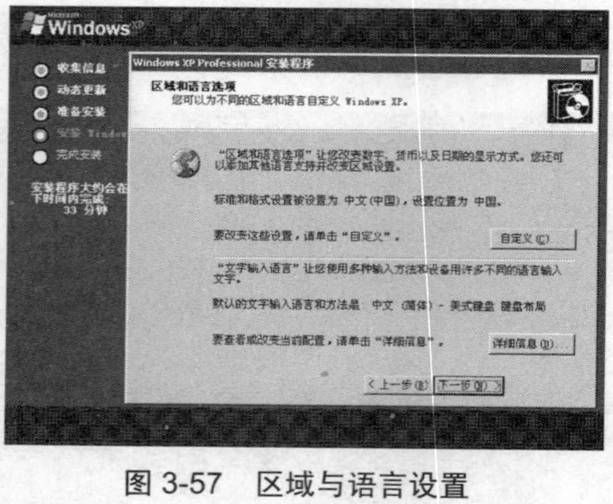

图 3-57　区域与语言设置

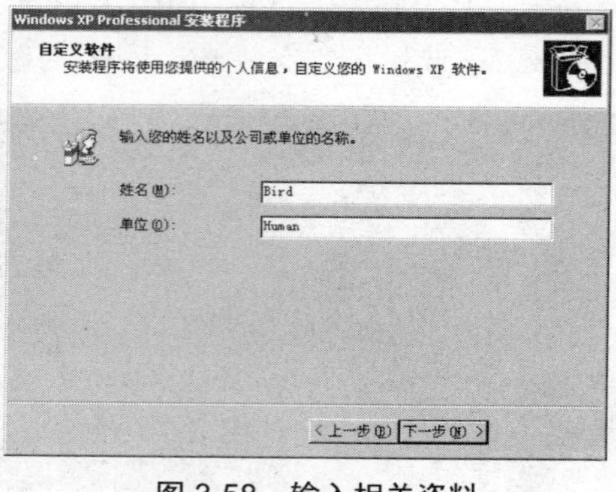

图 3-58　输入相关资料

步骤 4：输入计算机名和管理员密码，然后单击“下一步”按钮，如图 3-59 所示。

步骤 5：设置用户所处的时区和当前时间，设置完成后单击“下一步”按钮继续安装工作，如图 3-60 所示。

步骤 6：对计算机进行网络设置。这段关于网络的安装过程只在计算机里有网卡的情况下出现，否则将直接进入后面的安装过程，如图 3-61 所示。

步骤 7：下面弹出的窗口是要选择网络设置的类型。选择“典型设置”单选项，单击

“下一步”按钮，如图 3-62 所示。

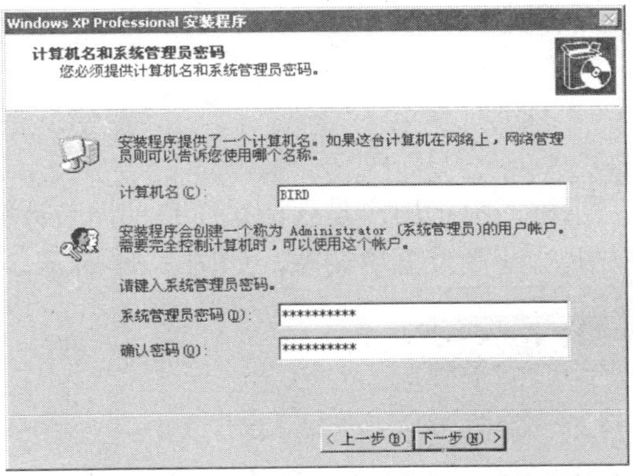

图 3-59　输入计算机名称与设定的密码

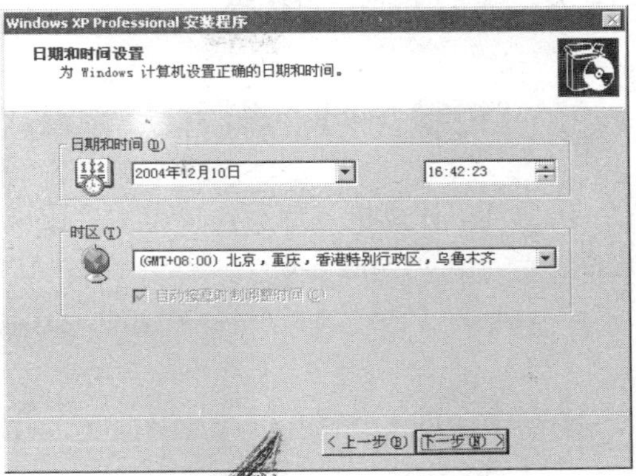

图 3-60　设置日期与时间

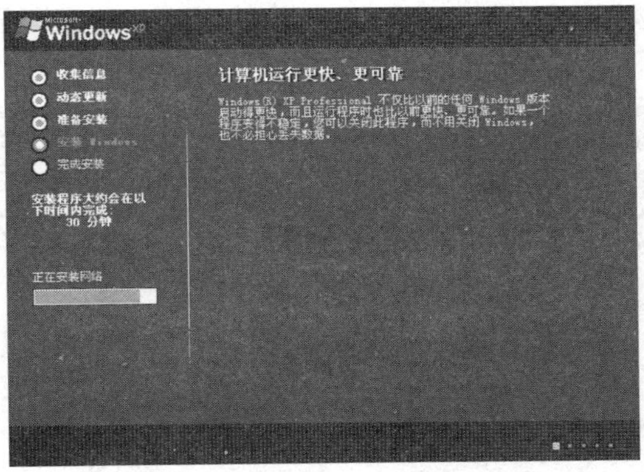

图 3-61　正在安装网络组件

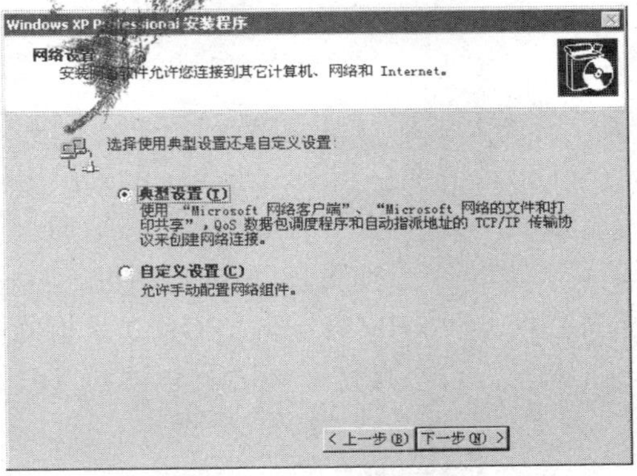

图 3-62　选择“典型设置”

步骤 8：提示设置工作组，输入计算机将要加入的工作组的名称。如果不知道工作组的名称，可以使用默认值，如图 3-63 所示。

步骤 9：输入完成后，单击“下一步”按钮，继续剩下的设置工作，如图 3-64 所示。

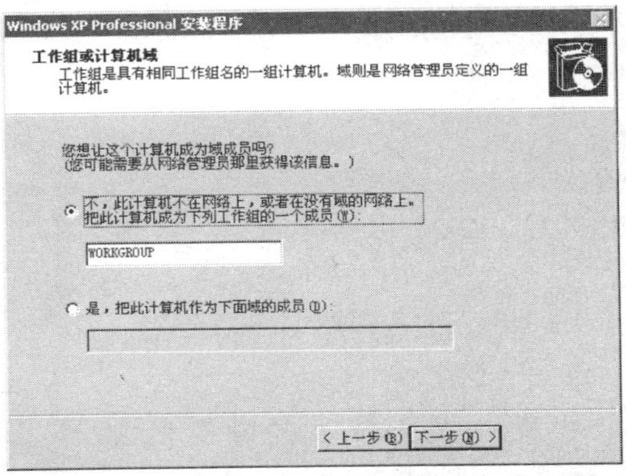

图 3-63　输入工作组名称

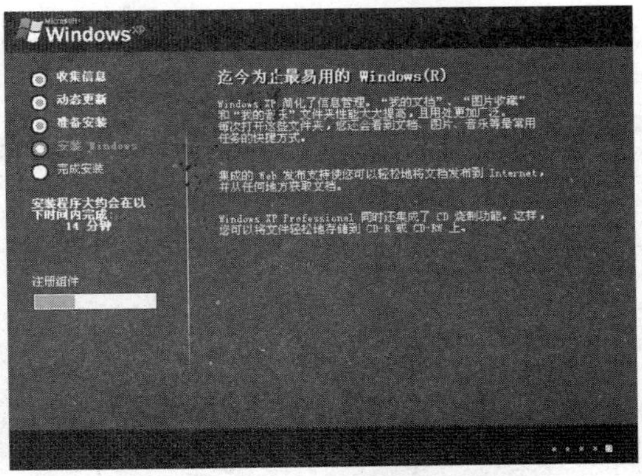

图 3-64　自动进行相关的设置

在完成设置工作后，计算机再次自动重新启动。

3.3.3　进行最后设置

【范例 3-9】 进行最后设置。

步骤 1：计算机重启后，屏幕上会出现一个对话框，提示用户是否让系统自动调节计算机的显示方式，如图 3-65 所示。单击“确定”按钮，设置为自动调整，如图 3-66 所示。

图 3-65　单击“确定”调整显示方式

步骤 2：根据窗口提示，单击“下一步”按钮，选择与 Internet 连接的方式，这里选择“跳过”选项，等以后需要时再建立连接，如图 3-67 所示。

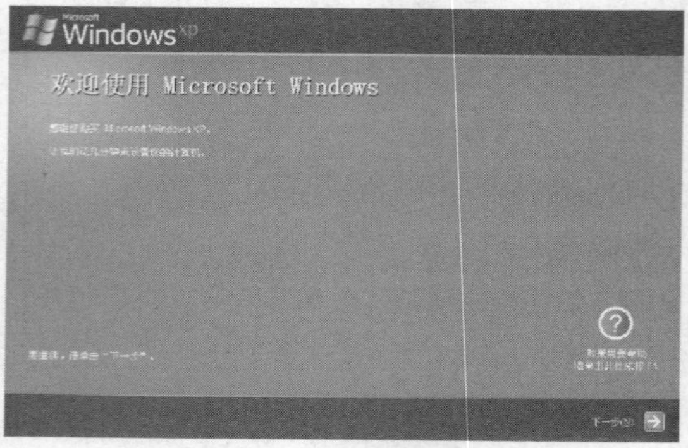

图 3-66　开始最后的设置

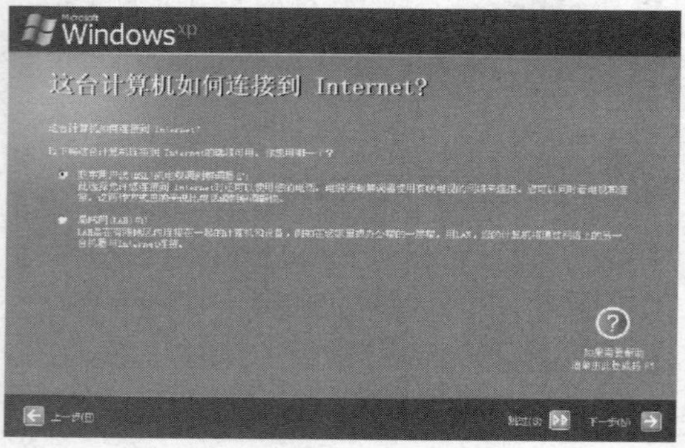

图 3-67　单击“跳过”选项

步骤 3：提示创建用户账户。输入用户名，然后单击“下一步”按钮，再单击“完成”按钮，就结束了最后的设置过程，如图 3-68 所示。

步骤 4：在完成这些设置后，Windows XP 将自动以创建的账户登录 Windows，此时会出现如图 3-69 所示的操作界面。

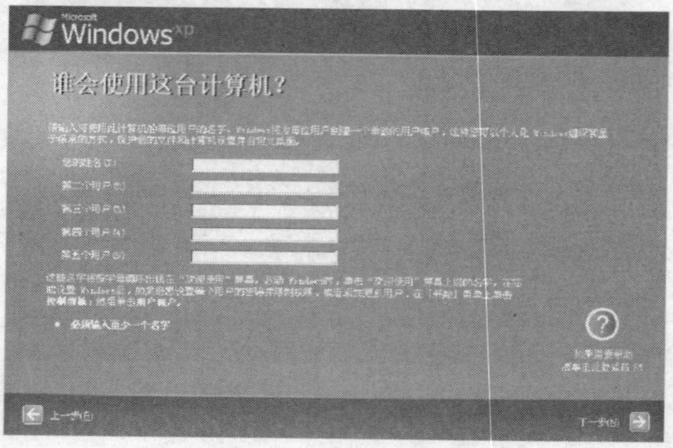

图 3-68　输入要创建的用户名

图 3-69　Windows XP 操作界面

3.4　驱动程序安装

3.4.1　驱动程序的作用

驱动程序是直接工作在各种硬件设备上的软件，其“驱动”这个名称也十分形象地指明了它的功能。正是通过驱动程序，各种硬件设备才能正常运行，达到既定的工作效果。

从理论上讲，所有的硬件设备都需要安装相应的驱动程序才能正常工作。但像 CPU、内存、主板、键盘、显示器等设备在没有安装驱动程序的前提下也可以正常工作，而显卡、声卡、网卡等却一定要安装驱动程序，否则便无法正常工作，这是为什么呢？

主要是由于这些硬件对于一台 PC 来说是必需的，所以早期的设计人员将这些硬件列为 BIOS 能直接支持的硬件。换句话说，上述硬件安装后就可以被 BIOS 和操作系统直接支持，不再需要安装驱动程序。从这个角度来说，BIOS 也是一种驱动程序。但是对于其他的硬件，例如网卡、声卡、显卡等却必须要安装驱动程序，否则这些硬件就无法正常工作。

3.4.2　获取驱动程序

既然驱动程序有着如此重要的作用，该如何取得相关硬件设备的驱动程序呢？主要有以下几种途径：

（1）使用操作系统提供的驱动程序

Windows XP 系统中已经附带了大量的通用驱动程序，这样在安装系统后，无须单独安装驱动程序就能使这些硬件设备正常运行。

不过 Windows XP 系统附带的驱动程序总是有限的，所以在很多时候系统附带的驱动程序并不适用，因此就需要手动来安装驱动程序了。

（2）使用附带的驱动程序盘中提供的驱动程序

一般来说，各种硬件设备的生产厂商都会针对自己硬件设备的特点开发专门的驱动程序，并采用软盘或光盘的形式在销售硬件设备的同时一并免费提供给用户。这些由设备厂商直接开发的驱动程序都有较强的针对性，它们的性能无疑比 Windows 附带的驱动程序要高一些。

（3）通过网络下载

除了购买硬件时附带的驱动程序软件之外，许多硬件厂商还会将相关驱动程序放到网络上供用户下载。由于这些驱动程序大多是硬件厂商最新推出的升级版本，它们的性能及稳定性无疑比用户驱动程序盘中的驱动程序更好，有上网条件的用户应经常下载这些最新的硬件驱动程序，以便对系统进行升级。

3.4.3　驱动程序的安装顺序

一般来说，在 Windows XP 系统安装完成之后就可以安装驱动程序了，而各种驱动程序的安装顺序大致如下。

（1）主板

所谓的主板通常是指芯片组的驱动程序。

（2）各种板卡

在安装完主板驱动之后，接着要安装各种插在主板上的板卡的驱动程序了，例如显卡、声卡、网卡等。

（3）各种外设

在进行完上面的两步工作之后，接下来要安装的就是各种外设的驱动程序了，例如打印机、鼠标、键盘等。

3.4.4 安装驱动程序

【范例 3-10】 安装驱动程序。

安装驱动程序之前，先要确定板卡的型号。下面以安装显卡 Radeon X550XTX 的驱动为例，说明驱动程序的安装步骤。

步骤 1：下载驱动程序或从光盘安装驱动程序。可以从驱动之家（www.mydrivers.com）下载该显卡的驱动程序。

步骤 2：双击光盘或解压缩后的驱动程序压缩包中的 Setup.exe 文件，则会出现如图 3-70 所示的安装界面。

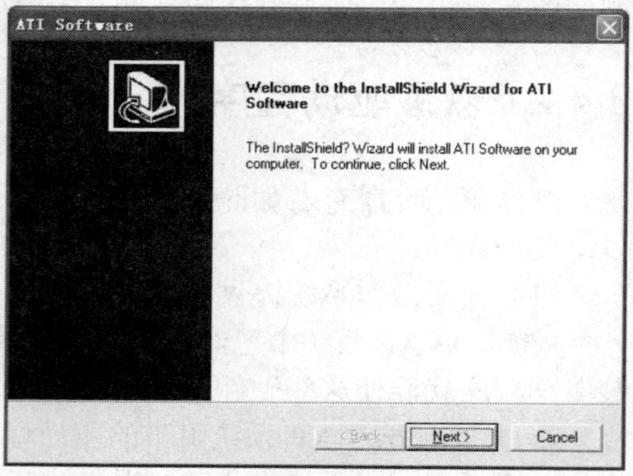

图 3-70 开始安装显卡驱动

步骤 3：单击“Next”按钮，则会弹出“许可协议”对话框，如图 3-71 所示。

步骤 4：单击“Yes”按钮，弹出如图 3-72 所示的选择组件对话框。选择“Express: Recommended”（典型安装），然后单击“Next”按钮，即可开始安装驱动程序。安装完成后，重启计算机，驱动程序就安装完成了。

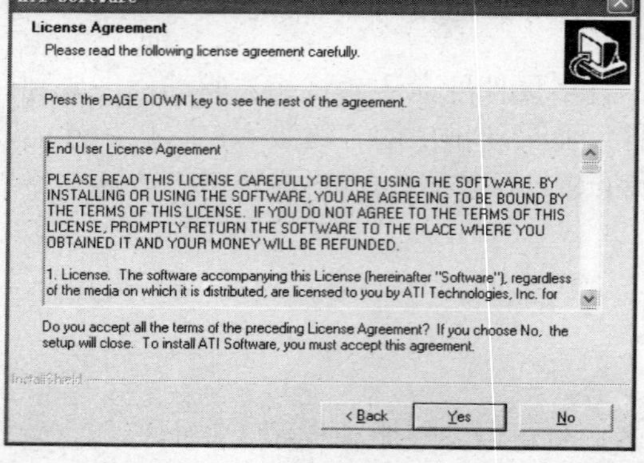

图 3-71 “许可协议”对话框

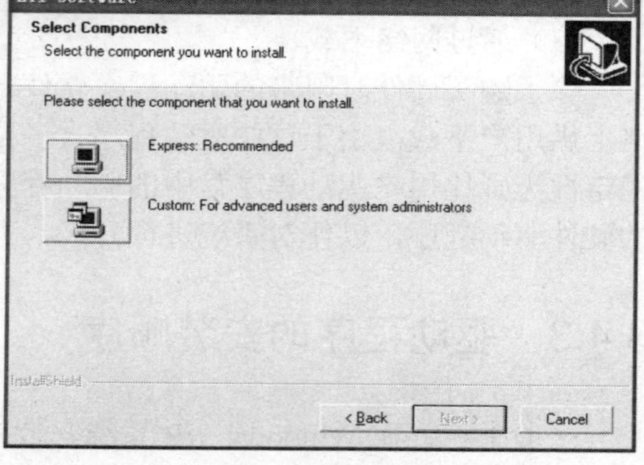

图 3-72 选择典型安装

本章习题

1. 填空题

（1）BIOS 是基本输入输出系统，它实际上就是硬件与软件之间的连接器，一般被写入到________。

（2）BIOS 实际上是被固化到计算机中的一组程序，为计算机提供最低级的、最直接的________。BIOS 分为 3 个部分：________、________和________。

（3）________是连接 CPU 和内存、缓存、外部控制芯片之间的数据通道。

2. 简答题

（1）思考 BIOS 和 CMOS 的联系和区别。

（2）CMOS 参数有几种清除方法？

（3）思考安装双系统 Windows 7 与 Windows XP，以及 Windows 7 与 Linux 的方法。

（4）如何更新驱动程序？

第 4 章　计算机系统日常维护

本章导读

如果要保持计算机系统的稳定和优化，则需要对计算机做好日常的各种维护工作，以使计算机的性能得到最大化的利用。本章我们主要介绍了 BIOS 的升级和备份、计算机病毒的识别和防范、木马程序的原理和防范、防火墙的使用、系统维护以及硬盘数据维护等内容。

4.1　BIOS 升级和备份

4.1.1　BIOS 升级的原因

为了使计算机的性能达到最好的使用状态，对 BIOS 进行升级是非常必要的。一般来说，新的 BIOS 提供的升级内容可以帮助解决以下问题：

（1）解决兼容性问题。在当今软、硬件产品层出不穷、各种标准无所不有的情况下，也许刚刚推出的主板就会对某些新硬件或软件（一般为操作系统或者驱动程序）不支持或者存在不兼容问题。如：主板推出时只能识别 1.6GHz 的 P4 的 CPU，而现在最新的 CPU 已经达 3GHz 多了，因此为了能识别大于 1.6GHz 的 P4 的 CPU，就必须对 BIOS 升级。

（2）排除 BUG。虽然现在的 BIOS 软件技术比较成熟，但有些主板厂商为了提高产品性能、增强功能，对其 BIOS 会添加一些独特的模块或程序，往往这些操作中可能存在一些 BUG 现象。为了解决这些问题，主板厂商也必须提供更新的 BIOS 给用户。

（3）功能增强。这并不是必须的，因此也只有一些比较负责的厂商会经常给 BIOS 添加一些实用的功能，以方便用户。比如某 BIOS 升级后支持 OEM LOGO 的显示；再如某 BIOS 升级后添加了“恢复精灵”这样强大的实用工具。

（4）性能提升。这包括两个类别：一个是对 BIOS 软件的代码进行了优化设计，使其执行效率更高，性能得到提升；另一个是对 BIOS 的一些默认参数进行了优化设置（这一部分并不是必需的，多半是一些热心的厂商出于对大部分普通用户的考虑才这样做）。前一种性能提升是真正意义上的提升，但遗憾的是，还很少看到哪个厂商会对 BIOS 进行重写，而后一种提升，实际就是对参数的调整，有一定经验的用户可以自己动手更改这些设置。

4.1.2　BIOS 升级方法

常规的 BIOS 刷新程序必须在纯 DOS 模式下运行，并且运行时要求系统不能加载其他

的内存驻留程序，以免升级时提示内存不足。

现在许多主板厂商都开发了 Windows 下升级 BIOS 的程序，所以现在升级 BIOS 就方便多了。我们以技嘉主板为例讲解。技嘉的@ BIOS Flasher 程序能在 Windows 下对技嘉主板的 BIOS 升级，借助它也可以实现对其他主板 BIOS 的升级。

@ BIOS Flasher 程序运行后的界面如图 4-1 所示，它能自动侦测出主板的 BIOS 芯片类型、电压、容量和版本号。在 BIOS 信息的左下方是默认的执行操作，共有 4 项，除第一项 Internet update（网络在线升级）外，其余均为不可更改项。选项右边有 4 个按钮，从上到下依次为：updateNew BIOS（升级新的 BIOS）、Save Current BIOS（保存现有的 BIOS）、About this program（关于这个程序）和 Exit（退出）。

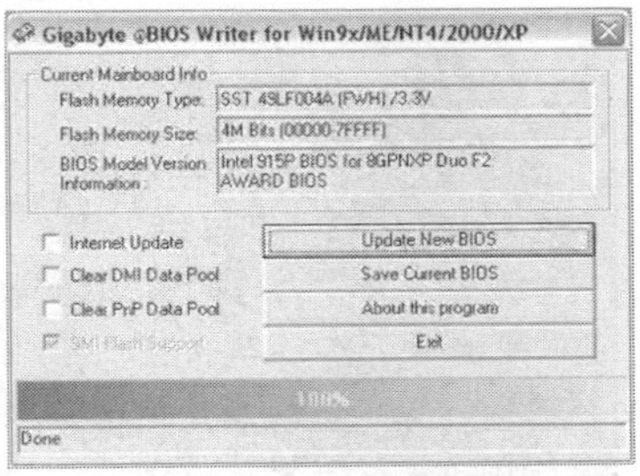

图 4-1　BIOS Flasher 程序

因为@ BIOS Flasher 不支持非技嘉主板在线升级，所以要刷新非技嘉主板的 BIOS，还得先到主板厂商站点下载主板最新的 BIOS 文件，并且把主板上防止 BIOS 写入的跳线打开，以及在 CMOS 设置程序中将防止 BIOS 写入的选项设为 Disabled。单击图中的 Update New BIOS 按钮，并在弹出的窗口中选择要刷新的 BIOS 文件，然后在弹出的消息框上单击按钮，便会自动更新 BIOS。

整个操作在 Windows 下进行，持续的时间约在 10 秒钟左右，更新结束后程序会弹出消息框，提示升级成功，并要求重启计算机。在机器重启自检时，会发现 BIOS 已更新成新的版本了。

4.1.3　BIOS 的备份

【范例 4-1】　备份 BIOS。

步骤 1：启动计算机，自检完毕启动系统时，按 F8 调出启动选择菜单，选择“带命令行提示的安全模式”，如图 4-2 所示。

步骤 2：进入纯 DOS 模式，运行刷新程序 AWDFLASH.EXE，出现图形化界面，如图 4-3 所示，提示用户输入新的 BIOS 文件名（升级文件），如果不想升级 BIOS，可以不输入。

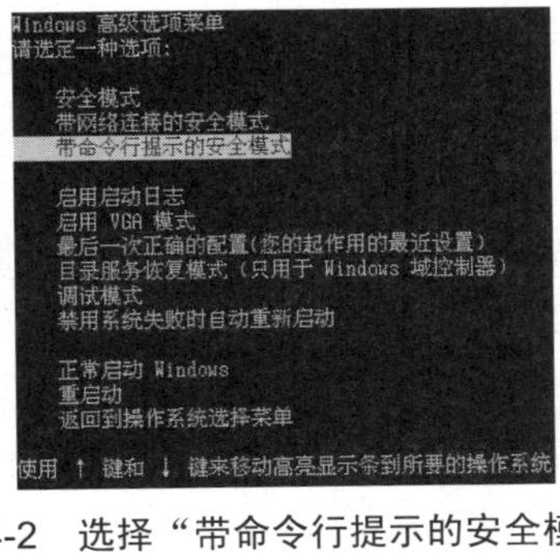

图 4-2　选择“带命令行提示的安全模式”

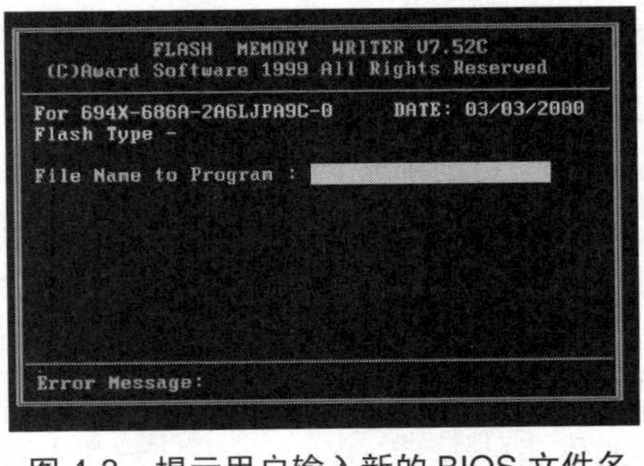

图 4-3　提示用户输入新的 BIOS 文件名

步骤 3：直接按回车后，程序提示是否保存原来的文件，选择“Y”，如图 4-4 所示。

步骤 4：出现升级程序检测画面并会提示用户输入文件名，也就是备份的文件名，输入一个文件名保存即可（如图 4-5 所示）。然后程序询问是否要升级 BIOS，回答“N”，退出刷新程序。

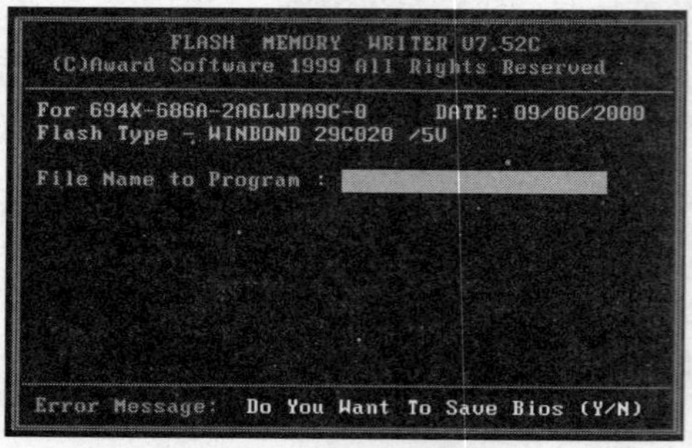

图 4-4　提示是否保存原来的文件

图 4-5　输入一个文件名保存

4.2　计算机病毒和恶意程序清除

4.2.1　计算机病毒的识别

要清楚地识别计算机病毒，首先必须掌握计算机病毒的定义、计算机病毒的类型和计算机病毒的特点。

1. 计算机病毒的定义

计算机病毒就是对计算机资源进行破坏的一组程序或指令集合。该组程序或指令集合能通过某种途径潜伏在计算机存储介质或程序里，当达到某种条件时即被激活。它用修改其他程序的方法将自己的精确拷贝或者可能演化的形式放入其他程序中，从而感染它们。之所以叫做病毒是因为它就像生物病毒一样具有传染性。与医学上的病毒不同的是，它不是天然存在的，是某些人利用计算机软、硬件所固有的脆弱性，编制的具有特殊功能的程序。计算机病毒具有独特的复制能力。

2. 计算机病毒的类型

（1）宏病毒（Macro Virus）

宏病毒是目前最热门的话题，它主要是利用软件本身所提供的宏能力来设计病毒，所以凡是具有宏能力的软件都有宏病毒存在的可能性，如 Word、Excel、AmiPro 都相继传出宏病毒危害的事件，在我国台湾地区最著名的例子就是 Taiwan NO.1 Word 宏病毒。

（2）引导型病毒（Boot Strap Sector Virus）

又称开机型病毒。这类病毒隐藏在硬盘或 U 盘的引导区（Boot Sector），当计算机从感染病毒的硬盘或 U 盘启动，或当计算机从受感染的 U 盘中读取数据时，引导区病毒就开始

发作。一旦它们将自己拷贝到机器的内存中，马上就会感染其他磁盘的引导区，或通过网络传播到其他计算机上。

（3）脚本病毒（Script Virus）

脚本病毒依赖一种特殊的脚本语言（如 VBScript、JavaScript 等）起作用，同时需要软件或应用环境能够正确识别和翻译这种脚本语言中嵌套的命令。脚本病毒在某方面与宏病毒类似，但脚本病毒可以在多个产品环境中进行，还能在其他所有可以识别和翻译它的产品中运行。脚本语言比宏语言更具有开放终端的趋势，这样使得病毒制造者对感染脚本病毒的机器可以有更多的控制力。

（4）文件型病毒（File Infector Virus）

文件型病毒通常寄生在可执行文档（如*.COM，*.EXE 等）中。当这些文件被执行时，病毒的程序就跟着被执行。如果集中引导型病毒和文件型病毒共有的特点，那可以称之为复合型病毒。

（5）特洛伊木马（Trojan）

特洛伊木马程序通常是指伪装成合法软件的非感染型病毒，但它不进行自我复制。有些木马可以模仿运行环境，收集所需的信息，最常见的木马便是试图窃取用户名和密码的登录窗口，或者试图从众多的 Internet 服务器提供商（ISP）盗窃用户的注册信息和账号信息。

（6）“网络蠕虫”病毒（Worm Virus）

“网络蠕虫”病毒是一种通过间接方式复制自身的非感染型病毒，是互联网上危害极大的病毒，该病毒主要借助于计算机对网络进行攻击，传播速度非常快。有些网络蠕虫拦截 E-mail 系统向世界各地发送自己的复制品；有些则出现在高速下载站点中同时使用两种方法与其他技术传播自身。比如“冲击波”病毒可以利用系统的漏洞让计算机重启，无法上网，而且可以不断复制，造成计算机和网络的瘫痪。

3. 计算机病毒的特点

（1）寄生性

计算机病毒寄生在其他程序之中，当执行这个程序时，病毒就会起破坏作用，而在未启动这个程序之前，它是不易被人发觉的。

（2）传染性

计算机病毒不但本身具有破坏性，更有害的是具有传染性，一旦病毒被复制或产生变种，其速度之快令人难以预防。传染性是病毒的基本特征，在生物界，病毒通过传染从一个生物体扩散到另一个生物体。在适当的条件下，它可得到大量繁殖，并使被感染的生物体表现出病症甚至死亡。同样，计算机病毒也会通过各种渠道从已被感染的计算机扩散到未被感染的计算机，在某些情况下造成被感染的计算机工作失常甚至瘫痪。与生物病毒不同的是，计算机病毒是一段人为编制的计算机程序代码，这段程序代码一旦进入计算机并得以执行，它就会搜寻其他符合其传染条件的程序或存储介质，确定目标后再将自身代码插入其中，达到自我繁殖的目的。只要一台计算机染毒，如不及时处理，那么病毒会在这台机子上迅速扩散，其中的大量文件（一般是可执行文件）会被感染。而被感染的文件又成了新的传染源，再与其他机器进行数据交换或通过网络接触，病毒会继续进行传染。正常的计算机程序一般是不会将自身的代码强行连接到其他程序之上的，而病毒却能使自身的代码强行传染到一切符合其传染条件的未受到传染的程序之上。计算机病毒可通过各种可能的渠道，如U盘、计算机网络去传染其他的计算机。当用户在一台机器上发现了病毒时，往往曾在这台计算机上用过的U盘已感染上了病毒，而与这台机器相联网的其他计算机也许也被该病毒传染上了。是否具有传染性是判别一个程序是否为计算机病毒的最重要条件。病毒程序通过修改磁盘扇区信息或文件内容并把自身嵌入到其中以达到病毒的传染和扩散。被嵌入的程序叫做宿主程序。

（3）潜伏性

有些病毒像定时炸弹一样，让它什么时间发作是预先设计好的。比如黑色星期五病毒，不到预定时间一点都觉察不出来，等到条件具备的时候一下子就爆炸开来，对系统进行破坏。一个编制精巧的计算机病毒程序，进入系统之后一般不会马上发作，可以在几周或者几个月内甚至几年内隐藏在合法文件中，对其他系统进行传染，而不被人发现，潜伏性愈好，其在系统中的存在时间就会愈长，病毒的传染范围就会愈大。潜伏性的第一种表现是指，病毒程序不用专用检测程序是检查不出来的，因此病毒可以静静地躲在磁盘或磁带里呆上几天，甚至几年，一旦时机成熟，得到运行机会，就会四处繁殖、扩散，危害计算机用户。潜伏性的第二种表现是指，计算机病毒的内部往往有一种触发机制，不满足触发条件时，计算机病毒除了传染外不做什么破坏。触发条件一旦得到满足，有的在屏幕上显示信息、图形或特殊标识，有的则执行破坏系统的操作，如格式化磁盘、删除磁盘文件、对数据文件做加密、封锁键盘以及使系统死锁等。

（4）隐蔽性

计算机病毒具有很强的隐蔽性，有的可以通过病毒软件检查出来，有的根本就查不出来，有的时隐时现、变化无常，这类病毒处理起来通常很困难。

（5）破坏性

计算机中毒后，可能会导致正常的程序无法运行，把计算机内的文件删除或受到不同程度的损坏。通常表现为增、删、改、移。

（6）可触发性

病毒因某个事件或数值的出现，诱使病毒实施感染或进行攻击的特性称为可触发性。为了隐蔽自己，病毒必须潜伏，少做动作。如果完全不动，一直潜伏的话，病毒既不能感染也不能进行破坏，便失去了杀伤力。病毒既要隐蔽又要维持杀伤力，它必须具有可触发性。病毒的触发机制就是用来控制感染和破坏动作的频率的。病毒具有预定的触发条件，这些条件可能是时间、日期、文件类型或某些特定数据等。病毒运行时，触发机制检查预定条件是否满足，如果满足，启动感染或破坏动作，使病毒进行感染或攻击；如果不满足，则使病毒继续潜伏。

4.2.2 计算机病毒的防范

计算机病毒的传播主要是通过拷贝、传送、运行程序等方式进行，网络，尤其是互联网的发展加快了病毒的传播速度。病毒的防治包括检测、消除和恢复等环节。病毒的防治

从传统的依靠检测病毒特征代码来判定发展到了行为判别机制，即根据程序的行为进行有无病毒的判断。

1. 用常识进行判断

决不打开来历不明邮件的附件或我们并未预期接收到的附件。对看来可疑的邮件附件要自觉不予打开。千万不可受骗，即使附件看来好像是 Jpg 文件。这是因为 Windows 允许用户在文件命名时使用多个后缀，而许多电子邮件程序只显示第一个后缀，例如，用户看到的邮件附件名称是 wantjob.jpg，而它的全名实际是 wangjob.jpg.vbs，打开这个附件意味着运行一个恶意的 VBScript 病毒。

2. 安装防病毒产品并保证更新最新的病毒库

用户应该在重要的计算机上安装实时病毒监控软件，例如 KV3000、金山毒霸等软件。并且至少每周更新一次病毒库（现在的杀毒软件一般都支持在线升级），因为防病毒软件只有最新才最有效。

值得注意的是，当用户首次在计算机上安装防病毒软件时，一定要花费些时间对机器做一次彻底的病毒扫描，以确保它尚未受过病毒感染。领先的防病毒软件供应商现在都已将病毒扫描作为自动程序，当用户在首次安装产品时会自动执行。

3. 不要从任何不可靠的渠道下载任何软件

最好不要使用重要的计算机去浏览一些个人网站，特别是一些黑客类或黄色网站，不要随意在小网站上下载软件。如果必须下载，用户应该对下载的软件在安装或运行前进行病毒扫描。

4. 使用其他形式的文档

常见的宏病毒使用 Microsoft Office 的程序传播，减少使用这些文件类型的机会将降低病毒感染风险。尝试用 RichText 存储文件，这并不表明仅在文件名称中用 RTF 后缀，而是要在 Microsoft Word 中，用“另存为”指令，在对话框中选择 RichText 形式存储。尽管 Rich Text Format 依然可能含有内嵌的对象，但它本身不支持 Visual BasicMacros 或 Jscript。

5. 禁用 WindowsScripting Host

Windows Scripting Host（WSH）运行各种类型的文本，但基本都是 VBScript 或 Jscript。许多病毒（例如 Bubbleboy 和 KAK.worm）使用 Windows ScriptingHost，无需用户点击附件，就可自动打开一个被感染的附件。

6. 使用基于客户端的防火墙或过滤措施

如果用户的计算机需要经常挂在互联网上，就非常有必要使用个人防火墙保护用户的文件或个人隐私，并可防止不速之客访问我们的系统。否则，用户的个人信息甚至信用卡号码和其他密码都有可能被窃取。

7. 记住一些典型文件的长度

用户可以记下一些典型文件（例如：Command.com）的长度，并定期进行对比，一旦发现异常，即有中毒的可能。中毒的程序，绝大部分会改变长度，所以记住一个常见程序的长度有助于判定是否有病毒入侵系统，尤其是Command.com文件，其他文件如果被病毒感染，用户的计算机系统将可能瘫痪。

8. 重要资料，必须备份

资料是最重要的，软件程序损坏了可重新复制安装，但是自己的重要资料或文档（可能是几年的研究成果，也可能是公司的财务资料），如果某一天因病毒的原因毁于一旦，那将是最惨重的事情，所以用户必须养成定期备份重要资料的习惯。

4.2.3 瑞星杀毒软件的使用

瑞星公司是我国大陆主要的几家反病毒软件厂商之一，瑞星杀毒软件系列包括网络版和单机版，提供杀病毒、个人防火墙、特洛伊木马检测等功能，并提供简体中文、繁体中文、英文、日文的多语言版本。

1. 查杀病毒

瑞星杀毒软件的安装过程同样很简单，安装后用户会发现在任务托盘中有一个绿色小雨伞样子的图标，它的功能也是对计算机进行实时监控。

【范例 4-2】 使用瑞星杀毒软件查杀病毒。

步骤 1：双击桌面上的快捷方式，启动瑞星杀毒软件，弹出的是一个简单而实用的控制窗口，如图 4-6 所示。

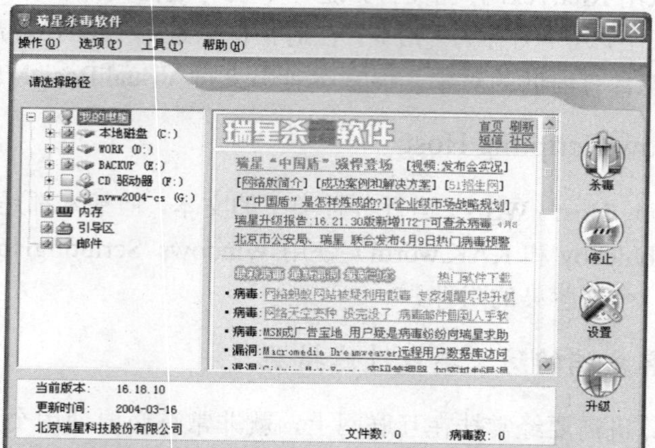

图 4-6 瑞星控制窗口

步骤 2：窗口的右侧有 4 个非常醒目的大按钮，分别标有“杀毒”“停止”“设置”和“升级”，含义很明显。首先在“请选择路径”显示的是目前选定的查杀目标，选择的方法是单击文件夹前面的图案按钮，通常情况下，可以按照默认的查杀路径对全部硬盘进行查毒或杀毒。选择完成后单击“杀毒”按钮，如图 4-7 所示。然后就可以看到窗口底部快速闪过当前正在进行查杀病毒的文件。

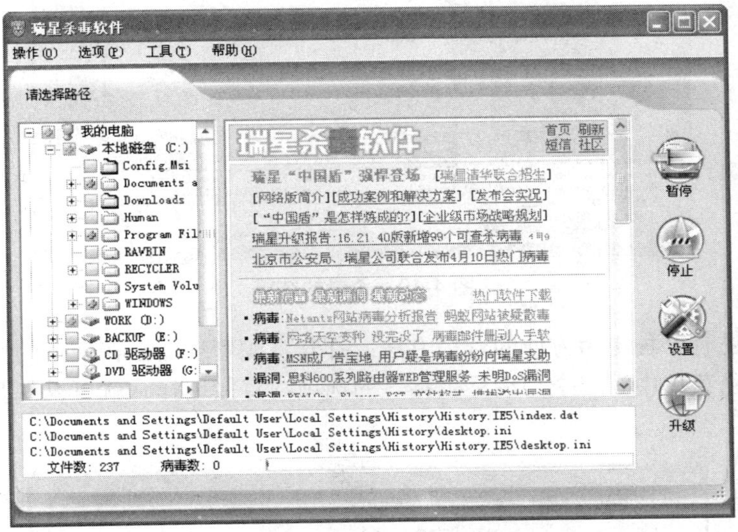

图 4-7　选择查杀路径

步骤 3：如果有病毒，系统会弹出“询问”窗口，感染病毒的文件名和病毒名称都会被显示出来。窗口中列出了对病毒的 3 种处理办法，如图 4-8 所示。

步骤 4：“直接清除”是将被感染的文件修复；“删除文件”则是将文件彻底删除；第三个“忽略”选项一般我们是不选的。通常都是选择“直接清除”，病毒状态的区域中将显示“已清除”。证明病毒已经被清除掉，用户又可以放心地使用这些文件了。如果清除失败，系统会再次弹出一个“询问”窗口，让用户选择进一步的操作，如图 4-9 所示。

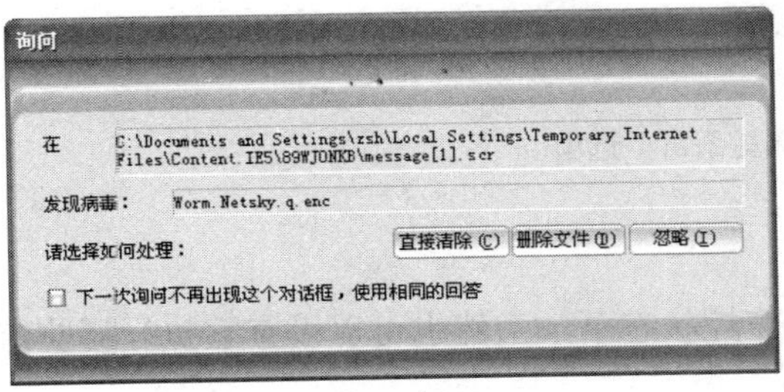

图 4-8　病毒检查对话框

图 4-9　“询问”对话框

步骤 5：在杀毒过程中用户随时可以通过单击面板上的“暂停”和“停止”按钮控制杀毒的进行，杀毒完成后，会弹出“杀毒结束”对话框，从中可以了解到本次杀毒的详细内容，还可以从主窗口中部的列表中查看发现病毒的文件，如图 4-10 所示。

图 4-10　杀毒的结果

步骤 6：还有一种更为方便的查杀方法：打开资源管理器；在任意的文件夹上单击鼠标右键；在弹出菜单中有一个“瑞星杀毒”的选项，直接选择它就可以打开杀毒程序了，如图 4-11 所示。

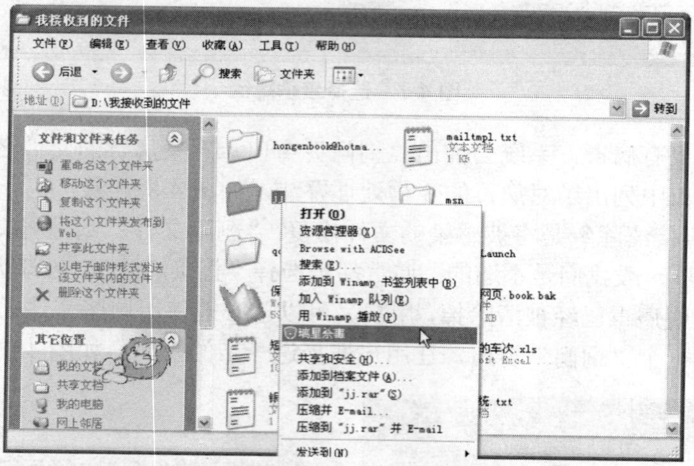

图 4-11　选择“瑞星杀毒”选项

2. 设置瑞星杀毒软件

通常情况下，用户应当让瑞星保持在实时监控状态下，当然也可以设置它执行哪些监控功能。

【范例 4-3】 设置瑞星杀毒软件。

步骤 1：右键单击任务托盘中的“瑞星计算机监控”图标，在弹出的菜单中单击“监控中心”，从中可选择当前的监控状态，如图 4-12 所示。

步骤 2：去除一部分监控的绿色小雨伞变成了红色，去除所有的监控的雨伞则从打开状态变成了关闭状态，如图 4-13 所示。这说明用户的计算机目前已经失去了瑞星这把保护伞了。

步骤 3：除此之外，瑞星还有非常强大的设置功能。在操作窗口的工具栏中单击“设置”按钮，将弹出 “瑞星设置”对话框窗，如图 4-14 所示。

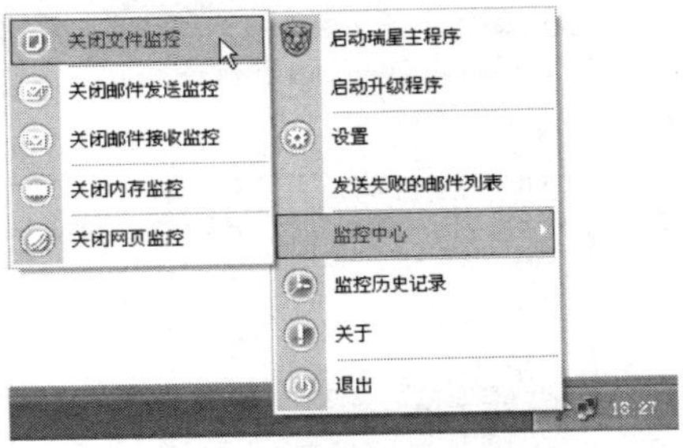

图 4-12　禁止实时监控

图 4-13　任务栏中的关闭状态

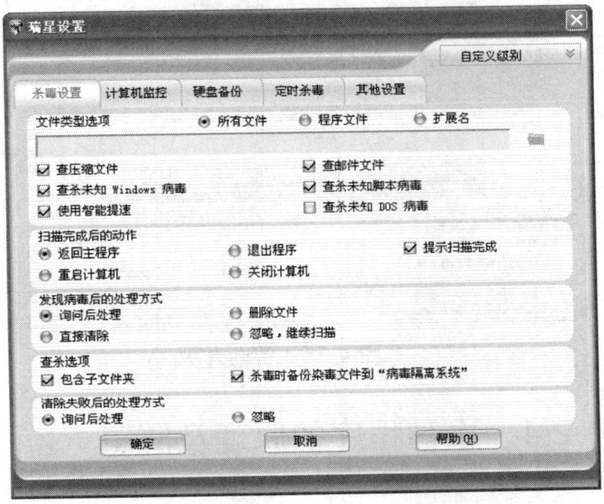

图 4-14　“瑞星设置”对话框

步骤 4：对话框中的 5 个选项卡代表瑞星的 5 种设置：

- “杀毒设置”可以设置要查杀的文件类型、内容以及查到病毒后的处理方法，这里保持默认就可以了。
- “计算机监控”可以让用户选择实时监控的目标。
- “硬盘备份”可以选择不备份或者指定每小时、每天、每周、每月的任何时间开始进行数据备份。
- “定时杀毒”可以让瑞星定期对计算机进行查杀病毒，甚至可以对定时的方式进行设置，精确到具体的杀毒时间。
- “其他设置”可以进行其他特殊需要设置。

3. 软件的升级

对于一个好的杀毒软件，升级速度以及升级方法的方便性是十分重要的。用户可以通过访问瑞星的网站进行升级，网址是“www.rising.com.cn”。

【范例 4-4】 升级瑞星杀毒软件。

步骤 1：打开瑞星杀毒软件主界面，单击“升级”按钮，进行网上升级，如图 4-15 所示。

步骤 2：选择“选项”菜单下的“定时升级设置”，在“定时设置程序”窗口中选择“定时方式”为“每周”，其他的不变，如图 4-16 所示。这样，以后每周四的 9 点，瑞星就会到网上自动进行升级，下载最新的版本。

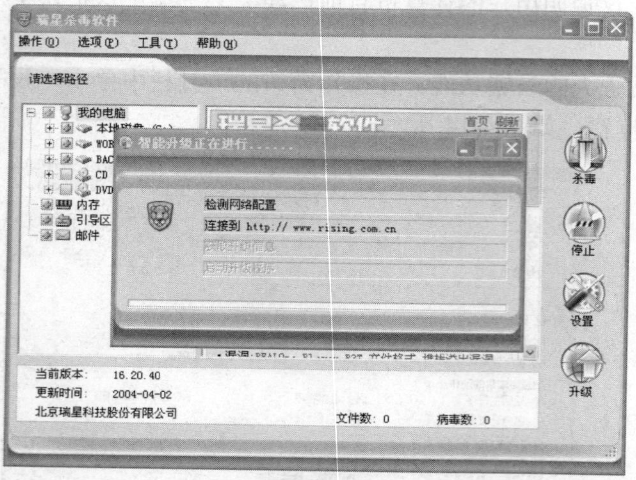

图 4-15 智能升级

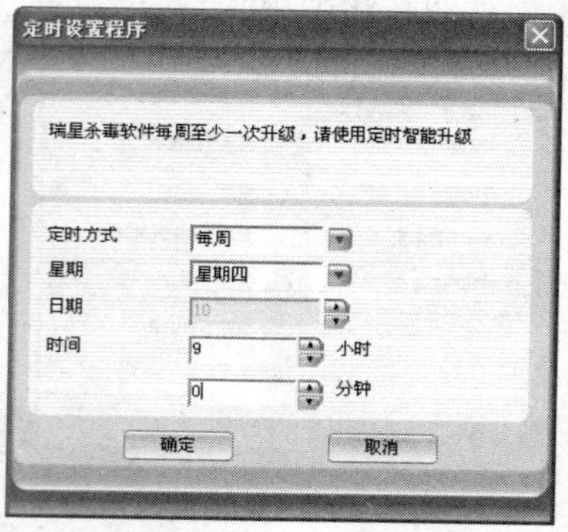

图 4-16 定时升级

4.2.4 木马程序的原理及防范

木马实际上是一种远程控制软件，国外叫特洛依，名字的来源是由于古代攻城的时候，由埋伏在城里的“特洛伊”（国外的叫法，应该是伪装起来的兵士），接应城外的军队攻克城堡。所以“木马”一词应该含有“隐蔽”和“接应”的意思。

国内比较有名的木马是前几年流行的“冰河”，这是一个比较优秀的国产木马。现在木马有很多种，像“广外幽灵”，“蓝色火焰”，“网络神偷”等，前几年又新出一个新的国产木马程序——“灰鸽子”。

木马的神奇之处在于其隐蔽性和强大的网络通讯功能。现在，很多木马已经变成了病毒的一种，可以使用各种杀毒软件进行清除。不过这只限于那些知道的木马，有很多未知或新出的木马程序一时还查杀不了。

木马是一种运行在计算机中的程序，一个木马程序通常由两部分组成：客户端和服务端。服务端是运行在被控制计算机上的程序，通常做得很小而且很隐蔽，以病毒的形式存在，开机的时候可以自动随计算机启动，没有专门的查杀软件或者不经过细致的分析很难查杀。而客户端则是安装在控制方使用机器上的一个程序，通常都做成图形界面，这样，在安装了客户端的机器上就可以操纵安装了服务端的机器（或者称中了木马病毒的机器），像查看对方的屏幕，窃取对方的密码，让对方死机等，总之，凡是程序可以达到的功能，木马都可以做到，这就是所谓的远程控制，即用一台机器控制另外一台机器，只要这两台机器可以互相访问。

木马的传输协议一般采用 TCP/IP 通讯协议，像常用的 QQ 通讯软件，也是采用该协议，还有采用 UDP 协议的。

木马一般都是很隐蔽的，现在的木马功能越来越强，而且不容易被发现，中了木马的机器是很危险的，因为用户很有可能已经被另外一个人操纵了用户的机器，这样用户的密码等机密就可能泄漏。

对付木马比较有效的办法是安装防火墙，但防火墙也不安全，因为有些木马已经有针对性地破坏防火墙的某些功能，可以穿过防火墙和外界发生连接。

很多电脑初学者被人装了木马程序也不知道，所以，安全问题是最重要的，除了用杀毒软件查杀外，还要平时留心一点，这样能更有效地保护用户的信息不致泄漏。

4.2.5　防火墙的使用

Windows XP 中的防火墙功能是针对家庭和小型企业设计的。ICF 和 Windows 防火墙有助于为直接连接到 Internet 上的计算机提供更强的保护，此功能适用于局域网（LAN）、高速 Internet 连接和拨号 Internet 连接。防火墙功能还有助于防止从外部源对端口和资源（例如文件和打印机共享）进行扫描。

【范例 4-5】 防火墙的启用与关闭。

如果希望在直接接入 Internet 服务提供商（ISP）时对拨号连接进行保护，或者保护与非对称数字用户线路（ADSL）或电缆调制解调器相连的 LAN 连接，则防火墙功能将非常有用。也可以在 Internet 连接共享（ICS）主机的 Internet 连接上启用防火墙功能，对 ICS 主机提供保护。

在 Windows XP 中设置 Internet 连接防火墙的方法如下。

步骤 1：双击“控制面板”中的“网络连接”图标，弹出如图 4-17 所示的“网络连接”窗口。

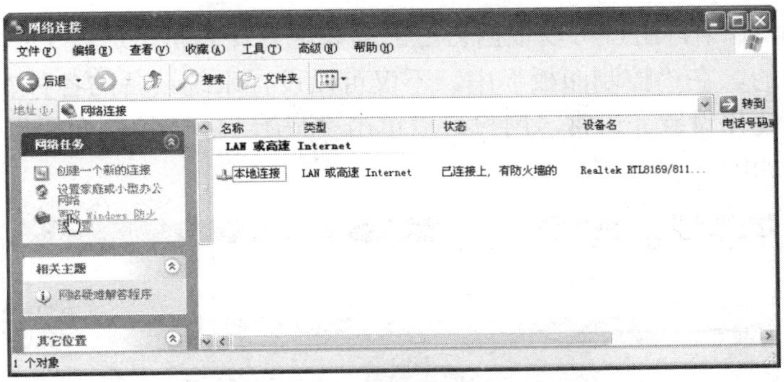

图 4-17　“网络连接”窗口

步骤 2：单击“更改 Windows 防火墙设置”选项，弹出如图 4-18 所示的“Windows 防火墙”对话框。在“常规”选项卡中单击“启用（推荐）”单选按钮即可启用防火墙，单击“关闭（不推荐）”单选按钮即可关闭防火墙。

步骤 3：另外，选择“开始”→“运行”命令，在文本框中输入“Firewall.cpl”，如图 4-19 所示。然后单击“确定”按钮，也可以打开“Windows 防火墙”对话框，其余设置方法与上面相同。

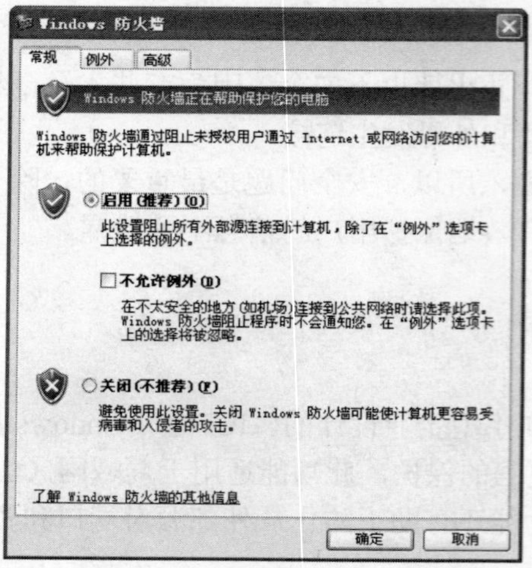

图 4-18 “Windows 防火墙”对话框

图 4-19 输入 Firewall.cpl 命令

4.3 系统维护

在 Windows XP 系统安装完后，还要进行系统的各方面维护和设置，如控制面板设置、微软管理控制台设置、系统性能设置等，这样才能使计算机使用起来更加顺手，系统更加优化。

4.3.1 设置控制面板

在 Windows XP 中，用户可以根据自己的需要配置计算机，这些工作主要是通过 “控制面板”来完成的。在“控制面板”中，不仅可以设置系统设备的各种参数，而且可以实现人机交互的个性化设置。通常，用户可以单击“开始”→“控制面板”命令，打开 “控制面板”窗口，如图 4-20 所示。

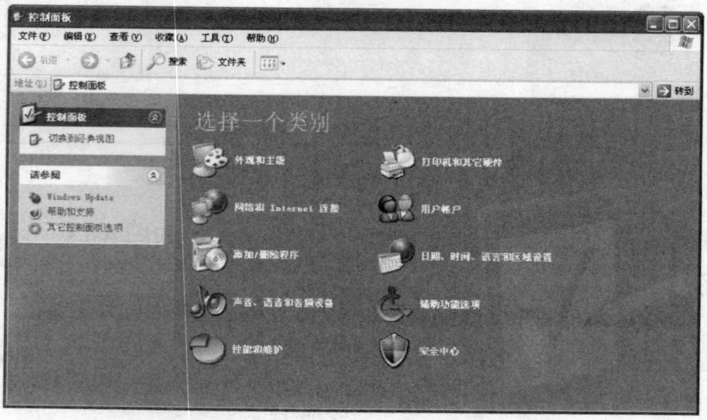

图 4-20 “控制面板”窗口

【范例 4-6】 设置桌面背景。

用户可以选择单一的颜色作为桌面的背景，也可以选择 BMP、JPG 类型的图片文件设置为桌面背景。设置桌面背景的具体步骤如下。

步骤 1：在“控制面板”窗口中，选择“外观和主题”→“更改桌面背景”命令，或者直接在桌面的空白处单击鼠标右键，在弹出的快捷菜单中选择“属性”命令，打开“显示 属性”对话框，如图 4-21 所示，选择“桌面”选项卡。

步骤 2：在“背景”列表框中选择一幅背景图片，使其在上方的预览窗口中显示。如果图片的尺寸大小不符合要求，可以单击“位置”下拉菜单，选择一个合适的选项以调整图片的显示方式。

步骤 3：单击“浏览”按钮，可以在其他文件或其他驱动器中搜索背景图片，并将其设置为桌面背景。设置完成后，单击“确定”按钮即可。

图 4-21　设置桌面背景

【范例 4-7】 设置屏幕保护程序。

设置屏幕保护程序的最初目的是为了防止显示器的老化，延长显示器的使用寿命。随着科技的发展，如今的屏幕保护程序更多的是作为一种娱乐和安全措施而使用。屏幕保护程序不仅能提供赏心悦目的画面，而且还可以在用户离开的时候防止他人查看用户屏幕上的数据。设置屏幕保护程序的具体步骤如下。

步骤 1：在“显示 属性”对话框中单击“屏幕保护程序”选项卡，如图 4-22 所示。

步骤 2：单击“屏幕保护程序”下拉菜单，可以查看系统已经安装的所有屏幕保护程序并选择一个合适的程序。通过下拉框上方的预览窗口，能够浏览选中的屏幕保护程序的显示效果。

步骤 3：单击“设置”按钮，可在弹出的对话框中对所选的屏幕保护程序属性进行设置。

步骤 4：在“等待”数值框中，用户可以设置运行屏幕保护程序之前的系统闲置时间。

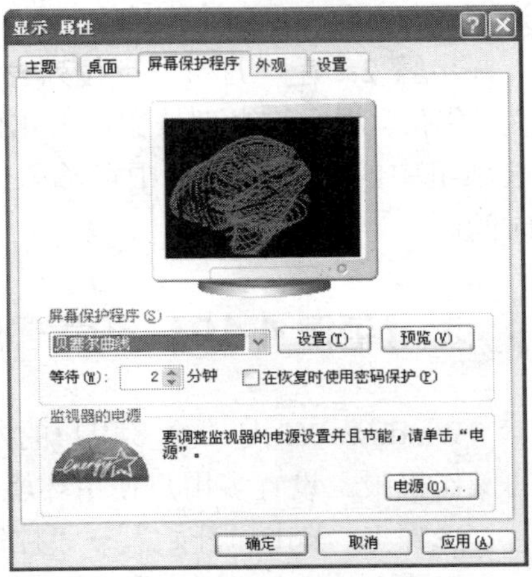

图 4-22　“屏幕保护程序”选项卡

【范例 4-8】 设置屏幕分辨率和颜色质量。

步骤 1：单击“显示 属性”对话框中的“设置”选项卡，即可打开设置屏幕的分辨率和颜色质量的画面，如图 4-23 所示。屏幕分辨率的大小直接影响屏幕所能显示的信息量，较高的屏幕分辨率会减少屏幕上项目的大小，同时增大桌面上的相对空间。然而，屏幕分辨率的调整范围取决于显示器和显卡的性能，用户可能无法使屏幕分辨率超过硬件所能支持的最高级别。

步骤 2：在设置画面中，拖动“屏幕分辨率”下的滑块，将屏幕分辨率调整至一个合适的数值，单击“应用”按钮后，系统会提示是否应用设置，单击“确定”按钮。

步骤 3：更改分辨率后，系统会弹出一个确认对话框，用户有 15s 的时间来确定。单击“是”按钮，确定更改，否则系统将恢复原来的设置。

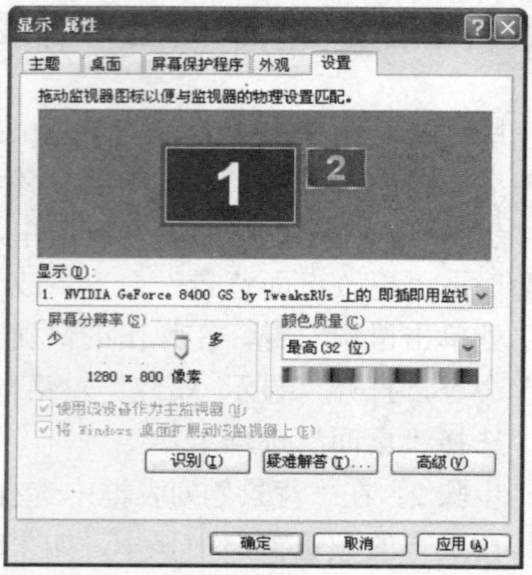

图 4-23　设置屏幕分辨率和颜色质量

【范例 4-9】 设置时间和日期。

在任务栏的右端显示有系统提供的时间和日期，将鼠标指针指向时间栏稍有停顿就会显示系统日期。若用户要更改时间和日期可执行以下操作。

步骤 1：双击时间栏上的时间显示，打开“日期和时间 属性”对话框，选择“时间和日期”选项卡，如图 4-24 所示。

步骤 2：在“月份”下拉列表中选择月份，在“年份”框中按微调按钮调节年份，在“时间”选项组中的时间文本框中可输入或调节准确的时间。

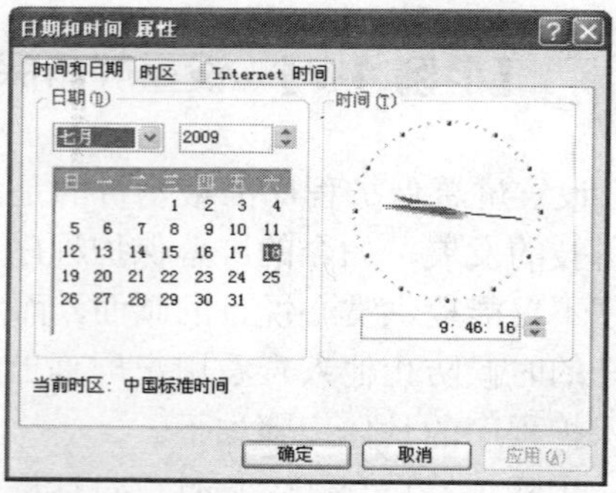

图 4-24　“日期和时间 属性”对话框

【范例 4-10】 设置多用户环境。

Windows XP 是一个多用户的操作系统，允许多用户登录，可以给不同的用户分配不同的操作权限。设置多用户使用环境的具体步骤如下。

步骤 1：单击“开始”→“控制面板”命令，打开“控制面板”窗口。

步骤 2：双击“用户账户”图标，打开“用户账户”对话框，如图 4-25 所示。

步骤 3：在“选择一个任务…”选项组中选择需要的选项。

步骤 4：若用户要进行账户更改，可单击“更改账户”命令，在其中选择要更改的账户，按提示信息操作即可。

步骤 5：若要创建一个新账户，则单击“创建一个新账户”命令，按提示信息操作即可。

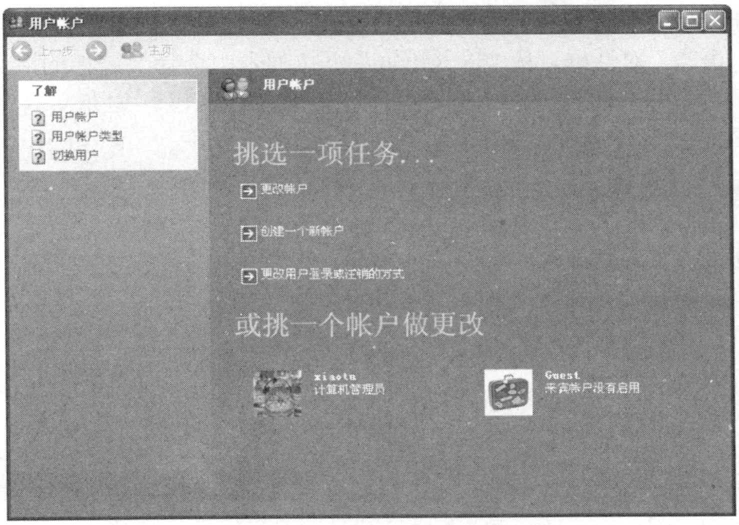

图 4-25 “用户账户”对话框

【范例 4-11】 中文输入法的设置。

中文版 Windows XP 提供了多种中文输入法，比如“微软拼音”“郑码”“智能 ABC”等。用户可以使用 Ctrl＋空格键快捷键启动/关闭中文输入法，或者使用 Ctrl＋Shift 快捷键在各种中文输入法之间切换。用户还可以根据自己的需求，任意安装或删除某种输入法，具体步骤如下。

步骤 1：在“控制面板”窗口，双击“日期、时间、语言和区域设置”图标，打开 “日期、时间、区域和语言选项”窗口，如图 4-26 所示。

步骤 2：继续单击“区域和语言选项”按钮，打开“区域和语言选项”对话框，如图 4-27 所示，单击“语言”选项卡，打开 “文字服务和输入语言”项目下的 “详细信息...”按钮。

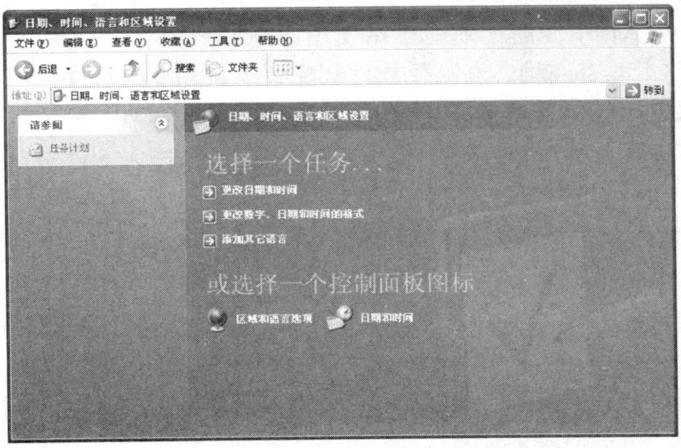

图 4-26 “日期、时间、语言和区域设置”窗口

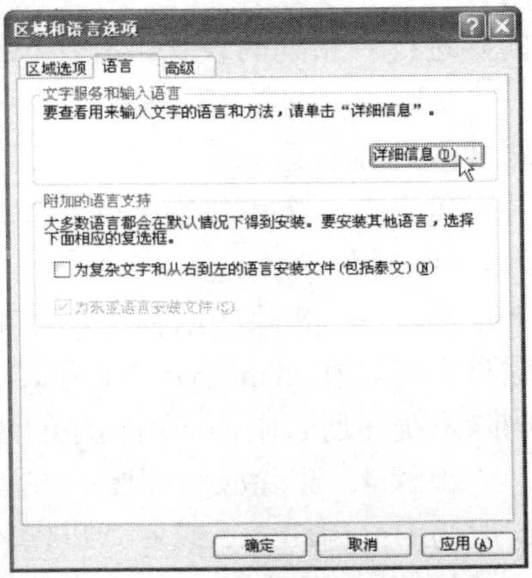

图 4-27 “区域和语言选项”对话框

步骤 3：进入“文字服务和输入语言”对话框。如图 4-28 所示。单击“添加”按钮，打开“添加输入语言”对话框，从“输入语言”下拉列表中选择要添加的语言，如中文（中国），从“键盘布局/输入法”列表中选择某种已安装的输入法，如龙文输入法平台，单击“确定”按钮，完成输入法添加的操作。如图 4-29 所示。

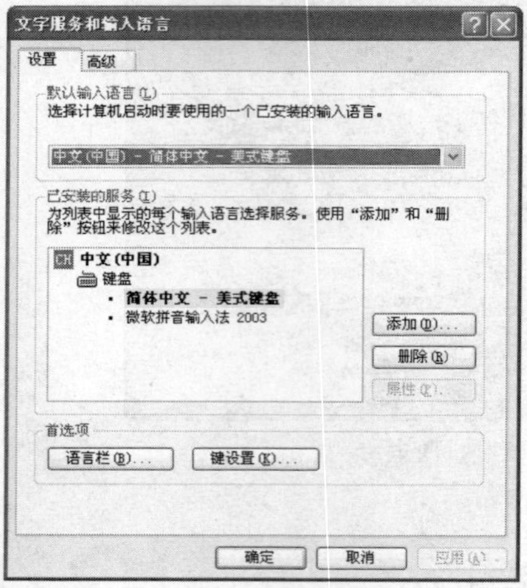

图 4-28 “文字服务和输入语言”对话框

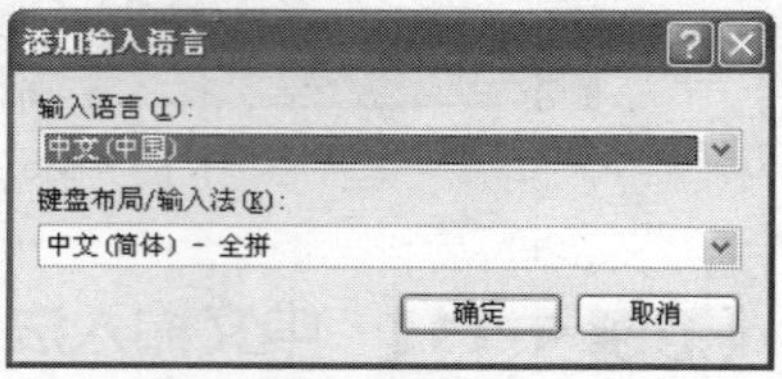

图 4-29 添加输入法

步骤 4：删除输入法的操作更为简单，只需要在“已安装的服务”列表框中，选择要删除的输入法，然后单击“删除”按钮即可。

【范例 4-12】 添加/删除应用程序。

在 Windows XP 中，要想使用一个程序必须事先进行安装，同样，如果不想使用某个应用软件了，就可以将其删除。添加/删除应用程序的具体步骤如下。

步骤 1：添加应用程序。一个新的应用程序必须安装到 Windows XP 系统中才能够使用。但是，安装并不是简单地将应用程序复制到硬盘中，而是需要在安装过程中根据安装向导进行一系列的设置，并在 Windows XP 中注册，才能正常使用。

步骤 2：安装应用程序的方法目前主要有两种。商品化软件都配置了自动安装程序，只要播放光盘，系统会自动运行其安装程序，用户按提示进行操作即可；在网络中下载的软件一般只有一个可执行文件，安装程序通常为 Setup.exe 或者 Install.exe，运行该文件可进入安装过程。

步骤 3：删除应用程序。当某个程序不再使用，可以把它从 Windows 中删除，以节省磁盘空间。在 Windows XP 中，卸载应用程序不仅要删除应用程序包含的所有文件，还要删除系统注册表中该应用程序的注册信息，以及该程序在“开始”菜单中的快捷方式等文件。

步骤 4：删除应用程序的方法目前主要有两种。一种是使用应用程序自带的卸载程序，一般为 Uninstall.exe 或者“卸载×××”，只需要单击该文件即可按提示完成卸载过程；另一种是使用 Windows XP 自带的“添加/删除程序”。

步骤 5：打开“控制面板”窗口，单击“添加/删除程序”图标，打开“添加或删除程序”对话框。

步骤 6：在“当前安装的程序”列表框中，选择将要删除的应用程序，将显示该程序的大小、使用频率、上次使用的时间等信息，这些可作为删除程序的依据，如图 4-30 所示。

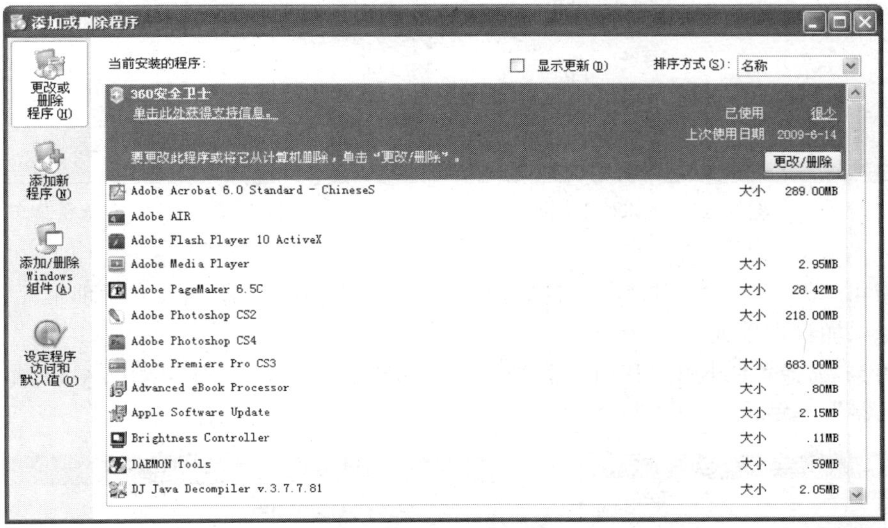

图 4-30　查看应用程序信息

步骤 7：若确定删除所选中的应用程序，单击“删除”按钮，按提示完成卸载过程。

4.3.2　微软管理控制台

微软管理控制台（简称为 MMC）是一个集成管理工具的工作平台，通过它可以创建、保存或打开系统管理工具，从而管理计算机的硬件、软件和 Windows 系统的网络组件，以及进行系统的维护。MMC 本身并不执行管理功能，它只是集成众多的管理工具，接纳并管理执行各种系统功能的工具。

【范例 4-13】 设置微软管理控制台。

步骤 1：从“开始”菜单中打开“运行”对话框，如图 4-31 所示。

步骤 2：在对话框中输入“MMC”，然后按 Enter 键，就可以打开 MMC 的界面了，如图 4-32 所示。

步骤 3：通过“开始”→“添加/删除管理单元”命令，打开“添加/删除管理单元”对话框，如图 4-33 所示。

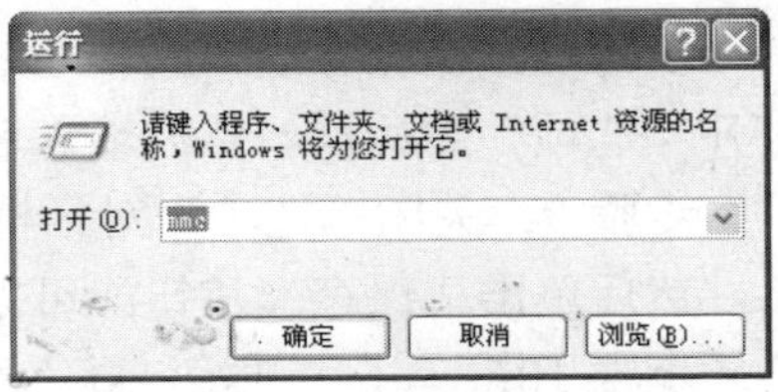

图 4-31　运行 MMC

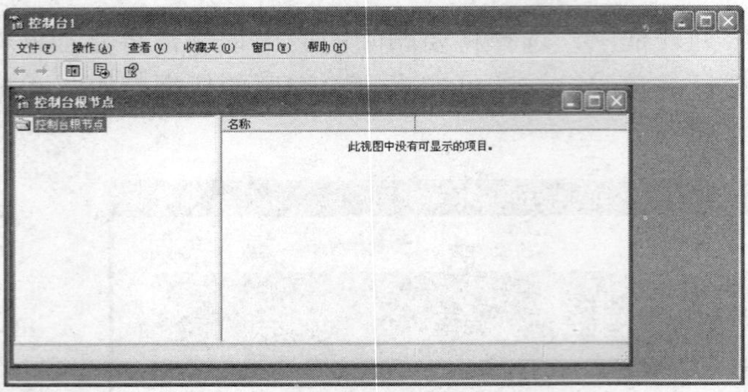

图 4-32　MMC 对话框

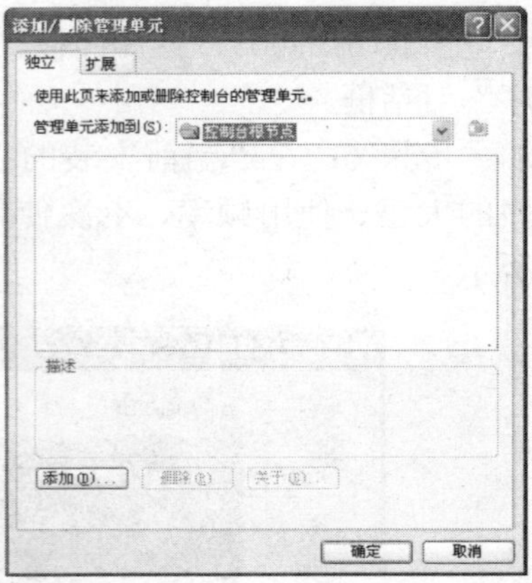

图 4-33　“添加/删除管理单元”对话框

步骤 4：单击“添加”按钮，可以打开如图 4-34 所示的“添加独立管理单元”对话框，此时选择添加管理单元。

步骤 5：选择“本地用户和组”管理单元，单击“添加”按钮，弹出如图 4-35 所示的“选择目标机器”对话框。

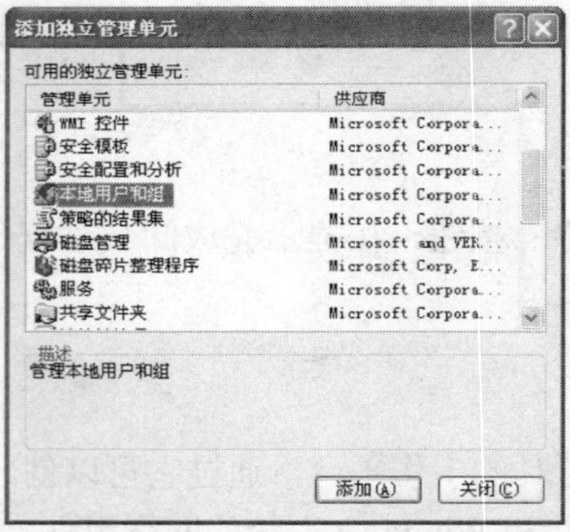

图 4-34　“添加独立管理单元”对话框

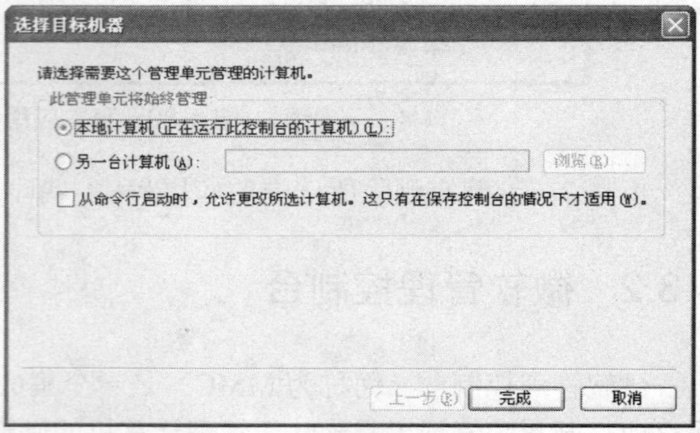

图 4-35　“选择目标机器”对话框

步骤 6：在“选择目标机器”对话框中，选择“本地计算机”选项。单击“完成”按钮即可完成管理单元的添加，如图 4-36 所示。

步骤 7：对于一些常用的管理单元，可以将其保存到一个文件中，这样就不用每次都要添加这些管理单元了。

步骤 8：在保存之前，先对这组管理单元进行命名。单击“文件”→“选项”命令，打开“选项”对话框，然后输入名称（如：我的共享文件夹），如图 4-37 所示。

步骤 9：关闭“选项”对话框，按 Ctrl+S 快捷键，弹出“保存为”对话框。输入文件名，然后单击“保存”按钮即可。

步骤 10：单击“开始”→“所有程序”命令，选择“管理工具”，此时会发现刚才保存的管理单元。

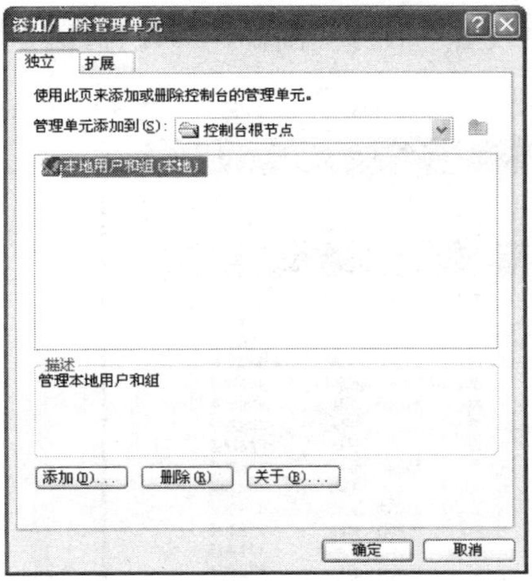

图 4-36　完成添加管理单元

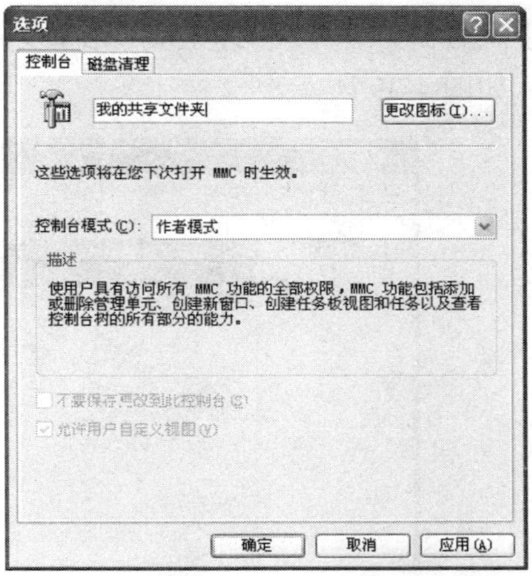

图 4-37　输入管理单元名称

4.3.3　管理系统服务

在 Windows XP 中用户可以通过“服务”这一管理单元，在本地计算机上开始、停止或继续某项服务，并配置启动或故障恢复选项，还可以为特定的硬件配置文件进行启用或禁用的服务。

【范例 4-14】　查看系统服务。

如果用户要查看系统服务，可以通过下面的途径来实现。

步骤 1：在“控制面板”对话框中的左侧单击“切换到经典视图”选项，切换到经典视图显示界面，然后单击“管理工具”图标，如图 4-38 所示。

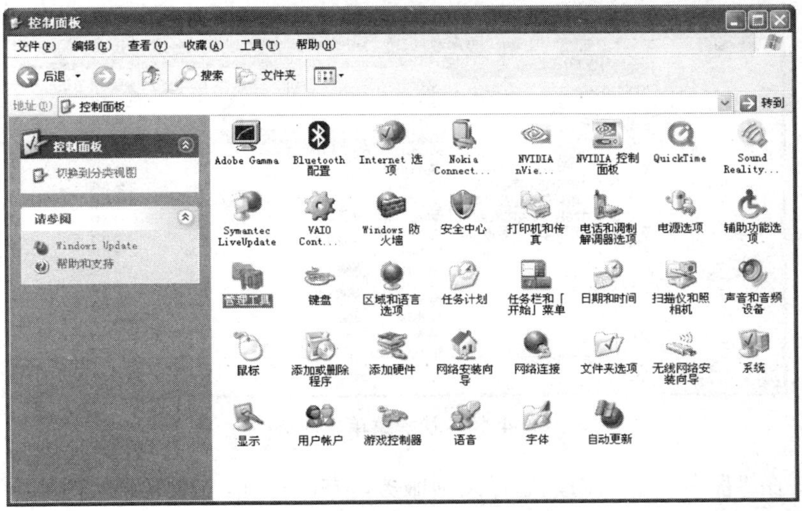

图 4-38　单击“管理工具”图标

步骤 2：打开 “管理工具”窗口，在窗口中双击“服务”图标，即可打开 “服务”窗口，如图 4-39 所示。

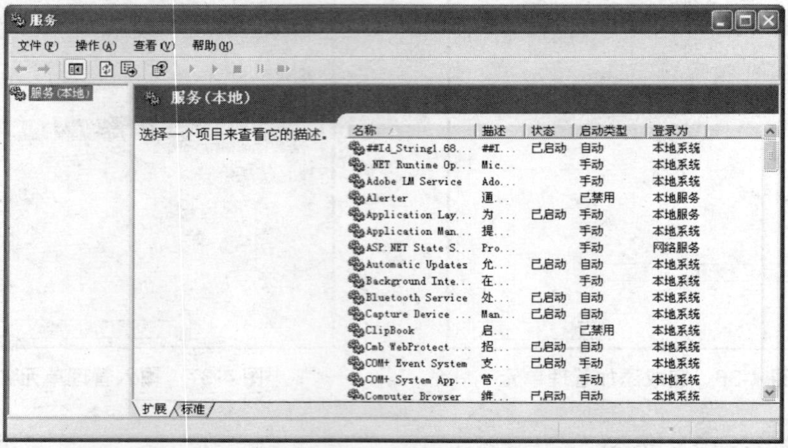

图 4-39 “服务”窗口

步骤 3：从图中可以看出，当用户选择其中的一项服务时，在左侧相应的“描述”中会出现关于此项服务的具体说明，这样可以很清楚地了解该项服务的功能，在对话框下方的状态栏中，有“扩展”和“标准”两个标签，当选择“扩展”标签时，描述在窗格左侧单独列出，这样用户可以更方便地查看。当选择“标准”标签时，左侧的描述消失而出现在常规列表中，用户可根据习惯选择其显示方式。

步骤 4：在“服务”窗口中，选定某项服务然后右击，在弹出的快捷菜单中包括“启动”“停止”“暂停”“恢复”和“重新启动”等命令，当执行某命令后，所执行的操作可立刻生效，如图 4-40 所示。

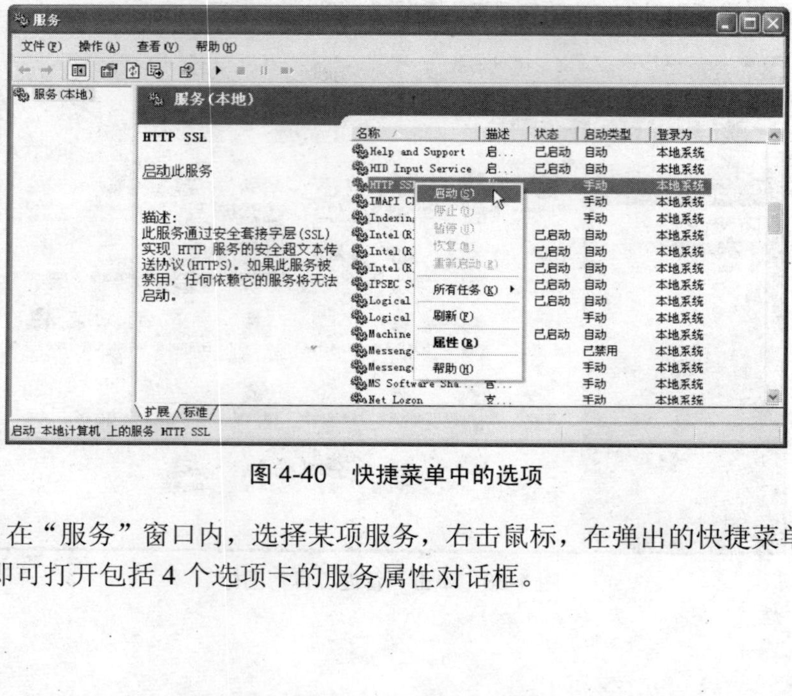

图 4-40 快捷菜单中的选项

步骤 5：在“服务”窗口内，选择某项服务，右击鼠标，在弹出的快捷菜单中选择“属性”命令，即可打开包括 4 个选项卡的服务属性对话框。

步骤 6：在“常规”选项卡中，用户可以看到服务名称、描述、可执行文件的路径等当前状态的详细情况，当此项服务未启动时，可以在“启动参数”文本框中输入启动该项服务时所需的参数，单击“启动”按钮也可启动该服务，如图 4-41 所示。

步骤 7：在“登录”选项卡中，用户可以设置服务登录身份，在“登录身份”选项组中用户可以为某项服务指定一个账户，虽然大部分服务以系统账户登录，但也可以为一些服务配置特定的账户，这样用户可以访问被保护的文件或者文件夹。如果要在桌面上提供启动服务时任何人登录都能使用用户界面，用户可以选择“允许服务与桌面交互”复选框，如图 4-42 所示。

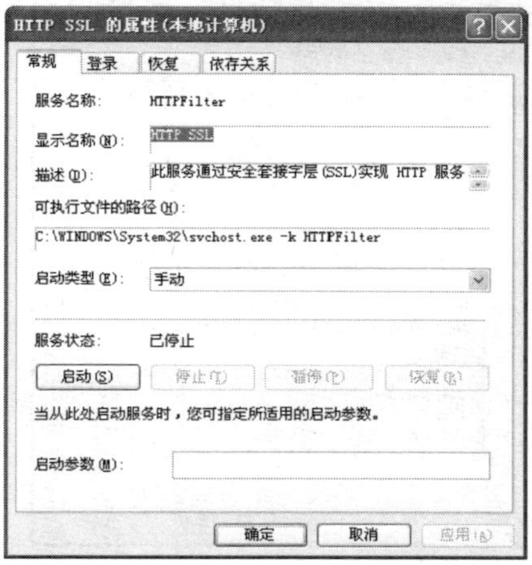

图 4-41　“常规”选项卡

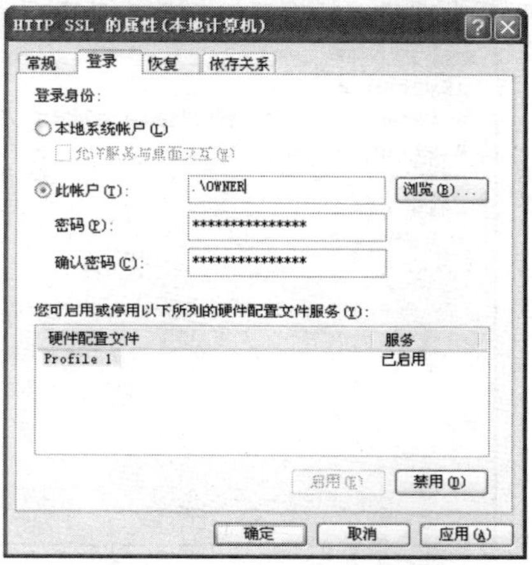

图 4-42　“登录”选项卡

步骤 8：如果选择“此账户”单选项，可以单击“浏览”按钮，出现“选择用户”对话框，如图 4-43 所示。在此对话框中可以指定一个用户账户，单击“对象类型”按钮，选择用户所在的域或工作组。在“输入要选择的对象名称”文本框中键入账户名，然后单击“确定”按钮。在该对话框中可以选择对象类型或者进行查找，还可以进入“高级”选项，进行高级的条件设置。

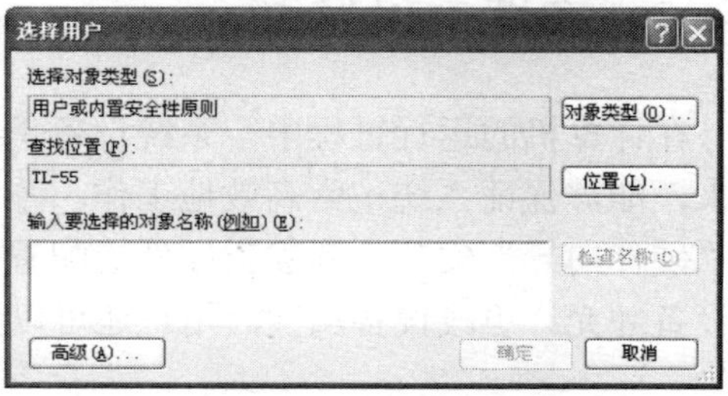

图 4-43　“选择用户”对话框

步骤 9：单击“确定”按钮后，将关闭“选择用户”对话框，返回到“登录”选项卡，为保密起见，用户可在“密码”和“确认密码”中键入该账户的密码。

步骤 10：在“登录”选项卡中，还可以为硬件配置文件启用或禁用服务，在“硬件配置文件”列表框中单击“启动”和“禁用”按钮，即可启动或禁用该硬件配置文件。

步骤 11：在“恢复”选项卡中，用户可以在此设置服务失败时所采取的故障恢复操作，其中有“不操作”“重新启动服务”“运行一个程序”“重新启动计算机”4 种方案，共有 3 次设置的机会，每种方案还有自己的补充项，用户可以根据需要自行设置。

步骤 12：如果选择“重新启动计算机”，可以通过单击“重新启动计算机”选项指定重新启动计算机之前要等待的时间，还可以创建计算机重新启动之前向远程用户显示的消息，如图 4-44 所示。

步骤 13：在“依存关系”选项卡中，用户可以查看各项服务间的依存关系。如果用户要停止某项系统服务时，而要停止的系统服务与其他一些服务之间有依存关系，则停止该服务时，其他的也将一同被停止。

步骤 14：“依存关系”选项卡中的 “此服务依赖以下系统组件”列表指出运行选定服务所需的其他服务。“依存关系”选项卡中的“以下系统服务依赖此服务”列表指出需要运行选定服务才能运行的服务，如图 4-45 所示。

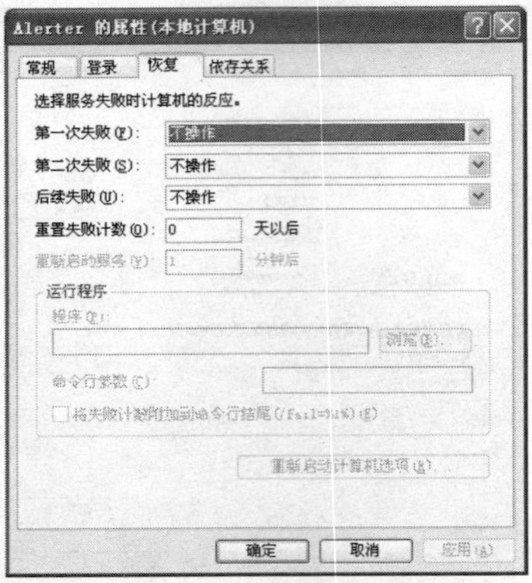

图 4-44 “恢复”选项卡

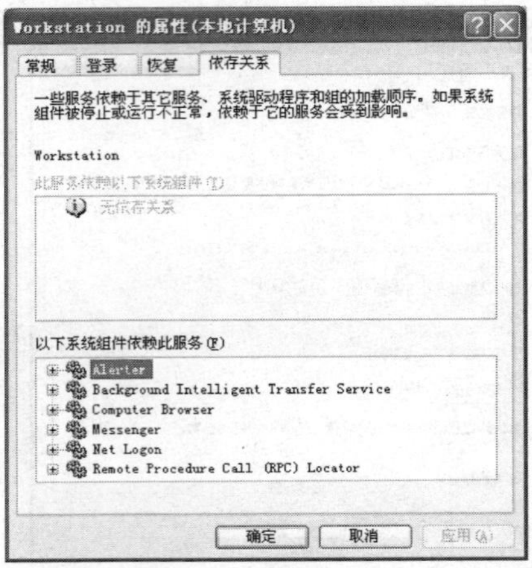

图 4-45 “依存关系”选项卡

4.3.4 管理系统设备

在计算机的运行过程中，系统设备是必不可少的，它把硬件和其驱动程序紧密地联系起来，能够保证系统正常高效地工作。系统设备中存放着硬件和设备的信息，用户可以使用“硬件向导”安装、卸载新硬件或配置硬件文件。在设备管理器中会显示计算机上安装的设备并允许更改设备属性，用户还可以为不同的硬件配置创建硬件配置文件。

【范例 4-15】 查看系统设备。

如果用户需要了解有关系统设备的详细信息，可以执行下面的操作。

步骤 1：在“控制面板”窗口中双击“管理工具”图标，在打开的窗口中双击“计算机管理”图标，这时在“计算机管理”窗口中选择“设备管理器”选项，左侧的详细资料窗格中即可出现相关信息，用户可对需要的设备进行查看，如果要查看隐藏的设备，可选择工具栏上“查看”→“显示隐藏的设备”命令来实现。

步骤 2：如果要对已设置好的某设备进行改动，可在该选项上右击（一定要在展开的选项上），在弹出的快捷菜单中选择“停用”（暂时停止运行）或者“卸载”（永久删除）命令。

步骤 3：当用户选择“属性”命令时，会出现该设备的属性对话框，在这个对话框中显示了此设备的详细信息，比如设备名称、生产商和位置等内容。在“设备状态”列表框中显示了该设备的运转情况。

步骤 4：如果用户在操作过程碰到问题或者此设备运行不正常，可单击“疑难解答”按钮打开帮助系统寻找解决问题的方法，如图 4-46 所示。

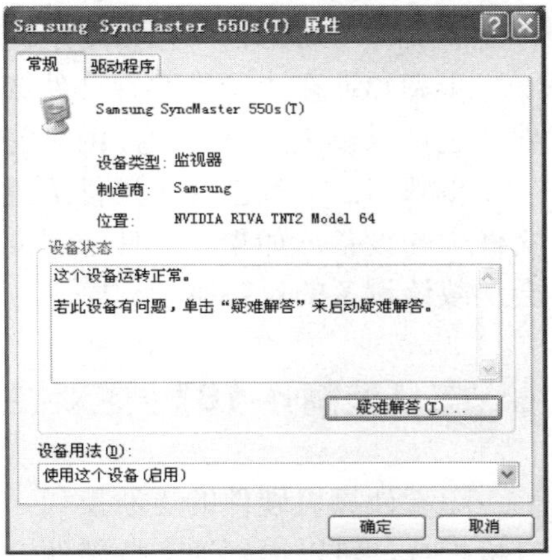

图 4-46　设备属性对话框

【范例 4-16】　硬件管理。

硬件包括任何连接到计算机并由计算机的微处理器控制的设备，包括制造和生产时连接到计算机上的设备以及用户后来添加的外围设备，如网卡、调制解调器等。

步骤 1：如果用户要查看自己计算机系统上的所有设备，或者需要排除硬件故障、安装新的硬件设备等，可在桌面上右击 “我的电脑”图标，在弹出的快捷菜单中选择“属性”命令，即可出现“系统属性”对话框，选择“硬件”选项卡，在“添加新硬件向导”选项组中单击“添加新硬件向导”按钮，出现“添加硬件向导”对话框，用户可依据提示添加一个新的硬件，如图 4-47 所示。

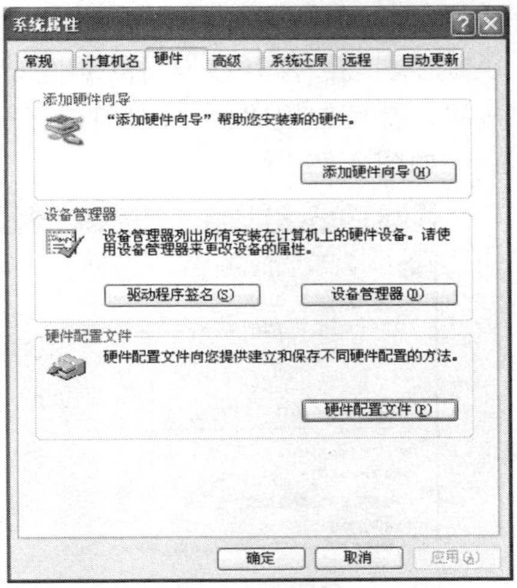

图 4-47　“系统属性”对话框

步骤 2：在“设备管理器”选项组中的“驱动程序签名”选项是中文版 Windows XP 新增的功能，在硬件安装期间，它可以检测到没有通过 Windows 徽标测试的驱动程序软件来确认其是否跟 Windows XP 兼容。单击“驱动程序签名”按钮，会打开 “驱动程序签名选项”对话框，在“用户希望采取什么操作”选项组下有 3 种选项。

- “忽略”：不管碰到什么情况，都不出现提示。
- “警告”：在操作进行过程中，每一次选择都出现提示。
- “阻止”：禁止安装未经签名的驱动程序软件。

【范例 4-17】　硬件配置文件。

步骤 1：硬件配置文件是用来描述计算机设备配置和特性的数据，可用来配置计算机使用的外部设备，它在启动计算机时告诉操作系统启动哪些设备，使用设备中的哪些设置等一系列指令。

步骤 2：在“硬件配置文件”选项组中，单击“硬件配置文件”按钮，在打开的“硬件配置文件”对话框中，为用户提供了管理硬件配置文件的不同方式。

步骤 3：在“硬件配置文件选择”选项组中，用户可以为启动系统时选定硬件配置文件，也可以设定等待时间，由系统自动选择，如图 4-48 所示。

步骤 4：一旦创建了硬件配置文件，用户就可以使用“设备管理器”禁用和启用配置文件中的设备。如果在硬件配置文件中禁用了某个设备，那么当用户启动计算机时系统不会加载该设备的设备驱动程序。

【范例 4-18】 更新硬件驱动程序。

随着计算机硬件的更新换代，硬件设备的驱动程序的升级也不断加快，这样能和硬件有机配合，可以更好地支持硬件设备，提高硬件的性能。

步骤 1：打开“计算机管理”窗口，在“设备管理器”选项中选定需要更新的设备，从右击后所弹出的快捷菜单中选择“更新驱动程序”命令，或者选择“属性”命令。

步骤 2：打开该设备的属性对话框，在“驱动程序”选项卡中单击“更新驱动程序”按钮，都可出现“硬件更新向导”对话框，根据向导提示，就可以完成硬件驱动程序的更新，如图 4-49 所示。

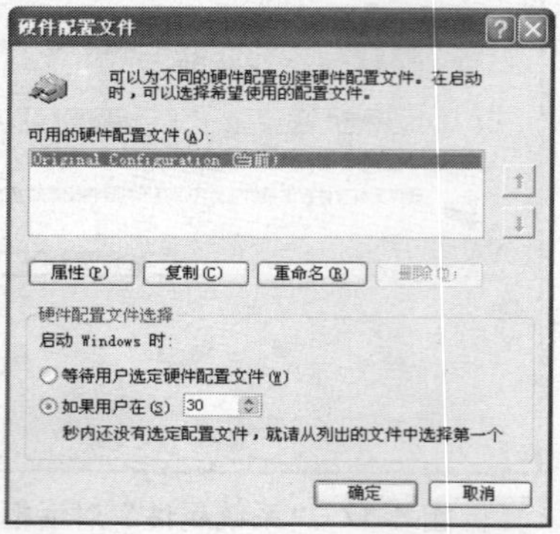

图 4-48 “硬件配置文件”对话框

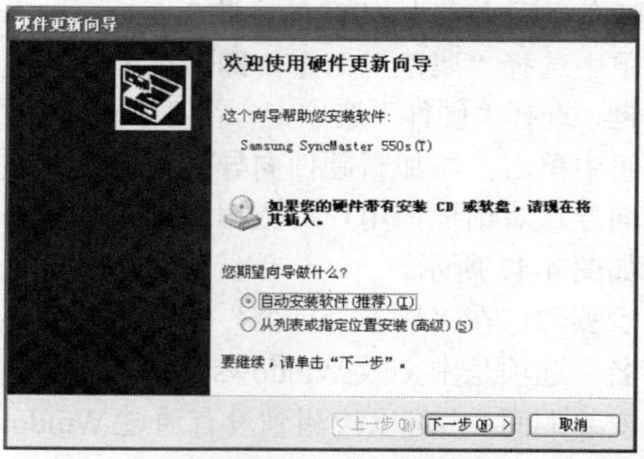

图 4-49 “硬件更新向导”对话框

4.3.5 查看系统性能

使用系统监视器用户可以收集和查看大量有关正在运行的计算机中硬件资源使用和系统服务活动的数据，使用户详细地了解各种程序运行过程中资源的使用情况，通过对得到的数据的分析，可以评测计算机的性能，并以此来识别计算机可能出现的问题。

【范例 4-19】 查看系统监视器。

步骤 1：在“控制面板”窗口中双击“管理工具”图标，在打开的“管理工具”对话框中双击“性能”图标，即可打开“性能”窗口，在窗口中选择“系统监视器”选项，如图 4-50 所示。

步骤 2：当用户对“系统监视器”进行查看的时候，利用其工具栏中的常用功能按钮，可以方便地访问系统监视器中的内容。

步骤 3：如果用户需要详细了解监视器的有关资料，可在工具栏上单击按钮，弹出“系统监视器属性”对话框。该对话框中包括常规、来源、数据、图表和外观 5 个选项卡。

步骤 4：在“常规”选项卡中，可以选择要显示的元素、外观及边框，在“报告和直方图数据”选项组中根据需要进行选择。由于图表中数据不是随时间而连续的，而是有一定采样间隔，可在“自动抽样间隔”中设置，默认为 1s，如图 4-51 所示。

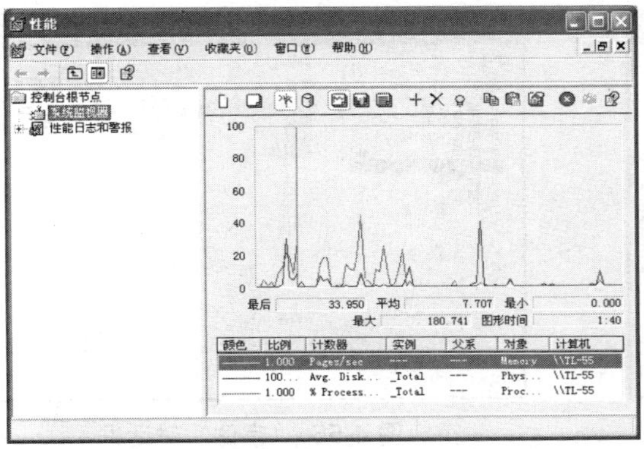

图 4-50　系统监视器

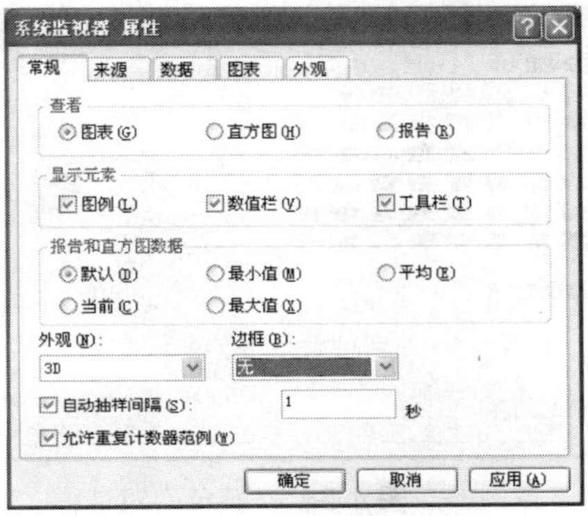

图 4-51　“常规”选项卡

步骤 5：在“来源”选项卡中，“数据源”选项组包括 3 个显示图表数据源的复选框，“当前活动”表示输入到图表的当前数据，“日志文件”表示从日志输入的当前数据，“数据库”表示从日志输入的存档数据。

步骤 6：在“数据”选项卡中，“计数器”列表框列出了目前存在的计数器，用户可以改变显示的颜色、宽度、比例及样式，而且能进行计数器的添加和删除，用户可以根据自己的需要设定对象，如图 4-52 所示。

步骤 7：在“图表”选项卡中，用户可以添加图形的标题和垂直轴的名称，当需要各项进行比较的时候，可以选择“垂直格线”和“水平格线”复选框，这样观察更为直观。用户可调整“垂直比例”中的“最大值”和“最小值”来改变垂直轴的数值，从而改变纵横坐标之间的比例，如图 4-53 所示。

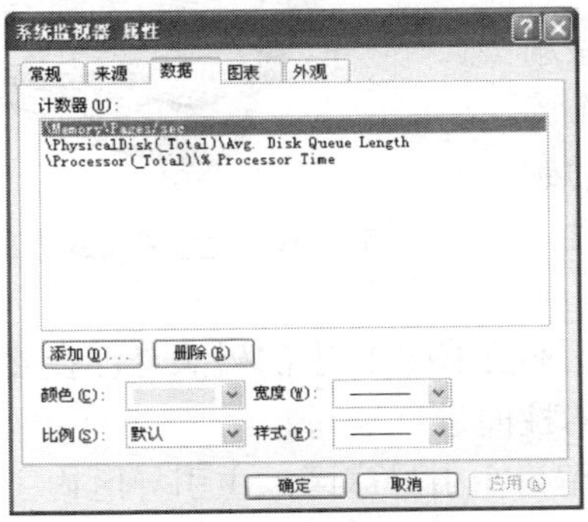

图 4-52　“数据”选项卡

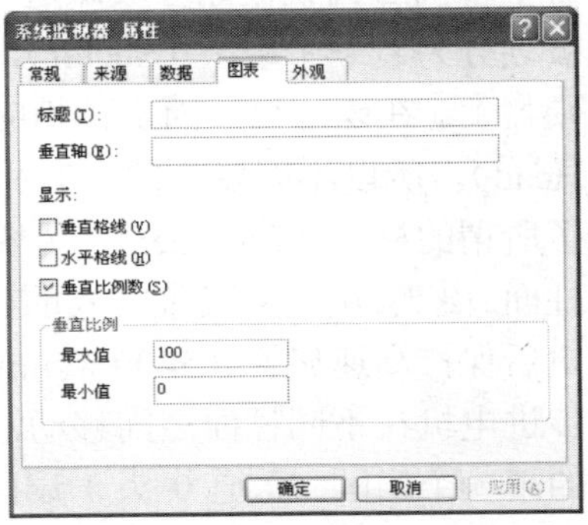

图 4-53　“图表”选项卡

步骤 8：在“外观”选项卡中，用户可以根据自己的爱好来改变图形显示、网格、计时器栏的颜色，选定需要改变的选项，单击“更改”按钮，弹出“颜色”对话框，可在“基本颜色”中选择，也可以自定义颜色，添加到“自定义颜色”选项中，应用后，图表中显示区域的颜色发生相应的改变，如图 4-54 所示。

步骤 9：除了可改变颜色外，图表中的字体也可以进行类型、大小和样式的设置，在“字体”选项下单击“更改”，弹出“字体”对话框，用户可以选择自己喜欢的字体，如图 4-55 所示。

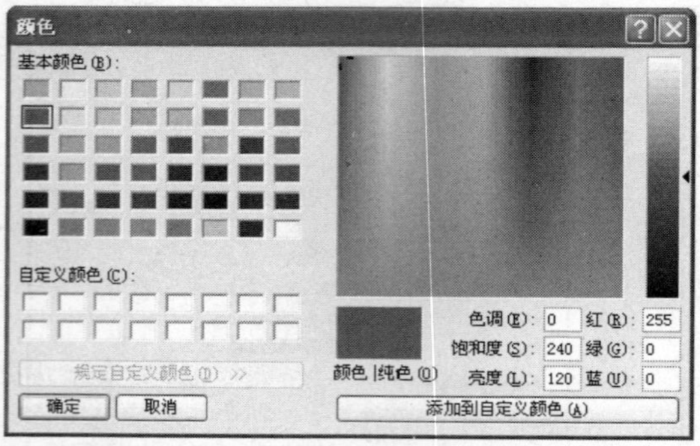

图 4-54 “颜色”对话框

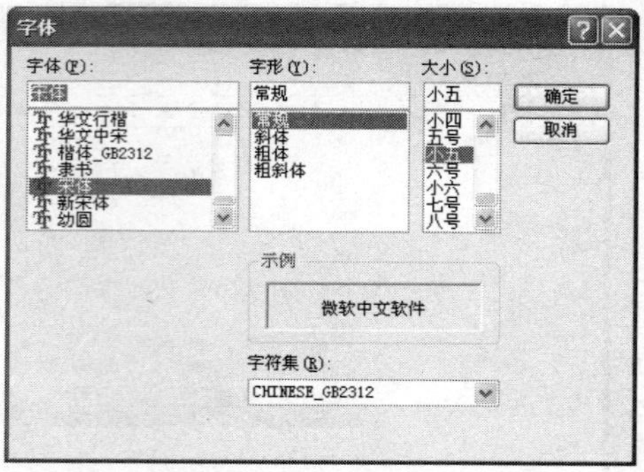

图 4-55 “字体”对话框

4.4 数据维护

4.4.1 硬盘数据的存储原理

硬盘驱动器是一种采用磁性介质的数据存储设备，数据存储在密封于洁净的硬盘驱动器内腔的若干个盘片上，如图 4-56 所示，这些盘片一般是在以铝或玻璃为主要成分的基表面涂上磁性介质所形成，在磁盘片的每一面上，以转动轴为轴心、以一定的磁密度为间隔的若干个同心圆就被划分成磁道（Track），每个磁道又被划分为若干个扇区（Sector），数据就按扇区存放在硬盘上。在碟片每一面上都相应地有一个读写磁头（Head），所以不同磁头的所有相同位置的磁道就构成了所谓的柱面（Cylinder）。传统机械硬盘读写都是以柱面、磁头、扇区为寻址方式的（CHS 寻址）。硬盘在通电后保持高速旋转（5400 转/min 以上），位于磁头臂上的磁头悬浮在磁盘表面，可以通过步进电机在不同柱面之间移动，对不同的柱面进行读写。

图 4-56 硬盘驱动器内部结构

硬盘的第一个扇区（0 道 0 头 1 扇区）被保留为主引导扇区。主引导区内主要有两项内容：主引导记录和硬盘分区表。主引导记录是一段程序代码，其作用主要是对硬盘上安装的操作系统进行引导；硬盘分区表则存储了硬盘的分区信息。计算机启动时将读取该扇区的数据，并对其合法性进行判断（扇区最后两个字节是否为 0x55AA 或 0xAA55），如合法则跳转执行该扇区的第一条指令。所以硬盘的主引导区常常成为病毒攻击的对象，从而被篡改甚至被破坏。可引导标志：0x80 为可引导分区类型标志；0 表示未知；1 为 FAT12；4 为 FAT16；5 为扩展分区等。

4.4.2　硬盘的分区

1. 分区的基本知识

（1）主分区、扩展分区、逻辑分区

一个硬盘的主分区也就是包含操作系统启动所必需的文件和数据的硬盘分区，要在硬盘上安装操作系统，则该硬盘必须得有一个主分区。

扩展分区也就是除主分区外的分区，但它不能直接使用，必须再将它划分为若干个逻辑分区才行。逻辑分区也就是我们平常在操作系统中所看到的 D、E、F 等盘。

（2）分区格式

“格式化就相当于在白纸上打上格子”，而这分区格式就如同这“格子”的样式，不同的操作系统打“格子”的方式是不一样的，目前 Windows 所用的分区格式主要有 FAT32、NTFS，其中几乎所有的操作系统都支持 FAT16。但采用 FAT16 分区格式的硬盘实际利用效率低，因此如今该分区格式已经很少用了。

FAT32 采用 32 位的文件分配表，使其对磁盘的管理能力大大增强，它是目前使用得最多的分区格式，Windows NT/XP 都支持它。一般情况下，在分区时，建议大家最好将分区都设置为 FAT32 的格式，这样可以获得最大的兼容性。

NTFS 的优点是安全性和稳定性极其出色。不过除了 Windows NT/XP 外，其他的操作系统都不能识别该分区格式，因此在 DOS 中是看不到采用该格式的分区的。

（3）分区原则

不管使用哪种分区软件，我们在给新硬盘上建立分区时都要遵循以下的顺序：建立主分区→建立扩展分区→建立逻辑分区→激活主分区→格式化所有分区（如图 4-57 所示）。

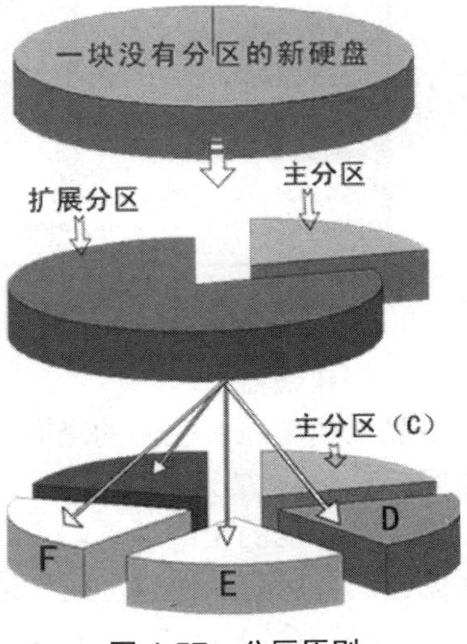

图 4-57　分区原则

2. 使用魔术分区工具进行硬盘分区

下面以磁盘魔法师（Partition Magic，简称 PM）为例来说明用第三方软件进行磁盘分区和高级格式化。

操作分区对初学者来说也是一件麻烦而危险的工作，其中主要原因是很多操作都要在DOS下进行。而Partition Magic能在Windows界面中非常直观地显示磁盘分区信息并且能对磁盘进行各种操作。

PM最大的优点在于，使用PM对硬盘进行分区、调整大小、转换分区格式时，相关操作都是所谓“无损操作”，不会影响磁盘中的数据。用PM对硬盘进行操作并不复杂，下面以PM8.0为例进行介绍。PM主界面比较简单，在右上方直观地列出了当前硬盘的分区以及使用情况，在其下方是详细的分区信息，如图4-58所示。在左边的分栏中，列有常见的一系列操作，选择任意分区再点选一个操作就会弹出其向导界面。PM的操作会形成一个操作队列，必须再单击左下角的“应用”按钮后才能使设置起作用，而在此之前可以任意撤销和更改操作，并不会对磁盘产生影响。

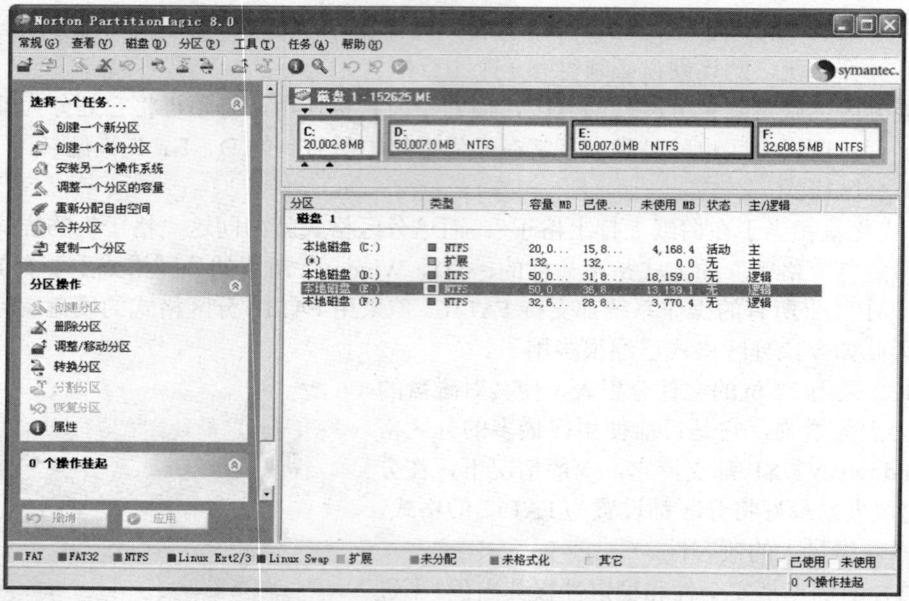

图4-58　Partition Magic主界面

（1）创建磁盘分区

磁盘上如果还有空闲的空间，或者是因为某种原因删除了某个分区，那么这部分的磁盘空间Windows是无法访问的。用户可以在PM提供的向导帮助下，在一个硬盘上创建分区：选中未分配的空间后单击窗口左侧的“创建分区”命令，在“创建分区”对话框中选择要创建的分区是“逻辑分区”还是“主分区”，一般选择逻辑分区；接着选择分区类型，PM支持FAT16、FAT32、NTFS、HPFS、Ext2等多种磁盘格式，作为Windows XP用户，一般选择NTFS格式。同时，还可以输入分区的卷标、容量、驱动器盘符号等。

（2）重新分配自由空间

如果发现硬盘中各个盘的空间存在诸多不合理的情况，如何才能快速地对它们进行重新分配呢？单击主窗口左侧“选择一个任务”下的“重新分配自由空间”命令，在向导的提示下，先选择要调整的硬盘，然后选择要重新分配的盘符，在“确认更改”选项组中，可以看到调整前后的各分区大小对比（见图 4-59），最后单击“完成”按钮即可。

（3）调整分区容量

很多用户在计算机使用一段时间后，发现系统盘的剩余空间越来越少，而其他盘的闲置空间又非常多，可否将这些空闲的空间分配给 C 盘（系统盘），以便让系统运行更流畅呢？单击窗口左侧的“调整一个分区的容量”命令，在向导的提示下调整各分区的空间大小，我们只需要选择从哪个盘提取空间，提取多少即可，如图 4-60 所示。

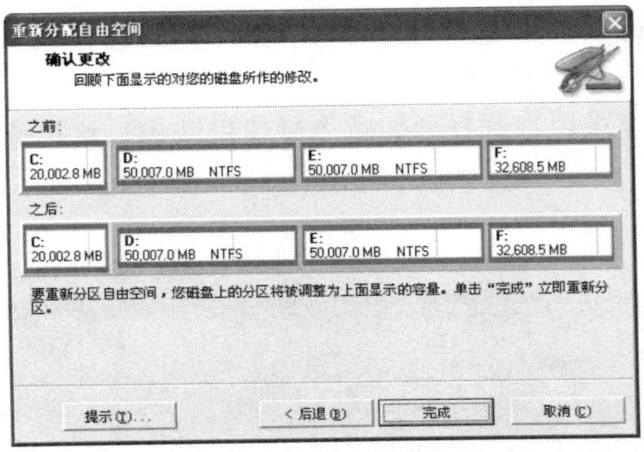

图 4-59　调整前后的分区大小对比

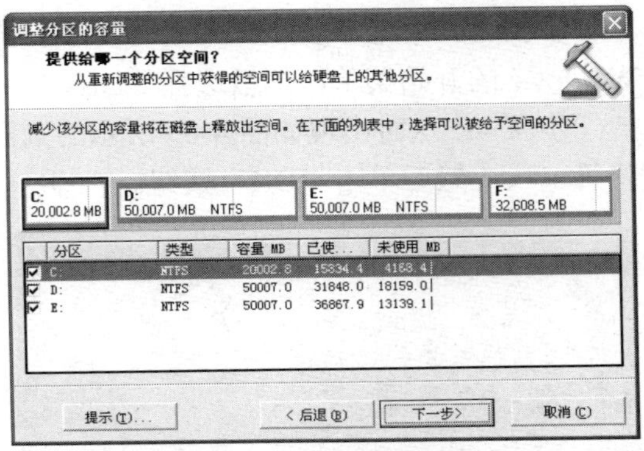

图 4-60　调整分区容量

（4）转换分区格式

在 Windows XP 中虽然自带了 FAT 分区转换为 NTFS 分区的工具，但是转换过程不能逆转，而在 PM 中可以在两种格式之间互相转化。只要先在分区列表中选择要转换的分区盘符，单击左侧“分区操作”下的“转换分区”选项，在弹出的对话框中可以选择要转换的文件系统类型以及分区格式（主分区或逻辑分区），如图 4-61 所示。变成灰色的选项表示当前条件不满足，单击“确定”之后，应用更改，所选分区就转换为相应的格式了。

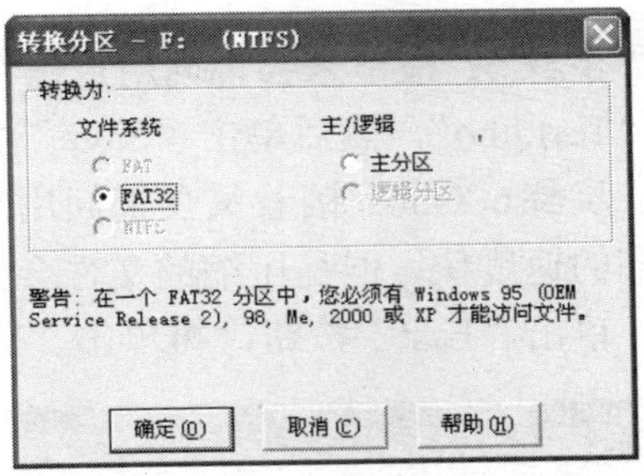

图 4-61　转换分区

4.4.3　硬盘数据的备份

Ghost 是赛门铁克公司出品的系统维护工具，它能把整个硬盘或者某些分区做映像保存，也可以将映像文件还原到硬盘上去，使之恢复到映像前的状态。

【范例 4-20】 映像整个硬盘（Partition to disk）。

我们先将整个硬盘做一个映像，这样一旦出现什么问题，就可以用映像文件来恢复硬盘上的数据了，步骤如下。

步骤 1：安装 Ghost 7.0。

步骤 2：启动计算机进入 DOS 环境，再进入 Ghost 目录（C:\>cd ghost）。

提示	如果用户现在有 DOS 下的鼠标驱动程序（如 mouse.com 或 qmouse.com），最好运行它，因为 Ghost 支持鼠标，而且有了鼠标，操作会更方便。

步骤 3：输入“Ghost”命令（C:\GHOST>Ghost），这样即可启动 Ghost。它也有类似 Windows 的开始菜单，这里选择“Disk”→“To Image”选项，如图 4-62 所示。

步骤 4：这时出现如图 4-63 所示的画面，要求用户选择要为哪个硬盘做映像，这里选择第二项，然后单击“OK”按钮。

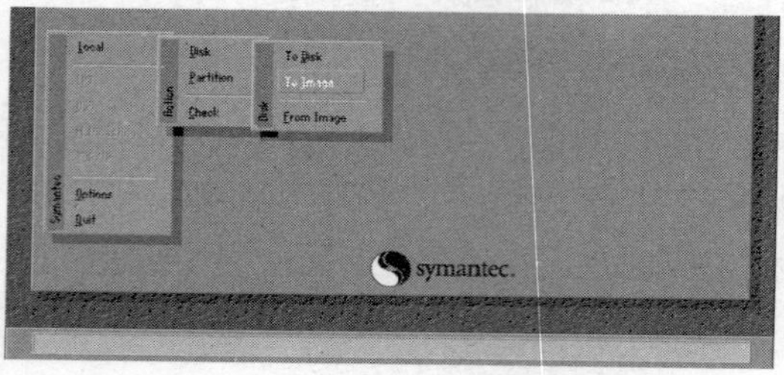

图 4-62　做硬盘映像

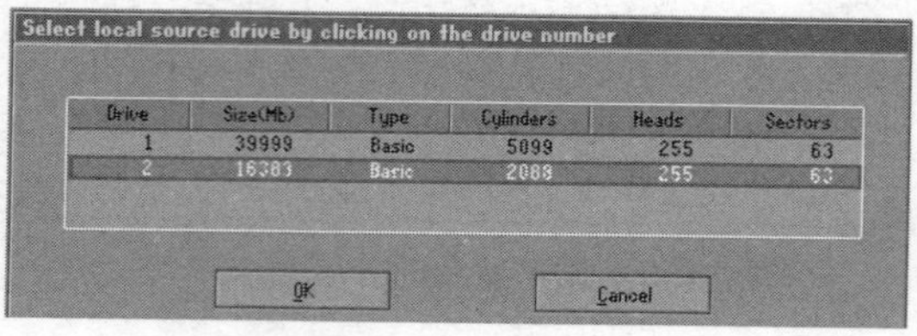

图 4-63　选择要映像的硬盘

步骤 5：接下来会询问用户保存位置以及保存文件名，选 C 盘的“TEMP”目录，取名为“Test.gho”，然后单击“Save”按钮，如图 4-64 所示。

步骤 6：Ghost 接着又会询问用户要以什么方式来压缩映像文件，如图 4-65 所示，“Fast”压缩的速度快，但是压缩的文件会大一些，“High”压缩的速度慢一些，但是压缩后的文件小。单击“Fast”按钮，再单击“Yes”，便开始映像。

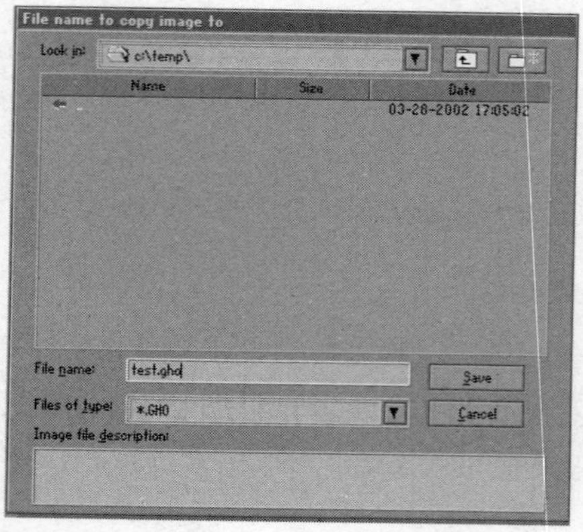

图 4-64　保存映像文件

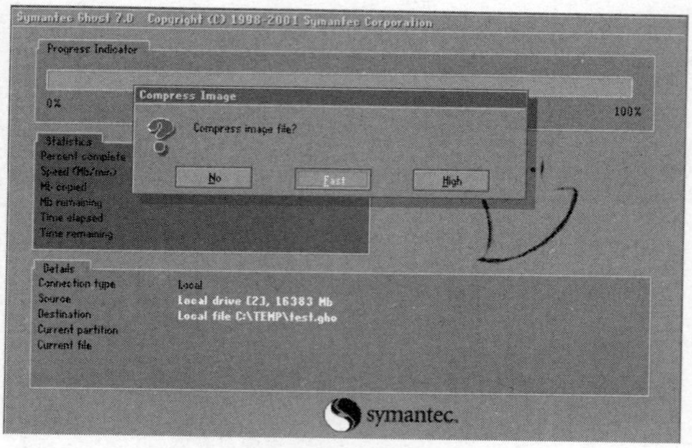

图 4-65　选择压缩映像文件的方式

步骤 7：映像结束后，单击“Continue”按钮返回到最初的界面，如图 4-66 所示，这样这个硬盘的映像就做好了。

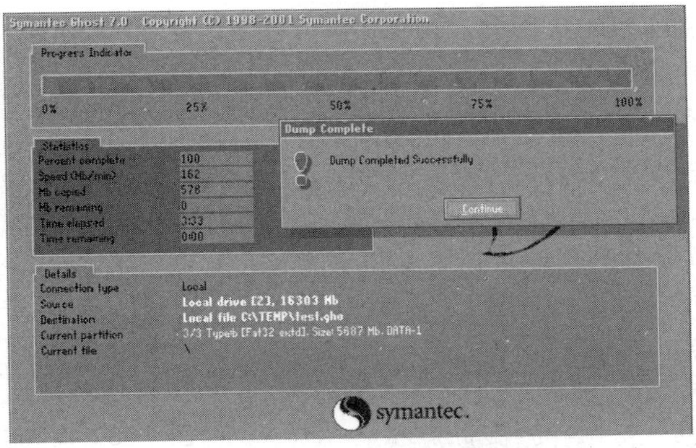

图 4-66　单击“Continue”返回最初界面

【范例 4-21】 映像硬盘分区（Partition to Image）。

前面是对整个硬盘进行映像或恢复，这样的操作会需要很长的时间，如果不想这么费时费力，则可以只对某一个逻辑驱动器进行映像。现在我们把 D 盘做一个映像，步骤如下。

步骤 1：选择“Local”→“Partition”→“To Image”项。

步骤 2：选中一块硬盘（如这里选择 16GB 的硬盘），再选择第一个分区，然后单击“OK”按钮。

步骤 3：在 C 盘的 TEMP 目录下输入要保存的文件名“Disk-d.gho”，然后按“Enter 键”。

步骤 4：这时 Ghost 会询问用户要以什么方式来压缩映像文件，选择“Fast”。

步骤 5：按着提示单击“Yes”按钮，开始映像。

操作完成后，单击“Continue”按钮回到最初界面。

4.4.4　硬盘数据的还原

【范例 4-22】 还原硬盘映像（Image to Disk）。

还原硬盘映像是做映像文件的逆操作，其步骤如下。

步骤 1：在“Local”下选择“Disk”→“From Image”项，如图 4-67 所示。

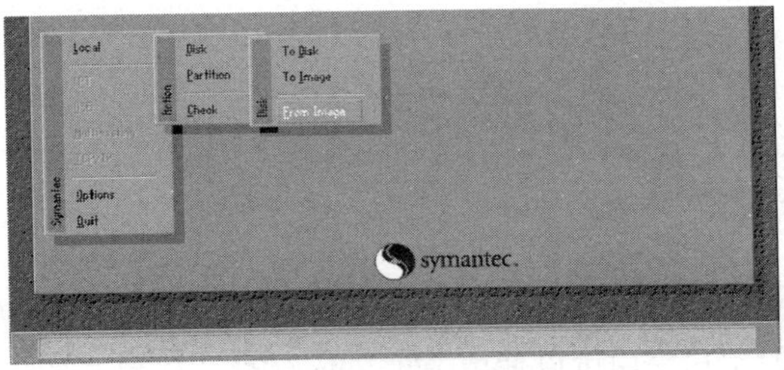

图 4-67　还原硬盘映像

步骤 2：在 C 盘的 TEMP 目录下找到映像文件“Test.gho”，如图 4-68 所示。

步骤 3：这样直接就到了选择硬盘的画面，如图 4-69 所示，选择第二项（这里为 16GB 的硬盘），然后单击“OK”按钮。

步骤 4：此时可以看到映像文件中硬盘的分区信息，如图 4-70 所示。单击“OK”按钮，将提示是否要进行这个操作，如果执行这个操作便会把该硬盘的所有数据（分区和文件信息、硬盘上的数据）覆盖，之后单击“Yes”按钮开始恢复数据。

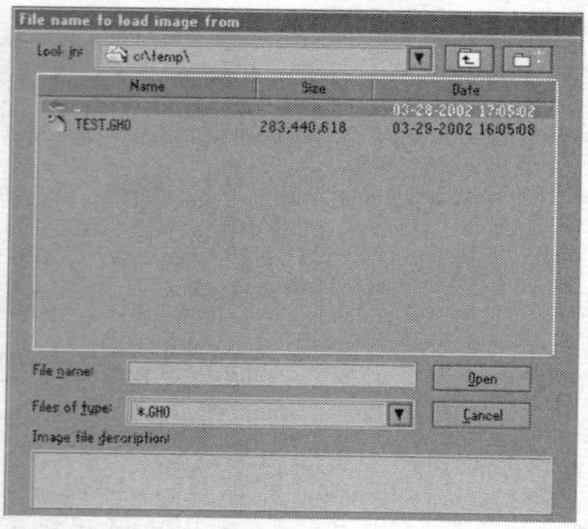

图 4-68　找到映像文件“Test.gho”

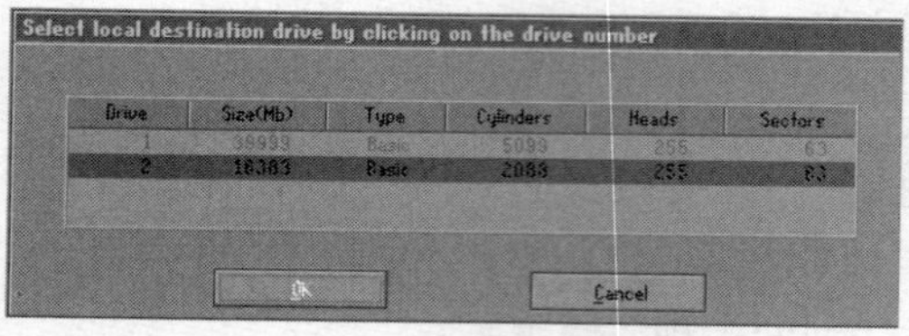

图 4-69　选择恢复的硬盘

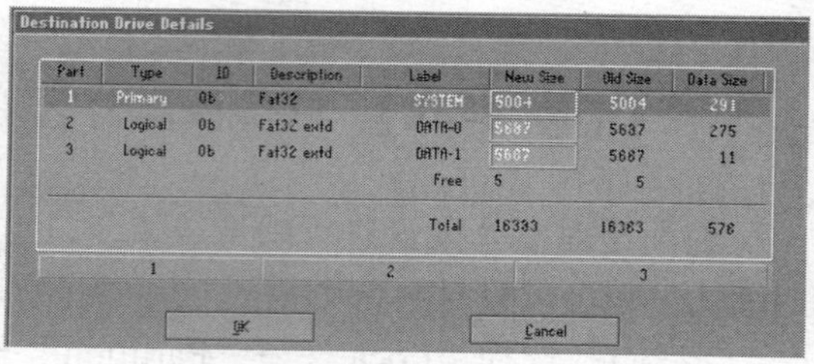

图 4-70　硬盘的分区信息

步骤 5：操作完成后，按“Continue”按钮回到最初界面。这样，就把原来的数据全部恢复到硬盘上了。

【范例 4-23】 还原硬盘分区映像（Image to Partition）。

同样，把映像文件还原到刚才的 D 盘上去的操作跟映像硬盘大致相同，其步骤如下。

步骤 1：选择“Local”→“Partition”→“From Image”项。

步骤 2：在 C 盘的 TEMP 目录下找到映像文件“Disk-d.gho”，双击它，便可以看到映像文件里 D 盘的分区信息，然后单击“OK”按钮继续。

步骤 3：再选择一块硬盘（如这里选择 16GB 的硬盘），选择第一个分区，再单击“Yes”按钮，开始还原。操作完成后，按“Continue”按钮回到最初界面。

由于 Ghost 为我们提供了对指定分区进行映像的功能，因此，建议用户在系统正常的时候，及时地把硬盘上的数据做一个映像，这样可以防止意外的发生。利用 Ghost 给大批量的电脑安装软件，将非常简捷。

4.5　系统优化设置

对于比较专业的计算机用户来说，可以通过修改注册表、整理文件等操作来改变计算机的现状，而对于一般用户来说可以使用 Windows 优化大师这样的工具软件来优化自己的系统。Windows 优化大师是一款功能强大的系统辅助软件，它提供了全面有效且简便安全的系统检测、系统优化、系统清理、系统维护四大功能模块及数个附加工具软件。使用 Windows 优化大师，能够有效地帮助用户了解自己的计算机软硬件信息；简化操作系统设置步骤；提升计算机运行效率；清理系统运行时产生的垃圾；修复系统故障及安全漏洞；维护系统的正常运转。

本节以 Windows 优化大师 V7.97 版本为例，主要介绍如何利用 Windows 优化大师进行系统信息检测、系统性能优化和系统清理维护。

安装完成 Windows 优化大师后，双击桌面上的快捷方式图标，打开如图 4-71 所示的操作窗口。该窗口左侧为模块列表窗格，包括“系统检测”“系统优化”“系统清理”和“系统维护”4 个模块。右侧窗格采用页面式控件，十几项功能仅用一个窗口就可显示出来。

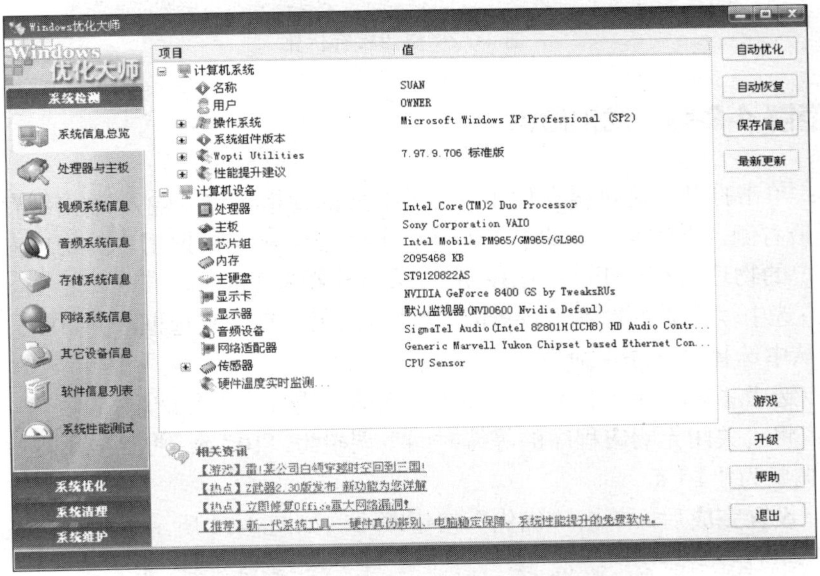

图 4-71　Windows 优化大师操作界面

在前面的章节中，我们已经学习了整机性能测试工具和软硬件检测工具，在优化大师中也具有系统信息检测功能，这里就不再赘述了。下面直接从“系统优化”功能开始学习。

4.5.1　系统优化

Windows 优化大师中提供的 “系统优化”模块可以方便用户进行磁盘缓存优化、文件系统优化、网络系统优化、开机速度优化、系统安全优化、系统个性设置等。

如果要进行磁盘缓存优化，可以在“系统优化”模块中单击选择“磁盘缓存优化”标签，在右侧窗格中显示其优化内容，如图 4-72 所示。在该功能下可以进行输入/输出缓存大小设置、内存性能配置、虚拟内存设置和其他相关设置。

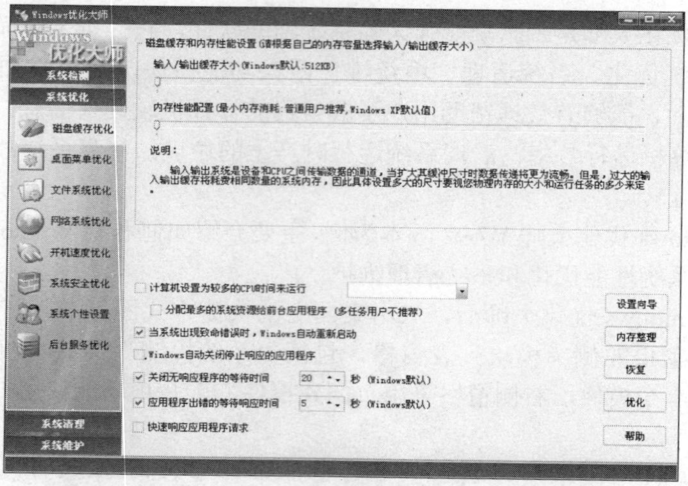

图 4-72　磁盘缓存优化

【范例 4-24】 优化磁盘缓存。

步骤 1：单击打开“磁盘缓存优化”标签对应的窗格，将“输入/输出缓存大小”下方的滑块拖至最右侧，将缓存大小设置为最大内存，该选项是根据用户的物理内存进行设置的，如果用户的物理内存小于 384MB，应将缓存设置为 32MB。

步骤 2：选中“计算机设置为较多的 CPU 时间来运行”复选框，并单击打开右侧的下拉列表框，从中选择“程序”命令。

步骤 3：选中“Windows 自动关闭停止响应的应用程序”复选框。

步骤 4：将“关闭无响应程序的等待时间”调整为“10”s；将“应用程序出错的等待响应时间”调整为“1”s。

步骤 5：设置完成后，单击“优化”按钮即可，如图 4-73 所示。

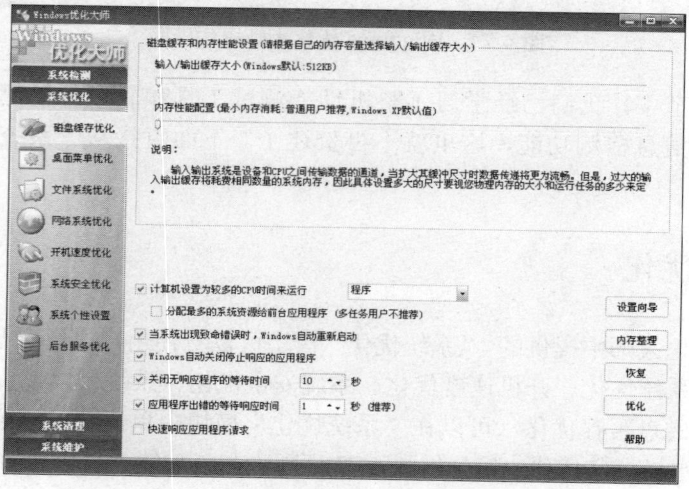

图 4-73 “磁盘缓存优化”标签

【范例 4-25】 优化桌面菜单。

如果要进行桌面菜单优化，可以在“系统优化”模块中单击选择“桌面菜单优化”标签，在右侧窗格中显示其优化内容，如图 4-74 所示。在该功能下可以设置菜单运行速度、桌面图标缓存等相关选项。

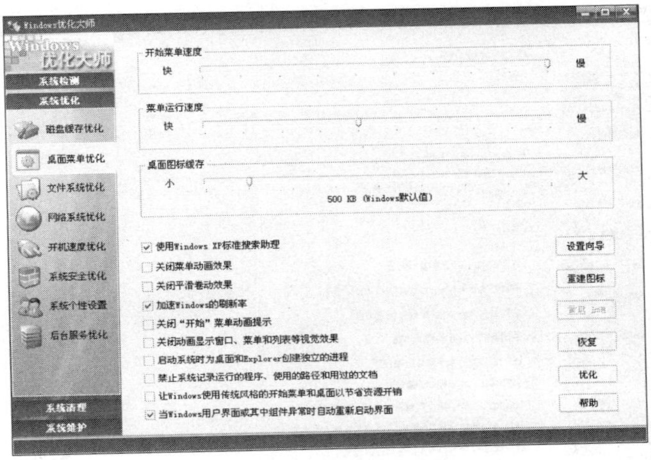

图 4-74　桌面菜单优化

步骤 1：单击打开“桌面菜单优化”标签对应的窗格，将“开始菜单速度”下方的滑块拖动至左侧第 3 个标尺刻度。

步骤 2：将 “菜单运行速度”下方的滑块拖动至左侧第 2 个标尺刻度。

步骤 3：分别选中“关闭菜单动画效果”复选框、“关闭平滑卷动效果”复选框、“关闭‘开始’菜单动画提示”复选框、“禁止系统记录运行的程序、使用的路径和用过的文档”复选框。

步骤 4：设置完成后如图 4-75 所示，然后单击“优化”按钮。

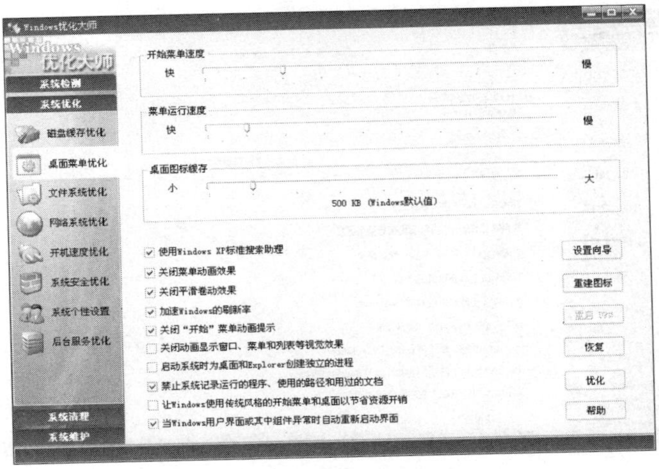

图 4-75　设置桌面菜单优化

【范例 4-26】 优化文件系统。

如果要进行文件系统优化，可以在“系统优化”模块中单击选择“文件系统优化”标签，在右侧窗格中显示其优化内容，如图 4-76 所示。在该功能下可以设置二级数据高级缓存、CD/DVD-ROM 优化选择等相关选项。

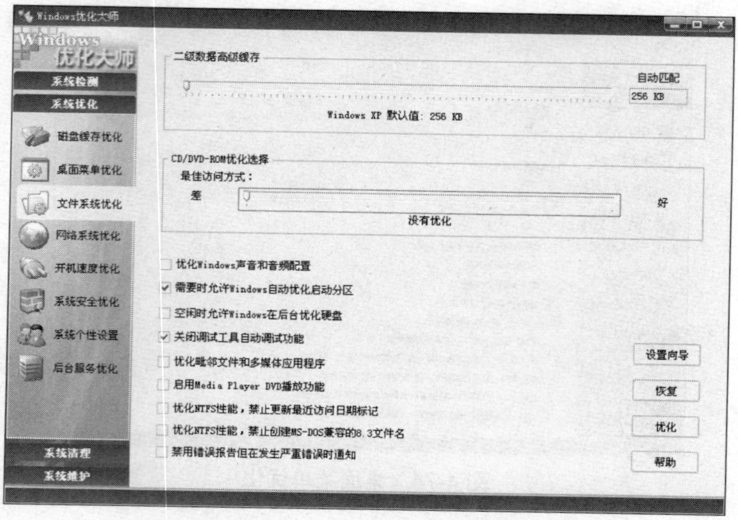

图 4-76 “文件系统优化”标签

步骤 1：单击打开“文件系统优化”标签对应的窗格，将“CD/DVD-ROM 优化选择”下方的滑块拖动至最右端，即 Windows 优化大师推荐值。

步骤 2：取消“需要时允许 Windows 自动优化启动分区”复选框和 “关闭调试工具自动调试功能”复选框。设置完成后，单击“优化”按钮，如图 4-77 所示。

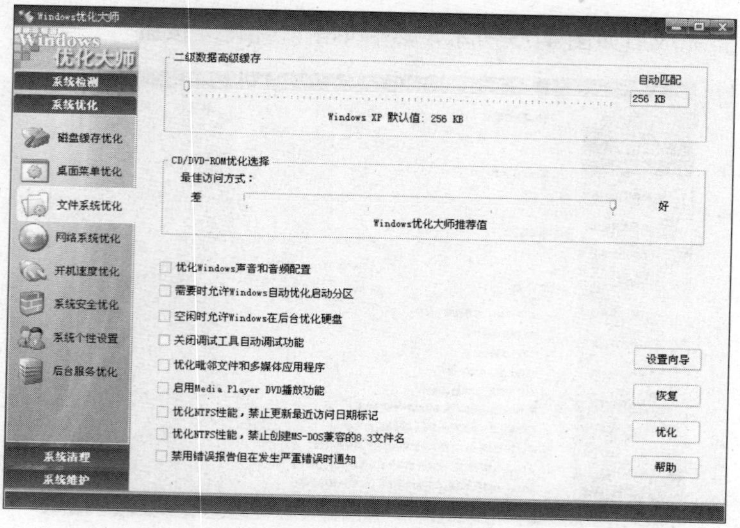

图 4-77 优化文件系统

【范例 4-27】 使用“设置向导”进行网络优化。

如果要进行网络优化，可以在“系统优化”模块中单击选择“网络系统优化”标签，在右侧窗格中显示其优化内容，如图 4-78 所示。在该功能下可以设置上网方式、最大传输单元大小、最大数据段长度等相关选项。

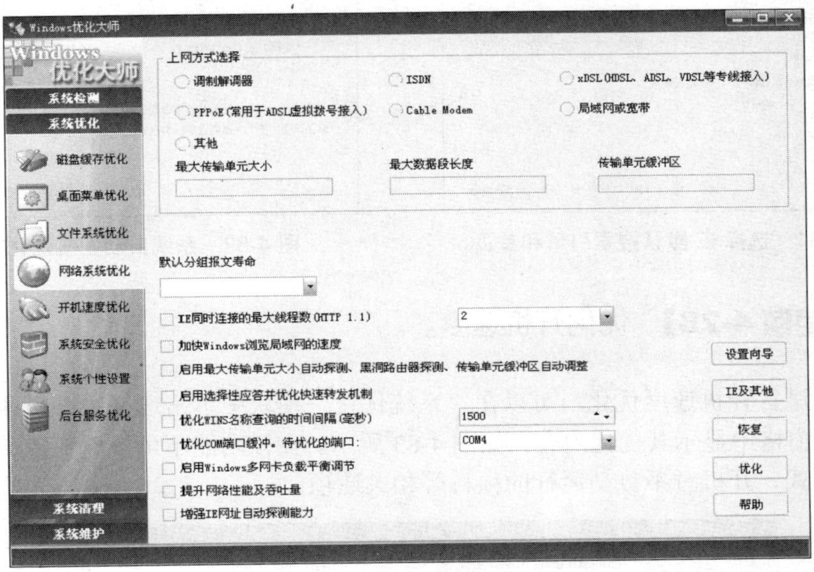

图 4-78 网络系统优化

步骤 1：单击打开 “网络系统优化”标签对应的窗格，单击“设置向导”按钮，打开“网络系统自动优化向导”对话框，如图 4-79 所示。

步骤 2：单击“下一步”按钮，在“选择上网方式”对话框中选择“xDSL”单选项，如图 4-80 所示。

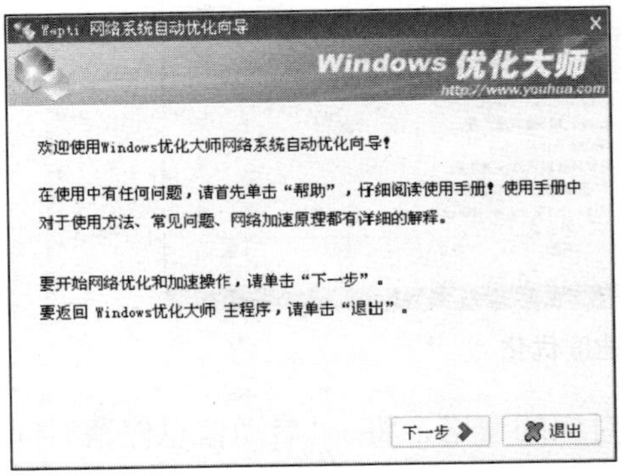

图 4-79 “网络系统自动优化向导”对话框

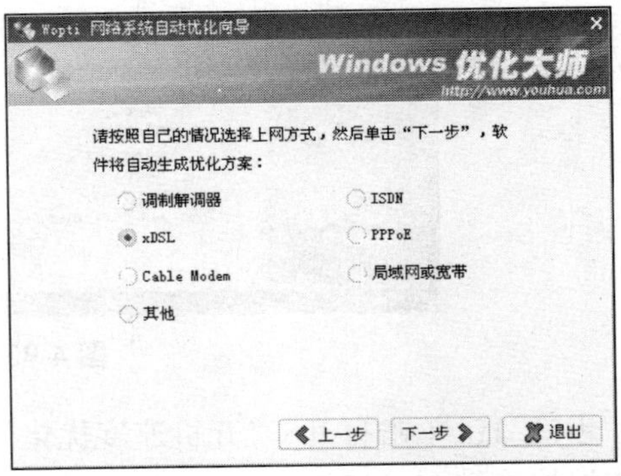

图 4-80 选择上网方式

步骤 3：单击“下一步”按钮，按照用户的情况选择 IE 默认搜索引擎和首页，如图 4-81 所示。

步骤 4：单击“下一步”按钮，系统自动生成优化方案，如图 4-82 所示，然后单击“下一步”按钮，根据提示重新启动计算机，使优化设置生效。

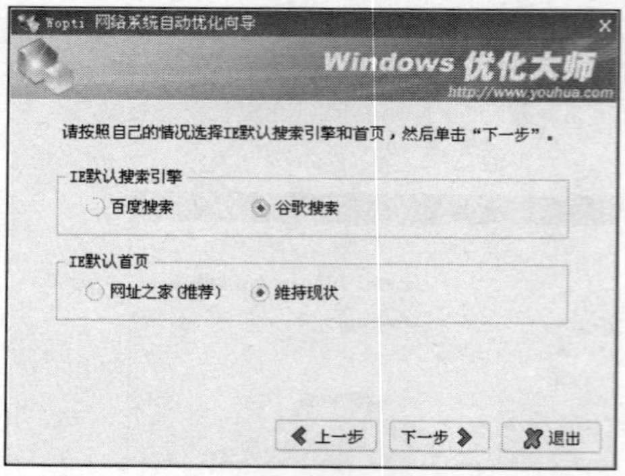

图 4-81　选择 IE 默认搜索引擎和首页

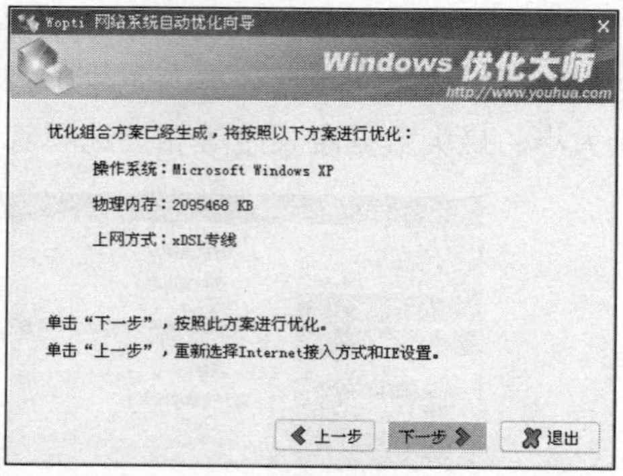

图 4-82　系统自动生成优化方案

【范例 4-28】 优化开机速度。

如果要进行开机速度优化，可以在“系统优化”模块中单击选择“开机速度优化”标签，在右侧窗格中显示其优化内容，如图 4-83 所示。在该功能下可以设置启动信息停留时间、预读方式、开机时不自动运行的项目等相关选项。

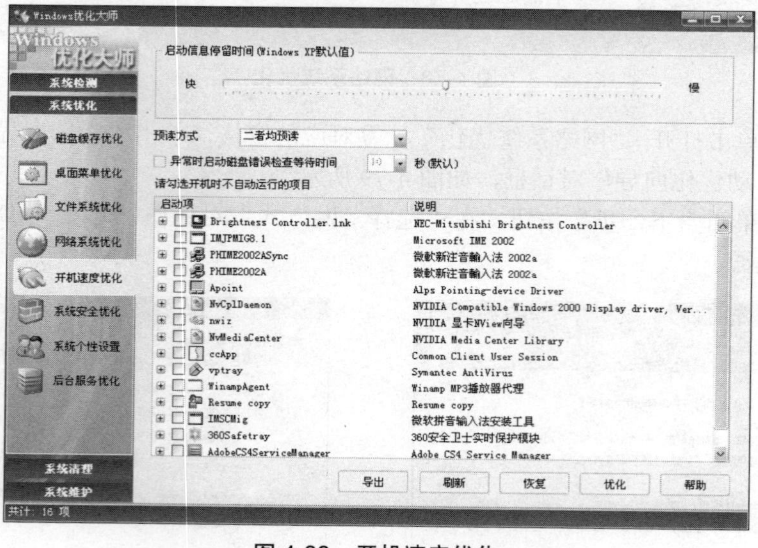

图 4-83　开机速度优化

步骤 1：单击打开 “开机速度优化”标签对应的窗格，将 “启动信息停留时间”下方的滑块拖动至“10”s。

步骤 2：选中“异常时启动磁盘错误检查等待时间”复选框。

步骤 3：在“请勾选开机时不自动运行的项目”列表框中选择启动计算机后不希望运行的程序。

步骤 4：设置完成后如图 4-84 所示，然后单击“优化”按钮。

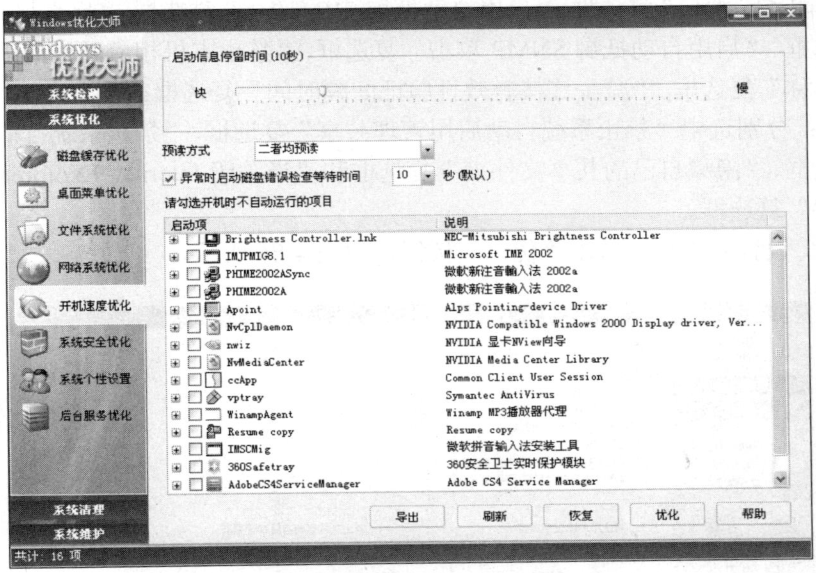

图 4-84　设置优化开机速度

【范例 4-29】 优化系统安全。

如果要进行系统安全优化，可以在“系统优化”模块中单击选择“系统安全优化”标签，在右侧窗格中显示其优化内容，如图 4-85 所示。在该功能下可以进行分析和处理选项设置、进程管理、文件加密等相关设置。

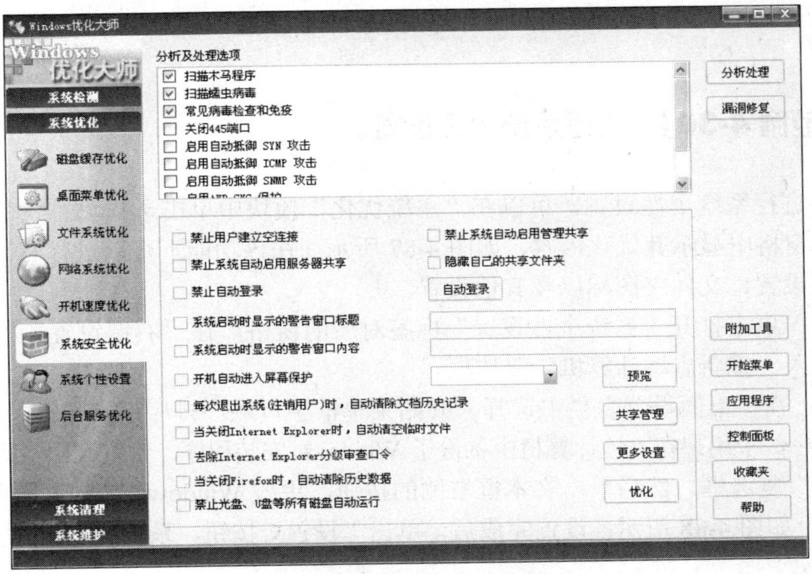

图 4-85　系统安全优化

步骤 1：单击打开“系统安全优化”标签对应的窗格，选中“分析及处理选项”列表框中的“关闭 445 端口”复选框、“启用自动抵御 SYN 攻击”复选框、“启用自动抵御 ICMP 攻击”复选框、“启用自动抵御 SNMP 攻击”复选框、“禁止本机相应网络请求发布自己的 NetBIOS 名称”复选框、“减少连接有效性验证间隔时间”复选框。

步骤 2：分别选中“禁止系统自动启用管理共享”复选框、“禁止系统自动启用服务器共享”复选框、“隐藏自己的共享文件夹”复选框和“当关闭 Internet Explorer 时，自动清空临时文件”复选框。

步骤 3：设置完成后，单击“优化”按钮，如图 4-86 所示。

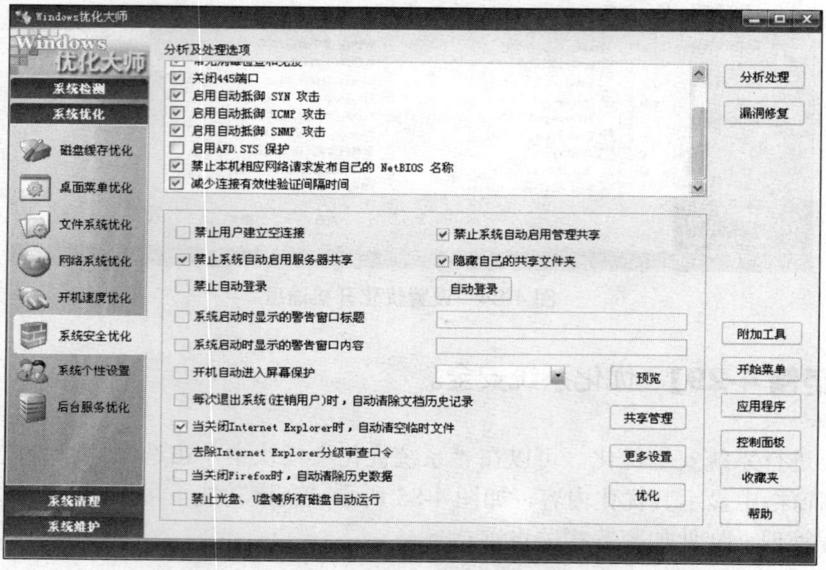

图 4-86 “系统安全优化”标签

【范例 4-30】 进行系统个性设置。

如果要进行系统个性设置，可以在“系统优化”模块中单击选择“系统个性设置”标签，在右侧窗格中显示其优化内容，如图 4-87 所示。在该功能下可以进行右键设置、进程管理、桌面设置、文件夹图标以及其他设置。

步骤 1：单击打开“系统个性设置”标签对应的窗格，在“右键设置”栏中选择“在右键菜单加入‘重新启动计算机’复选框。

步骤 2：在“桌面设置”栏中选择“开始菜单依字母顺序排序”复选框。

步骤 3：如果用户在本地计算机中备份了 Windows 安装程序，可以选中“更改 Windows 安装盘位置”复选框，然后单击文本框右侧的按钮，更改 Windows 安装程序位置。

步骤 4：如图 4-88 所示，设置完成后，单击“设置”按钮，系统提示用户重启计算机，使得设置生效。

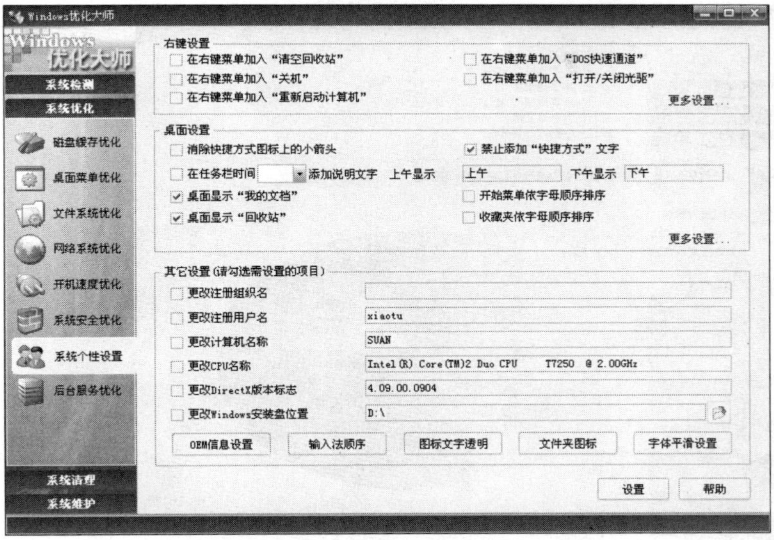

图 4-87　系统个性设置

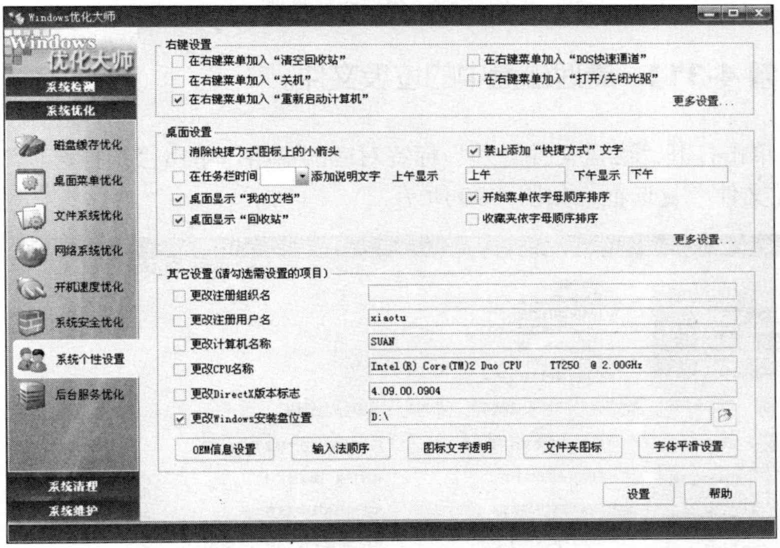

图 4-88　“系统个性设置”标签

4.5.2　系统清理和维护

Windows 优化大师提供的“系统清理”和“系统维护”模块可以清理注册信息、磁盘文件、冗余 DLL 和 Active X 等，还可以进行磁盘碎片整理、驱动智能备份、系统分区检查等操作。

如果要清理计算机中的垃圾文件，可以在“系统清理”模块中单击选择“磁盘文件管理”标签，在右侧窗格中显示其管理内容，如图 4-89 所示。在该功能下可以设置扫描选项、删除选项、文件类型等。

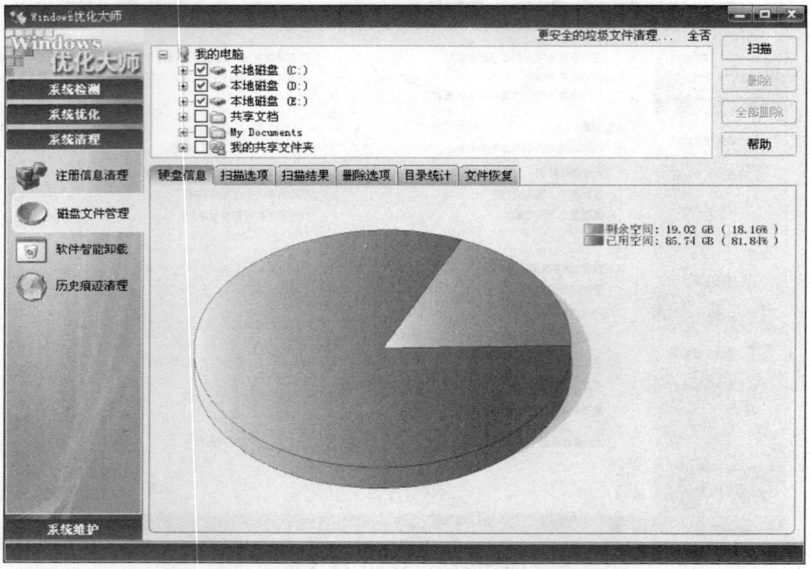

图 4-89 磁盘文件管理

【范例 4-31】 清理磁盘中的垃圾文件。

步骤 1：单击打开"磁盘文件管理"标签对应的窗格，单击"扫描选项"，取消"允许扫描只读属性文件"复选框，如图 4-90 所示。

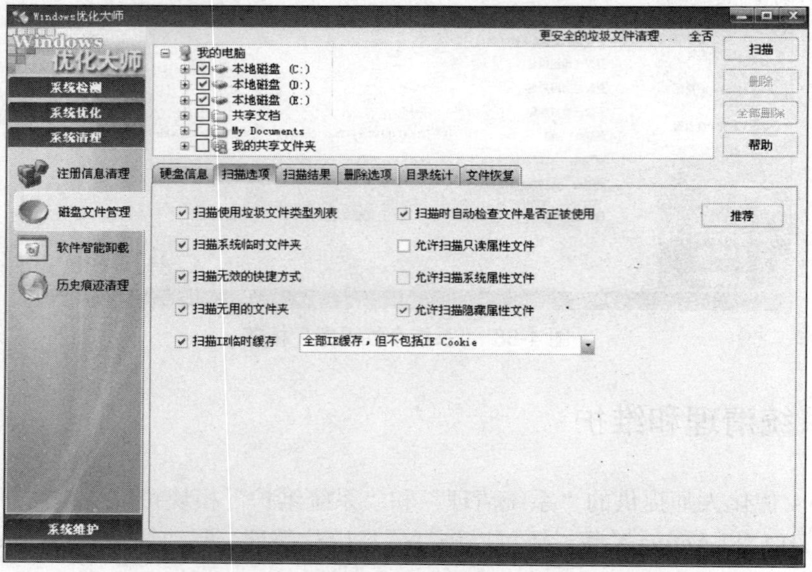

图 4-90 设置扫描选项

步骤 2：单击"删除选项"，选中"用'Wopti 文件粉碎机'不可恢复地删除文件"复选框，如图 4-91 所示。

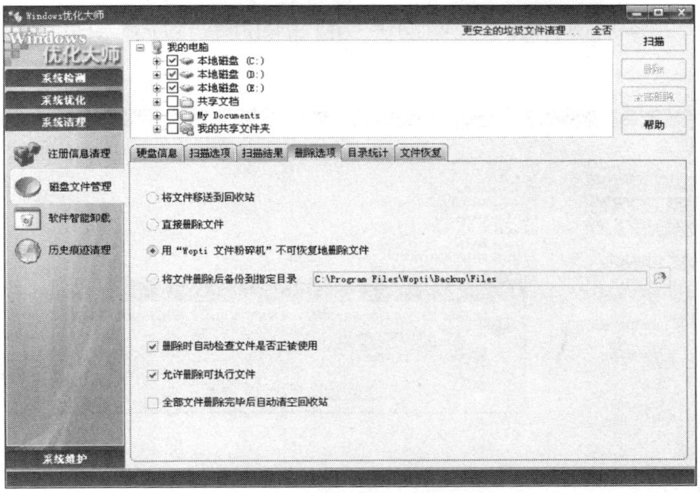

图 4-91　设置删除选项

步骤 3：设置完成后，单击“扫描”按钮。稍等片刻完成扫描，单击“全部删除”按钮，在弹出的提示对话框中，单击“确定”按钮即可。

如果要卸载软件，可以在“系统清理”模块中单击选择“软件智能卸载”标签，在右侧窗格中显示其卸载内容。在该功能下可以卸载、恢复、分析所选择的程序。

【范例 4-32】 智能卸载“上网助手”。

步骤 1：单击打开“软件智能卸载”标签对应的窗格，在“程序”列表框中选择要卸载的程序“上网助手”。

步骤 2：单击右侧的“分析”按钮，在弹出的提示对话框中单击“是”按钮，如图 4-92 所示。

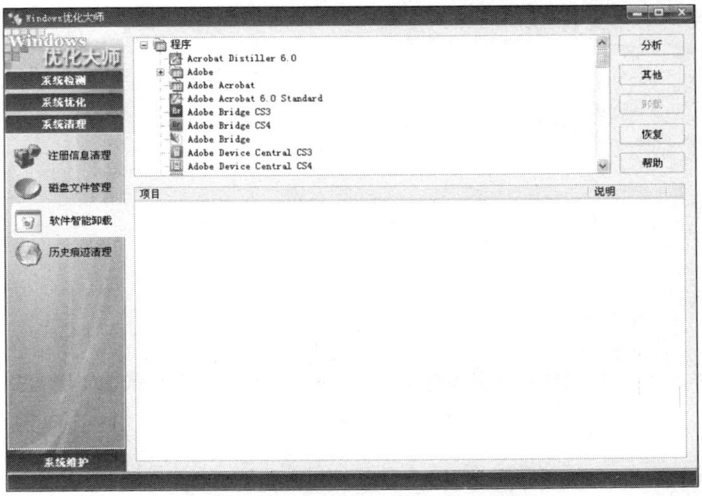

图 4-92　分析要卸载的程序

步骤 3：分析完毕后，弹出“上网助手”自带的卸载程序，根据向导提示完成卸载，如图 4-93 所示。

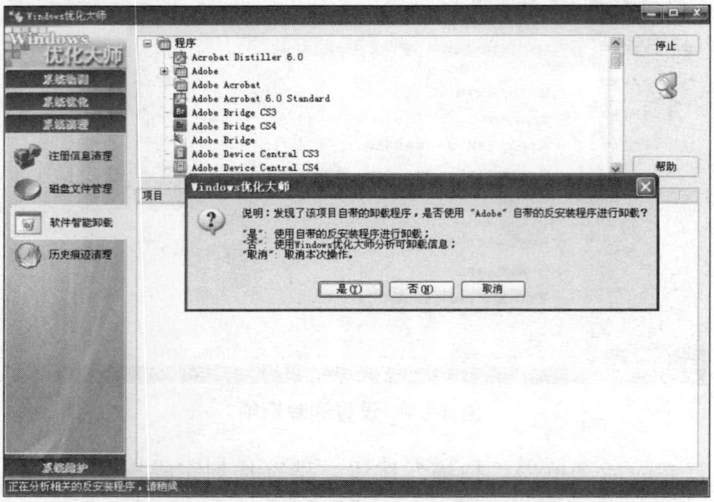

图 4-93　根据向导提示完成卸载

【范例 4-33】 清理注册表。

步骤 1：如果要清理注册表，可以在“系统清理”模块中单击选择“注册信息清理”标签，在右侧窗格中显示其清理内容，如图 4-94 所示。在该功能下可以指定要扫描的注册信息，然后将扫描到的注册信息删除即可。

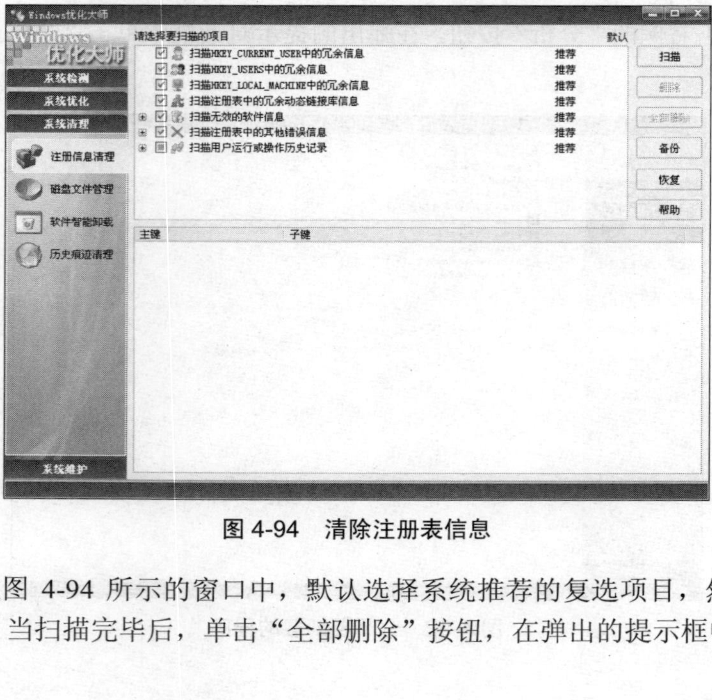

图 4-94　清除注册表信息

步骤 2：在图 4-94 所示的窗口中，默认选择系统推荐的复选项目，然后单击右侧的“扫描”按钮，当扫描完毕后，单击“全部删除”按钮，在弹出的提示框中，询问是否要备份注册表信息，如果需要备份则单击“是”按钮。

步骤 3：当所有的优化设置都完成后，关闭 Windows 优化大师，此时弹出提示框，如图 4-95 所示。如果想立即生效，单击“确定”按钮，启动计算机后所做的优化设置即可生效。

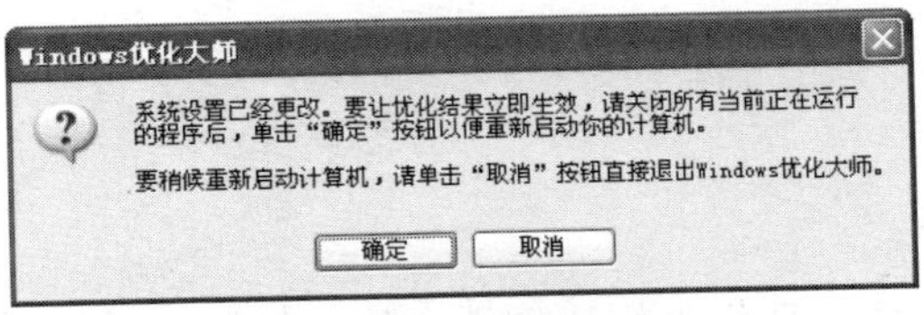

图 4-95　提示对话框

本章习题

1. 填空题

（1）______即计算机的基本输入输出系统（Basic Input—Output System），是集成在主板上的一个 ROM 芯片，其中保存有计算机系统最重要的基本输入/输出程序、系统信息设置、开机上电自检程序和系统启动自举程序。

（2）______就是对计算机资源进行破坏的一组程序或指令集合。该组程序或指令集合能通过某种途径潜伏在计算机存储介质或程序里，当达到某种条件时即被激活。

（3）计算机病毒的特点有______、______、______、______、______和______。

（4）______实际上是一种远程控制软件，国外叫特洛依。

（5）一个硬盘的______也就是包含操作系统启动所必需的文件和数据的硬盘分区。

（6）硬盘读写数据时，存取时间等于______+______。

（7）______是 DOS 的分区命令。

（8）计算机病毒的______是指其依附于其他媒体而寄生的能力。

（9）Windows 优化大师是一款功能强大的系统辅助软件，它提供了全面有效且简便安全的______、______、______、______四大功能模块及数个附加的工具软件。

2. 实训题

（1）在专业人员的指导下，试着对自己的电脑进行 BIOS 升级。

（2）使用瑞星杀毒软件对整个硬盘进行扫描并查杀病毒。

（3）查看自己的计算机系统监视器，并隔一段时间记录一次。

（4）使用 Windows 优化大师对自己的计算机进行系统优化。

第 5 章　计算机系统故障分析与处理

本章导读

一台配置再高、性能再优化的计算机，随着使用时间的加长，也会出现各种各样的问题，比如系统提示文件丢失、非法操作，甚至是蓝屏等故障。因此，掌握一定的解决计算机故障的方法是十分有用和必要的。在本章中，主要介绍了计算机系统软故障原因分析与维护，包括丢失文件、文件版本不匹配、非法操作、蓝屏错误信息、资源耗尽、如何对付死机，以及硬件资源冲突故障分析与排除等内容。

5.1　计算机系统软故障原因分析与维护

5.1.1　丢失文件

文件丢失引起的故障很多，几乎所有用过电脑的人都碰到过，文件丢失往往意味着电脑无法启动，软件无法运行下去。常见的文件丢失故障一般是由于病毒、误操作造成。

1. Windows 无法找到 C：\Windows\Rundll32.exe

Rundll32.exe 是系统提供的一个动态链接库，它用来调用 32 位的 DLL 函数，显然这个问题是该文件被损坏所造成的。我们可以通过下面的方法来恢复它，首先把系统安装盘放入光驱，然后打开“命令提示符”，并输入“expand f:\i386\rundll32.ex_ c:\windows\rundll32.exe”，其中“F:\”是光驱盘符，根据自己的光驱进行更改即可。

2. 查杀病毒后，双击盘符提示：“Windows 无法找到 COMMAND.EXE 文件”

病毒在每个驱动器下都有一个卷标 AutoRun.inf 文件，只要用户双击驱动器，就会激活病毒，我们需要手工来删除 AutoRun.inf 这个文件，在“命令提示符”下输入“attrib autorun.inf -s -h -r”去掉它的“系统”、“只读”、“隐藏”属性，这样输入“del autorun.inf”才可以删除。接着进入注册表查找“COMMAND.EXE”键值项，找到后将整个 shell 子键删除，这样 C 盘就可以打开了，按照同样的方法将其他盘依次也删除即可。

3. 启动 Windows XP 时，出现“hal.dll 文件丢失”的错误提示

这个问题是由于 C 盘下的 Boot.ini 文件被损坏，系统无法读取，只能在 C:\Windows 下寻找系统文件，但由于 Windows XP 并没有安装到 C 盘中，所以就会出现上述错误。解决

方法是重新编辑 Boot.ini 文件，用户既可以到其他电脑（与本机的操作系统个数与系统安装磁盘一样的电脑上）复制 Boot.ini 文件，也可以根据自己电脑的实际情况自己编写一个。介绍 Boot.ini 文件格式的文章有很多，这里不再赘述。

5.1.2 文件版本不匹配

软件发生故障的原因有几个，丢失文件、文件版本不匹配、内存冲突、内存耗尽，具体的情况不同，也许只因为运行了一个特定的软件，也许很严重，类似于一个系统级故障。

为了避免这种错误的出现，我们可以仔细研究一下每种情况发生的原因，看看怎样检测和避免。

绝大多数的 Windows 用户都会不时地向系统中安装各种不同的软件，包括 Windows 的各种补丁，这其中的每一步操作都需要向系统拷贝新文件或者更换现存的文件。每当这个时候，就可能出现新软件不能与现存软件兼容的问题。

因为在安装新软件和 Windows 升级的时候，拷贝到系统中的大多是 DLL 文件，而 DLL 不能与现存软件“合作”是产生大多数非法操作的主要原因，即使会快速关闭被影响的程序，用户也没有额外的时间来保存尚未完成的工作。

在安装新软件之前，先备份\Windows\System 32 文件夹的内容，可以将 DLL 错误出现的几率降低，既然大多数 DLL 错误发生的原因在此，保证 DLL 运行安全是必要的。而绝大多数新软件在安装时也会观察现存的 DLL，如果需要置换新的，会给出提示，一般可以保留新版，标明文件名，以免出现问题。

绝大多数卸载软件也可以用来监视安装，这些监视记录可以保证在以后的卸载时更加准确，另外用户也可以知道哪些文件被修改了，如果提供备份功能，可以保存旧版本的文件和安装过程中被置换的文件。

另一个避免出现 DLL 引起的非法操作的办法是不同时运行不同版本的同一个软件，即使用户为新版本软件准备了另一个新文件夹，如果一定要同时使用两个版本，就会出现非法错误信息。

5.1.3 非法操作

“该程序执行了非法操作，即将关闭。请与用户的软件供应商联系”——这句微软的“名言”是使用 Windows 的用户时常会遇到的麻烦。

1. 深刻理解“当前状态”的概念

虽然 Windows 被称为多任务并行处理系统，能够在后台处理一些实时的工作，但并行的时候各工作之间的影响是无可避免的，速度肯定会受影响。因此 Windows 还是会优先处理当前光标所在的任务，“当前状态”是优先的。当前状态意味着一种优先控制权级，在系统一切正常的时候，它并不会显示出有任何重要，但当用户遇到情况异常的时候，对“当前状态”的适当处理就显得至关重要了。

比如我们每天要用到的虚拟内存，其实就是对系统“当前状态”的一种记录，如果用户先打开 Photoshop 处理图形，途中因为想优化系统或其他的原因改变了虚拟内存的盘符，那么当用户存盘的时候，Photoshop 会出现非法操作，因为它无法跟用户指定的状态同步了。

即使用户没有做这种途中突然的改变，Windows 平台下的其他程序在运行的时候还是会出现原因不明的非法操作的。此时系统会弹出一个对话框让我们“确认”，新手可能会不假思索地没保存自己的工作成果就点击确认，结果劳动成果全部丢失，多数是死机或是自动退出，数小时的心血可能就白忙了。但如果用户理解了“当前状态”的概念，此时，当用户没单击确认非法操作之前，只要鼠标键盘还有响应，控制权就还在现在的软件手里，此时用户就能进行先存盘保存工作成果的操作。

2.“另类”的非法操作处理措施

（1）既然非法操作无法避免，那么出现这类错误时，保留其对话框，先保存我们的工作是一个很重要的措施。因为用户确认非法操作后，可能是关闭这个程序，也可能会是系统崩溃死机，所以不要下意识地确认错误。

（2）在保存完工作后，也建议用户不要确认错误，这样是出于两方面的考虑：

① 避免确认后死机，造成要用 Reset 来重新启动的现象，此时有可能会对硬件不利（尤其是硬盘可能还没复位）。

② 即使确认后 Windows 能继续“正常”工作，也是表面上的——它很可能已经处于崩溃的边缘，所以还是重新启动 Windows 为好。

5.1.4 蓝屏错误信息

蓝屏死机（Blue Screen of Death，简称 BSoD）指的是微软 Windows 操作系统在无法从一个系统错误中恢复过来时所显示的屏幕图像。一个“真正的”死机画面只在 Windows NT 的系统内核无法修复错误时出现，此时用户所能做的唯一一件事就是重新启动操作系统，这将丢失所有未储存的工作，还有可能破坏文件系统的稳定性。蓝屏死机的画面上所显示的信息会有侦错码，例如 STOP: 0x0000004e，以及其简短的错误信息，用户可以在微软的技术支援网站 http://support.microsoft.com 搜寻此侦错码出现时可能是什么原因。但有时错误码并不能让使用者很快地找到导致蓝色画面当机的原因，反而会误导用户，因此可能要以试误法才能找出原因。蓝屏死机一般只在 Windows 遇到一个很严重的错误时才出现。该版本的蓝屏死机出现在 Windows NT 以及基于 Windows NT 的后续版本，例如 Windows XP 中，蓝屏死机的常规解决方法如下：

（1）重新启动计算机。

（2）确保所有新的硬件或软件均已安装正确。每次拔下一个新的硬件设备，看一下是否能消除错误。更换任何经本测试证实有问题的硬件。也可以尝试运行计算机制造商所提供的硬件诊断软件。如果是新安装的硬件或软件，请联系制造商以获取可能需要的 Windows XP 更新版或驱动程序。

（3）依次选择“开始”—“帮助和支持”—“获取支持”，或在 Windows XP 新闻组中查找信息（位于“请求帮助”下），然后选择左侧一栏中的从 Microsoft 获得帮助。

（4）依次选择“开始帮助和支持”，然后选择 Fixing a Problem （纠正问题）（位于“选择一个帮助主题”下），从而得到疑难解答程序的列表。

（5）检查 Microsoft 硬件兼容列表，确认是否所有硬件和驱动程序都与 Windows XP 兼容。

（6）禁用或删除任何新安装的硬件（内存、适配器、硬盘、调制解调器等）、驱动程序或软件。

如果无法启动 Windows XP，可尝试以安全模式启动计算机，然后删除或禁用任何新添加的程序或驱动程序。若要以安全模式启动计算机，请重新启动计算机，并在看到可用操作系统列表时，按下 F8 键。在“高级选项”屏幕上，选择“安全模式”启动。

（7）利用最新版本的反病毒软件，检查计算机上的病毒。如果发现病毒，则执行必要的步骤将其从计算机上清除掉。

（8）核查硬件设备驱动程序和系统 BIOS 是否为最新的版本。硬件制造商可以帮助用户确定最新的版本或获取这些最新版本，禁用 BIOS 内存选项。

5.1.5　资源耗尽

在 Windows 中每运行一个程序，系统资源就会减少。有的程序会消耗大量的系统资源，即使把资源关闭，在内存中还是有一些没有的 DLL 文件在运行，这样就使得系统的运行速度下降，甚至出现资源耗尽的问题。

1. 清除“剪贴板”

当“剪贴板”中存放的是一幅图画或大段文本时，会占用较多内存。应清除“剪贴板”中的内容，释放它占用的系统资源：单击“开始”，指向“程序”，指向“附件”，指向“系统工具”，单击“剪贴板查看程序”，然后在“编辑”菜单上，单击“删除”命令。

2. 重新启动计算机

如果只退出程序，并不重新启动计算机，程序可能无法将占用的资源归还给系统。应重新启动计算机以释放系统资源。

3. 减少自动运行的程序

如果在启动 Windows 时自动运行的程序太多，那么，即使重新启动计算机，也将没有足够的系统资源用于运行其他程序。设置 Windows 不启动过多程序的方法如下：

（1）单击“开始→运行”，键入“msconfig”，单击“确定”按钮，如图 5-1 所示。

（2）单击“启动”选卡，清除不需要自启动的程序前的复选框，如图 5-2 所示。然后，重新启动计算机。

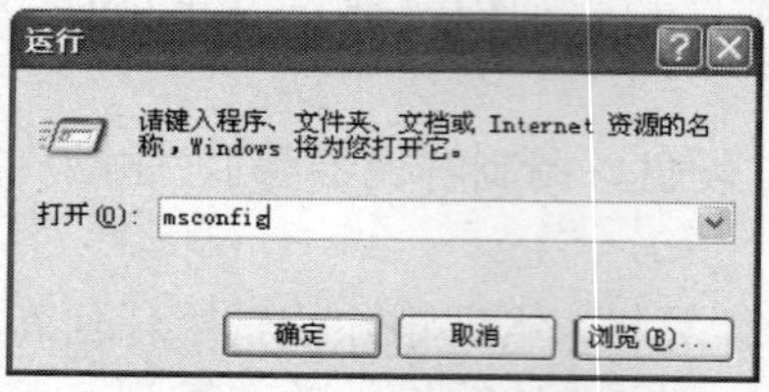

图 5-1 “运行”对话框

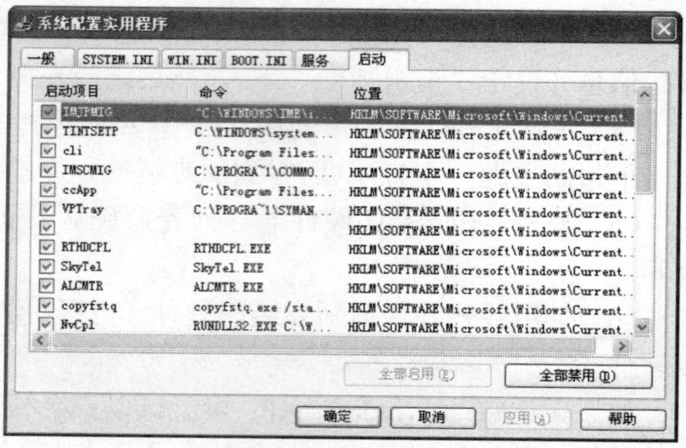

图 5-2 “启动”选项卡

4. 设置虚拟内存

虚拟内存不足也会造成系统运行错误。可以在“系统属性”对话框中手动配置虚拟内存，如图 5-3 所示，把虚拟内存的默认位置转到可用空间大的其他磁盘分区。

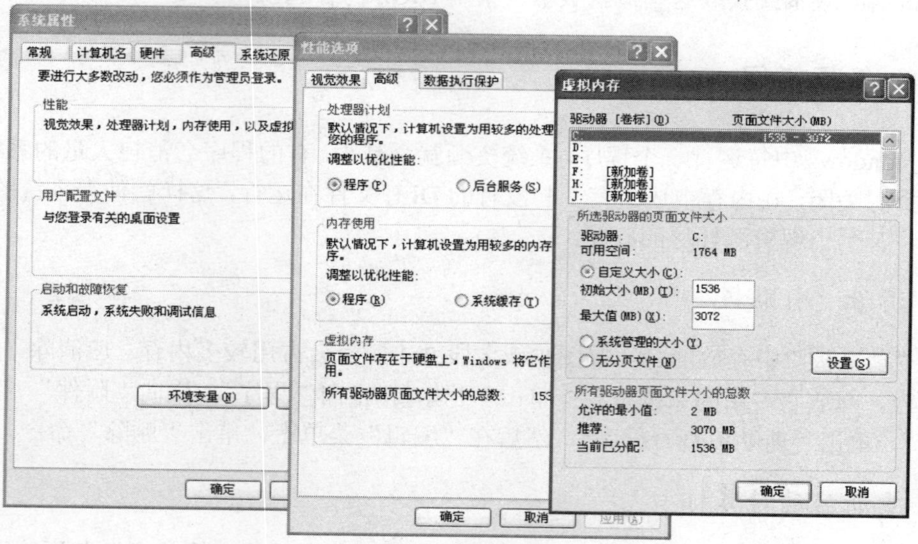

图 5-3 设置虚拟内存

5. 应用程序存在 Bug 或毁坏

有些应用程序设计上存在 Bug 或者已被毁坏，运行时就可能与 Windows 发生冲突或争夺资源，造成系统资源不足。解决方法有两种：一是升级问题软件，二是将此软件卸载，改装其他同类软件。

6. 内存优化软件

不少的内存优化软件，如 RAM Idle 和 Memo Kit 都能够自动清空“剪贴板”、释放被关闭程序未释放的系统资源、对虚拟内存文件（Win386.swp）进行重新组织等，免除手工操作的麻烦，达到自动释放系统资源的目的。

5.1.6　如何对付死机

我们都知道，在计算机正常工作的时候，不能按 Reset 键或电源键，但如果计算机死机了就只能这样做来恢复。

死机就是电脑显示器屏幕对键盘、鼠标都没有反应，甚至敲击键盘和移动鼠标会发出“嘟嘟”声的情况。

死机是怎样产生的呢？CPU 在工作时，不断地与内存交换数据。由于程序设计上的漏洞，或者在程序处理时，分配了不合理的内存地址或空间，这些空间正被其他程序所使用，使得 CPU 分不清哪些数据是要处理的，哪些是不用处理的。此时 CPU 就认为这些操作是非法的，不再继续工作，这就是我们说的真死机。

但有时只是某个程序产生了错误使计算机不再运行，当我们按下组合键 Ctrl+Alt+Del 时，会弹出“Windows 安全”对话框，如图 5-4 所示，单击其中的“任务管理器”按钮。

此时会弹出“Windows 任务管理器”对话框，如图 5-5 所示。在“应用程序”选项卡里面显示了所有正在运行的程序，选择未响应的程序，并单击“结束进程”按钮。

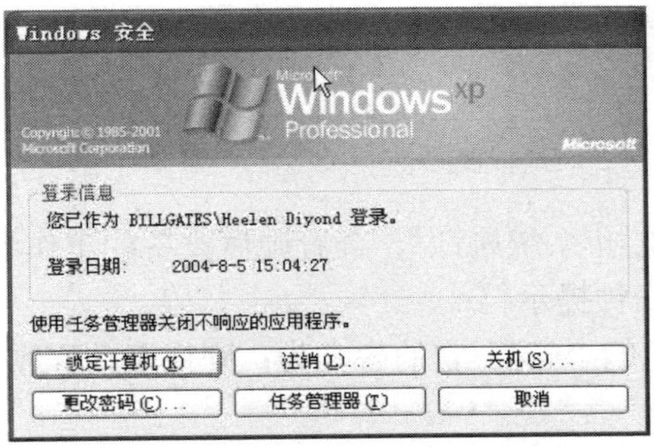

图 5-4 “Windows 安全”对话框

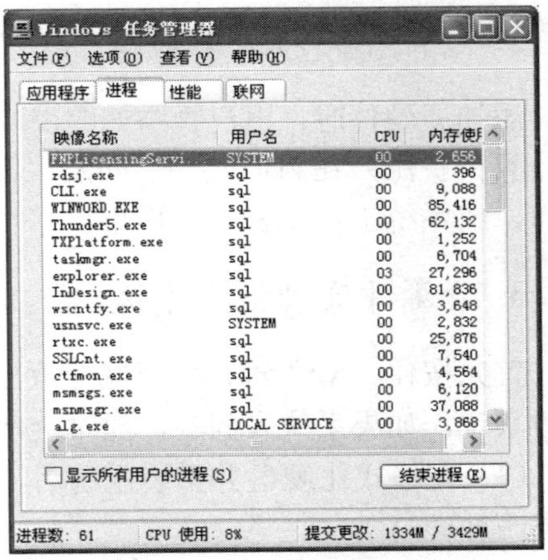

图 5-5 “Windows 任务管理器”对话框

此时会出现如图 5-6 所示的“结束程序”对话框。单击“立即结束”按钮，计算机就恢复到了正常的状态，这叫假死机。

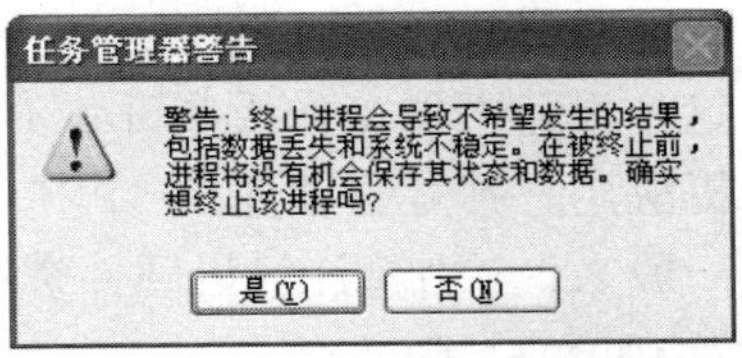

图 5-6 “任务管理器警告”对话框

由此可以看出：电脑发生死机后首先要先试试热启动，即按 Ctrl+Alt+Del 组合键，选择未响应的程序，再单击“结束任务”，然后单击“立即结束”按钮。

如果计算机发生了真死机，按下计算机主机箱上的复位键 Reset，计算机就会重新启动。

按 Reset 键和关机再开机的作用差不多，但开关计算机时强大的电流会对计算机内的部件产生一定的冲击，所以在需要重新启动计算机时尽量使用Reset键，而不要关机再开机。

由于死机后重启的计算机并不是正常关机，所以在计算机重启后，系统有可能会自动启动磁盘扫描程序来检测硬盘。

5.2 硬件资源冲突故障分析与排除

5.2.1 硬件之间的资源冲突与排除

1. 硬件资源冲突的典型表现

- 当用户添加新硬件时或添加新硬件后系统经常无缘无故地死机、黑屏；
- 启动时，无故进入安全模式；
- 声卡和鼠标不能正常工作或彻底罢工；
- 按住“Alt”键，用鼠标双击“我的电脑”图标查看系统属性时，有惊叹号出现；
- 打印机和扫描仪工作不正常；
- 计算机病毒作怪。

2. 硬件冲突的主要原因

添加新硬件时，用户新添加的硬件占用了原有设备的IRQ中断、DMA通道、I/O地址等计算机资源，在新旧硬件之间发生了资源冲突。这将导致一个或多个硬件设备无法正常工作，或系统工作不稳定的后果。

3. 资源冲突的检查方法

首先按住“Alt”键，再用鼠标双击“我的电脑/系统属性”，查看硬件设备的工作状态。一般来说，如果系统有问题，通常会出现以下三种提示符：

（1）在格式化硬盘并重装系统后，出现黄色的“？”。它的含义为：硬件驱动程序错误或资源冲突。

（2）在为用户的系统添加新硬件时，出现带有圆圈的蓝色“！”号。它的含义为：该设备基本能够使用，但系统认为它有问题，仍可正常工作。

（3）在为计算机系统添加新硬件时，导致严重冲突，而出现红色“×”号。它的含义为：这个设备不能工作或该设备不存在，它会使系统经常以“安全模式”启动或经常在启动时提醒用户搜索新硬件。

一般来说，引起计算机硬件资源冲突的硬件，主要在PCI1插槽之间或PCI插槽与鼠标接口及COM1、COM2之间，还有ISA插槽与打印机LPT1并口之间。显卡与主板的冲突比较好判断，一般系统经常以“安全模式”启动或经常在启动时提醒用户搜索新硬件；经常提醒用户搜索显卡的最新驱动程序。例如：I740显卡与使用VIA693芯片主板之间的冲突，也有AGP显卡与PCI声卡之间的冲突，但此类冲突并不多见。

4. 硬件资源冲突的解决方法

硬件资源冲突并不是很难解决，但首选的解决方法是能够更换引起冲突的硬件。如果条件不允许就只好用以下方法来解决了。

（1）更改硬件资源设置

单击“开始/设置/控制面板”，双击“系统/设备管理器”选项卡。单击有问题的设备后，点击“属性”按钮。进入该设备的属性设置窗口，然后选择“资源”选项卡；用笔将“资源”选项卡中有问题的 IRQ 中断、I/O 地址及 DMA 通道记录在纸上作为备用。

修改硬件资源配置。在设备的属性设置窗口的“资源”选项卡中，选择手动配置。在配置之前，我们应先了解一些硬件知识与硬件资源的占用情况。一般来说资源占用大户应首推声卡，它至少占用一个 IRQ 中断、两个 DMA 通道与多个 I/O 地址；其次为 SCSI 卡，它占用一部分 I/O 地址与一个 IRQ 中断及一个 DMA 通道；还有 MODEM 卡与网卡都是较大的系统资源占用者。在修改硬件资源配置时，我们应首先找到有问题的设备。一般在系统属性的设备管理器窗口，会发现上面所讲的三种提示符。并针对每一种提示符选择相应的解决方法。

- 黄色的“？ ”。针对这种提示符，首先应上网下载该设备的最新驱动程序。下载之后，先在“系统属性/设备管理器”窗口删除该设备，并在“系统属性/设备管理器”窗口点击“刷新”按钮。按提示重新安装驱动程序。然后，在“系统属性/设备管理器”窗口查看黄色的“？ ”是否仍然存在。一般来说，这种冲突不属于真正意义上的冲突，它的主要原因是系统没有正确识别该硬件，或驱动程序不正确。不过也有例外，即驱动程序与系统软件冲突，一般升级驱动程序都可以解决该问题。
- 带有圆圈的蓝色“！”号。这种提示符表示该硬件能够工作并且驱动程序安装正确，但该设备的一部分与系统其他硬件有冲突。一般来说，可以通过更换该硬件的插槽来解决这种冲突。

（2）更换插槽

更换插槽是一种简单而有效的方法，有些小品牌主板的兼容性不怎么好，所以使用这些主板的用户，在选购硬件时，应注意兼容性的问题。如果用户的主板上有五个 PCI 插槽，当用户使用两个以上的 PCI 设备时，应尽量不使用 PCI1 插槽，以避免发生冲突。在用户添加新设备时，还应详细阅读该设备的说明书。

（3）设置 BIOS

当以上两种方法都无法解决用户的冲突问题时，可以试着在 BIOS 中屏蔽某些不用的设备端口，例如“串口（COM1、COM2）、并口（LPT1）及红外线接口”等。必要的时候也可以屏蔽掉 USB 端口。同时也可以将 BIOS 中“PNP OS Installed”设置为“Yes”，它可让操作系统重新设置中断。

5.2.2　硬件与软件之间的资源冲突

计算机的软件或者硬件设备要想能够正常工作，那么它必须能与主机系统进行相互通信才行，但当有些新驱动程序、设备或板卡安装到计算机上之后，该新设备往往与已存在的某个硬件设备之间因使用同一资源而产生资源冲突，所以就会导致这两个设备之间出现不能正常工作的情况，从而导致了冲突的产生。

本章习题

问答题

（1）如果系统提示“Windows 无法找到 C：\Windows\Rundll32.exe”，则应该如何处理？

（2）如果系统出现蓝屏错误信息，则应该如何进行操作？

（3）如果系统突然死机，但鼠标还可以移动，此时应该如何正确处理？

第 6 章　计算机硬件检测与维修

本章导读

组装好的计算机，在使用过程中偶尔会出现各种各样由于硬件而产生的问题，这时，我们就需要通过专业的工具来检测各种硬件，从而发现出问题的计算机硬件，然后对症下药解决问题。在本章中，我们主要介绍了常用计算机维修工具、计算机的维修规范以及计算机部件常见故障与解决方法。

6.1　常用维修工具

计算机技术发展到今天可以说已经达到了前所未有的高度，在易用性上也大大的改善了，然而在装机及使用的时候却经常发生一些问题。经常装机的人一定深有体会，当用户辛辛苦苦地买回来一大堆配件，满头大汗地把它们装在一起后，忐忑不安地按下电源开关，如果一切顺利还好办，可是更常见的是机器点不亮，或者计算机喇叭发出一段动听的错误声音信号，然后死锁，究竟是什么地方出了毛病根本看不出来，只能挨个更换可疑的配件。最终问题的解决可能不是很难，最难的是判断故障的所在位置。为此，许多专业的检测和维修工具诞生了，在本节中，我们将主要介绍主板诊断卡、数字万用表、防静电工具和清洁工具，以及示波器的使用等内容。

6.1.1　主板诊断卡

1. 计算机上的故障分析

计算机上的故障，按显示器上是否有显示为界，可以分成两大类故障：一类故障称为“关键性故障”。计算机在开机时都要进行上电自检（Power On Self Test，即 POST），在主板 BIOS 的引导下，严格检测系统的各个组件，如果计算机存在硬件故障，一般情况下会在此时反映出来。POST 的过程大致为：加电→CPU→ROM BIOS→System Clock→DMA→64Kb RAM→IRQ→Display Card 等，检测显卡以前的过程称为关键性部件测试，任何关键性部件有问题，计算机都将处于挂起状态，只能按 Reset 键或重新开机，这一类故障就属于“关键性故障”，习惯上又将这些故障称为“核心故障”。产生核心故障的器件主要有：主板、CPU、显卡、内存和电源等；另一类故障称为“非关键性故障”。检测完显卡后，计算机将对其余的内存、I/O 口、软硬盘驱动器、键盘、即插即用设备、CMOS 设置等进行检测，并在屏幕上显示各种信息和出错报告。在这期间检测到的故障，就是“非关键性故障”。此时如果有不正常的设备，就会在相应的检测部位停下来并报告错误信息，提示用户选择是继续进行还是重新启动计算机；如果一切正常，计算机将设备清单在屏幕上显示出来，并按 CMOS 中设定的系统启动驱动器，装载引导程序（boot）启动系统。

根据 POST 时显示的出错信息，我们可以方便地找到有问题的设备，但问题是，对于关键性故障，由于此时屏幕还没有信号，面对黑黑的屏幕，我们只能凭借计算机喇叭发出的不同的声音来判断问题的所在位置，由于计算机喇叭发出的错误提示种类繁多，用户记忆起来非常的困难，这就对一般用户形成了难以逾越的障碍，再加上计算机喇叭发出的故障提示有时并不是十分的准确，我们并不能够将故障位置精确地定位，所以即使是专业的维修人员也要花费很多的时间来检查故障位置。

精英、微星、磐英等主板上集成了硬件侦错（Debug）系统，在计算机开机时，该系统会自动检测主板上各种设备的状态，如果有部件发生了故障，会给出相关的信息，根据这些信息，使用者可以快速判断出主板故障发生的位置和原因，而且非常的准确，无需再进行任何的核实，就可以进行维修。

目前，主板上的硬件侦错技术可以有 3 类，一类是以微星公司的 D-LED 技术为代表的指示灯型（如图 6-1 所示），该技术是将主板中 BIOS 的工作指令与主板上的 4 个不同颜色的发光二极管相联结，通过发光管发光的不同组合（4 个发光管共有 16 组状态），将主板的工作情况表达出来，通过查询该主板上的用户手册就可以得知不同的灯光形式所代表的故障含义，从而达到将电脑工作出现的故障可视化的目的。

数码指示灯型（如图 6-2 所示）是用数码管代替二极管，也就是用两位数字的显示来代替四位的发达二极管，完成同样的故障显示功能。与指示灯型相比，这个显示技术就显得更成熟一些了。它可以显示出 0～99 之间的任意数字状态，比发光二极管的 16 种状态要多许多，另外，两位数字的代码显示对于快速查寻故障手册，也显得方便了许多。现在磐英的主板大多在使用这个技术，而且效果也很好。

图 6-1　指示灯型硬件侦错技术

图 6-2　数码指示灯型硬件侦错技术

语音提示型被誉为第三代的主板 Debug 技术，这个技术在大众公司的主板中比较常见，这项技术是把语音提示与主板的报错代码联系起来，具有一定的判断能力，智能化水平较上面两个均有大幅的提高。在正常工作的情况下，语音系统并不发音，但是一旦主板工作出现问题，那么该功能将会自动启用，用清晰的语音向用户发出提示，方便用户的检查，从而达到方便地维修主机的目的。

如果用户的主板不带硬件侦错功能的话也不要着急，用户可以通过一块具有硬件侦错功能的外接卡来实现上述的功能，现在市面上已经开始出现这样的产品了，称为 Debug 卡、诊断卡或 POST 卡。

2. 主板诊断卡简介

主板诊断卡也叫 DEBUG 卡，是一种专业硬件故障检测设备，它利用其自身的硬件电路读取 80H 地址内的 POST CODE，并经译码器译码，最后由数码 LED 指示灯将代码一一显示出来，其原理与 POST 自检是一致的，如图 6-3 所示。这样就可以通过 DEBUG 卡上显示的 16 进制代码判断问题出在硬件的哪个部分，而不用仅依靠计算机主板单调的警告声来粗略判断硬件错误了。诊断卡是利用自身的 BIOS POST 程序，来读取诊断端口的 POST 代码，因此不受主板 BIOS 芯片限制，可以在主板 BIOS 损坏的情况下，正常诊断。它还利用诊断卡自身的发光二级管，来显示各组电压工作状态。通过它可知道硬件检测没有通过的是内存还是 CPU，或者是其他硬件，方便直观地解决棘手的主板问题。

图 6-3　主板诊断卡

目前的主板诊断卡通常带有 ISA 和 PCI 两种接口，可以方便地使用在大多数主板上，而且插反后也不会烧毁主板或诊断卡（非常适合于初级用户）；卡上有两位数字 LED 提示灯；倘若计算机无法启动时将其插入故障主板的相应插槽中，接通电源后，根据 LED 指示灯最后停滞的数字，参照随卡附带的故障列表手册，就能知道主板故障所在。而且最新的诊断卡，可以通过诊断卡的主板运行检测灯，方便地检测出是主板本身的故障还是主板上其他硬件的故障。

3. 主板诊断卡的工作原理

主板诊断卡的工作原理其实很简单，每个厂家的 BIOS，无论是 AWARD、AMI 还是 PHOENIX 的，都有所谓的 POST CODE，即开机自我侦测代码，当 BIOS 要进行某项测试动作时，首先将该 POST CODE 写入 80H 地址，如果测试顺利完成，再写入下一个 POST CODE，因此，如果发生错误或死机，根据 80H 地址的 POST CODE 值，就可以了解问题出在什么地方。

常见的错误代码含义如下。

①“C1”：内存读写测试，如果内存没有插上，或者频率太高，会被 BIOS 认为没有内存条，那么 POST 就会停留在“C1”处。

②“0D”：表示显卡没有插好或者没有显卡，此时，蜂鸣器也会发出嘟嘟声。

③“2B”：测试磁盘驱动器，硬盘控制器出现问题时会显示“2B”。

④“FF”：表示对所有配件的一切检测都通过了。但如果一开机就显示“FF”，这并不表示系统正常，而是主板的 BIOS 出现了故障。导致的原因可能有 CPU 没插好、CPU 核心电压没调好、CPU 频率过高、主板有问题等。

4. 主板诊断卡的使用

首先把 DEBUG 卡插到故障主板上，CPU、内存、扩充卡都不插，只插上主板的电源，此时，DEBUG 卡有如下几种测试情况：

① 主振灯应亮，否则主板不起振。

② 复位信号灯应亮半秒钟后熄灭，若不亮，则主板无复位信号而不能用；如果常亮，则主板总处于复位状态，无法向下进行。初学者常把加速开关线当成复位线插到了复位插针上，导致复位灯常亮，复位电路损坏也会导致此故障。

③ 分频信号灯应亮，否则说明分频部分有故障。

④ +5V、-5V、+12V、-12V（新式卡多了+3V、-3V）4 个（6 个）电源指示灯应足够亮，不亮或亮度不够，说明开关电源输出不正常，或者是主板对电源短路或开路。

⑤ BIOS 信号灯因无 CPU 不亮是正常的，但若插上完好的 CPU 后，BIOS 灯应无规则地闪亮，否则说明 CPU 坏或跳线不正确或主板损坏。DEBUG 卡的这一功能相当有效，像 -5V、-12V 这样的电压值在计算机组件中极少用到，使用时间很长的计算机电源，其-5V 和-12V 可能已经损坏，但平时看不出来，现在，通过 DEBUG 卡上的指示灯就可方便地解决这个问题。

排除了以上简单的故障后，把有关的扩展卡插上（一般只组成最小系统），根据开机后显示的代码，就可以直接找到有问题的配件，从而方便地解决装机时出现的硬件错误，比如内存、显卡、CPU 等硬件的接触错误，BIOS、CPU 缓存的功能错误等。

6.1.2 数字万用表

数字万用表又叫数字多用表、数字三用表、数字复用表，是一种多功能、多量程的测量仪表，最初的万用表可测量直流电流、直流电压、交流电压、电阻等，后来随着技术的发展，万用表的测量功能得到了很大的扩充，现在的万用表已经发展到了可以测量交流电压、直流电压、交流电流、直流电流、电阻、电容、二极管、通断性、频率、温度、占空比、脉宽、相对值、dBV、dBmV、电导电感量及半导体的一些参数等。

最初出现的为指针万用表，现在，数字式万用表已成为主流，有取代模拟式仪表的趋势。与模拟式仪表相比，数字式仪表具有灵敏度高、准确度高、显示清晰、过载能力强、便于携带、使用更简单等优势。

1. 数字万用表工作原理

数字万用表是广大电子技术人员和电子爱好者从事电子测量及维修工作的必备仪表。

数字万用表有台式数字万用表和便携式数字万用表。便携式（亦称手持式）数字万用表以其功能完善、通用性强、价格低、耗电省、便于携带等显著优点，深受广大用户的青睐。

数字万用表是在 20 世纪 60 年代问世的。我国的数字万用表工业起步于 70 年代中期，先后经历了引进、发展、技术创新这 3 个阶段。

目前，我国数字万用表的产量已跃居世界首位，便携式数字万用表的年产量已超过 1000 万块（台），产品远销世界 100 多个国家或地区。

对广大用户而言，学会正确使用数字万用表是工作的前提条件，熟悉其工作原理是工作的基础，本文根据数字万用表不同的内部结构简述其工作原理。

数字万用表根据内部结构的不同，可以分为普通数字万用表、单片数字万用表和智能数字万用表。

普通数字万用表是指采用分立电路来实现万用表的功能，它的主要特点是：实现的功能少、内部电路复杂、测量精度较差和耗电量大等。普通万用表能实现的功能有：测量交直流电压、测量交直流电流和测量电阻。有些普通万用表也可以测量二极管和三极管的放大倍数。普通数字万用表内部电路主要包括：直流数字电压表、交流—直流转换电路、电流—电压转换电路、电阻—电压转换电路、电源供电电路和显示驱动电路。普通数字万用表的核心在于直流数字电压表，它由阻容滤波器、前置放大电路和模数转换电路组成。

普通数字万用表的基本工作原理是检测的信号经万用表的表笔接入万用表，信号进行阻容滤波和前置放大，然后万用表根据用户选择的相应档位进行相应的信号转换，再将模拟信号转换成数字信号，最后将数值经显示驱动电路输出在显示屏幕上。

单片数字万用表是指采用单片机来实现万用表的功能，它的主要特点是：实现的功能增多、内部电路简单、测量较准确和耗电量较少等。单片数字万用表能实现的功能有：测量交直流电压、测量交直流电流、测量电阻、测量通断性、测量二极管和测量电容等。单片数字万用表内部电路主要包括：单片机主芯片、A/D 转换器、DCV 转换器、AC/DC 转换器、I/U 转换器、R/U 转换器、电源供电电路显示驱动电路。

单片数字万用表的基本工作原理是：万用表根据用户选择的档位将检测的信号进行相应的数值转换，再经单片机进行处理再送至显示驱动电路，最后将相应的数值显示在显示屏幕上。

智能数字万用表是指利用 DSP、ARM 等芯片组成来实现万用表的功能，它的主要特点是：实现的功能全面并可增设许多功能、内部电路较复杂、测量精度高和耗电量低等。

智能数字万用表包含单片数字万用表的基本电路结构，工作原理同单片数字万用表类似。

2. 数字万用表结构

数字万用表的结构主要包括：显示屏、功能按键、旋转开关、接线端口，如图 6-4 所示。

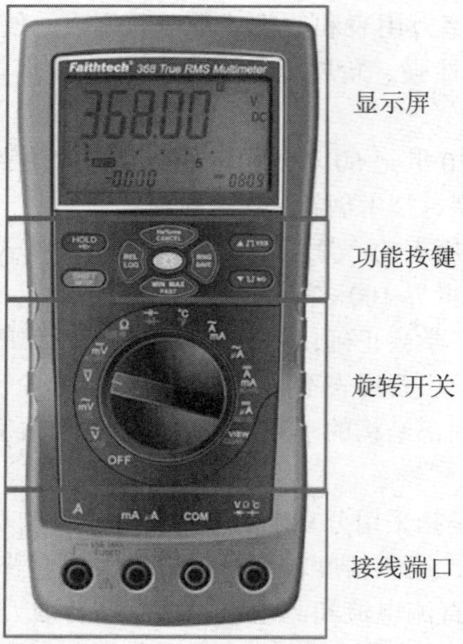

图 6-4　FT368 数据存储真有效值万用表结构示图

3. 使用注意事项

（1）如果无法预先估计被测电压或电流的大小，则应先拨至最高量程档测量一次，再视情况逐渐把量程减小到合适位置。测量完毕，应将量程开关拨到最高电压档，并关闭电源。

（2）满量程时，仪表仅在最高位显示数字“1”，其他位均消失，这时应选择更高的量程。

（3）测量电压时，应将数字万用表与被测电路并联。测电流时应与被测电路串联，测直流量时不必考虑正、负极性。

（4）当误用交流电压档去测量直流电压，或者误用直流电压档去测量交流电压时，显示屏将显示“000”，或低位上的数字出现跳动。

（5）禁止在测量高电压（220V 以上）或大电流（0.5A 以上）时更换量程，以防止产生电弧，烧毁开关触点。

（6）当万用表显示“BATT”或“LOW BAT”时，表示电池电压低于工作电压。

6.1.3 防静电工具和清洁工具

在计算机维护方面，如何正确防静电和使用防静电工具是需要考虑的问题，计算机维修中如果不设置防静电装置常常会给计算机元件带来危害。

常用防静电工具主要有防静电服装、防静电手腕带等。防静电服装和腕带是消除人体静电系统的重要组成部分，可以消除或控制人体静电的产生，从而减少制造过程中最主要的静电来源。

防静电服装包括防静电连体服、防静电分体服、防静电大褂、防静电鞋、帽、防静电手套、防静电手指套等。

防静电手腕带是操作人员在接触电子元器件时最重要的防静电产品，通过接地通路，可以将人体所带的静电荷安全地释放掉。它由防静电松紧带、活动按扣、弹簧软线、保护电阻及插头或夹头组成。

计算机主机是闭合的，可是长时间不清洁，里面会非常脏。因为计算机是带电作业，对粉尘的吸附能力很强，粉尘的危害很大，会阻碍风扇的正常工作，轻者造成耗电量增大、散热效果差、影响网速，重者可导致死机，甚至将主板烧坏。因此，应定期对计算机主机内箱进行专业技术清洁、消毒、杀菌、养护，以保障计算机主机的正常运行，延长主机设备的使用寿命。

常用清洁工具主要有防静电毛刷、防静电吸尘器和静电消除液等。

6.1.4 示波器的使用

示波器是一种能够显示电压信号动态波形的电子测量仪器，如图 6-5 所示。它能够将时变的电压信号，转换为时间域上的曲线，原来不可见的电气信号，就此转换为在二维平面上的直观可见光信号，因此能够分析电气信号的时域性质。更高级的示波器，甚至能够对输入的时间信号，进行频谱分析，反映输入信号的频域特性。

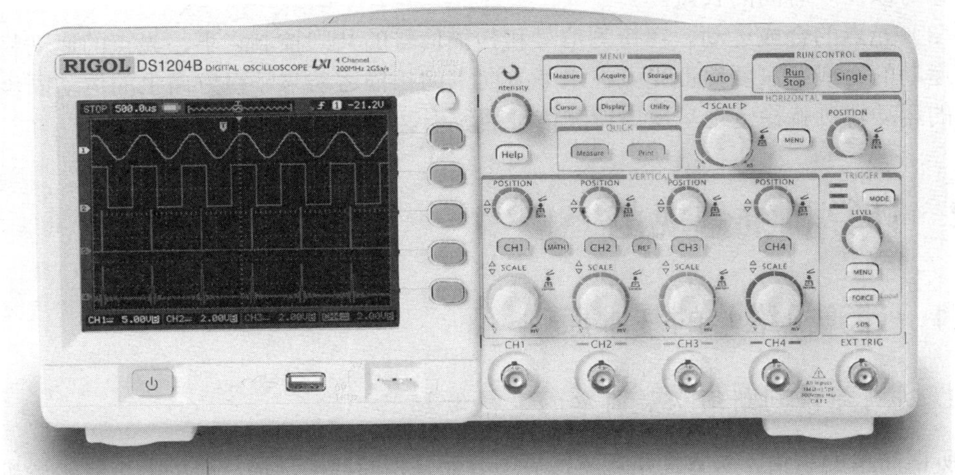

图 6-5 示波器

1. 示波器的分类

示波器大致可分为模拟、数字和组合 3 类。

模拟示波器采用的是模拟电路（示波管，其基础是电子枪）电子枪向屏幕发射电子，发射的电子经聚焦形成电子束，并打到屏幕上。屏幕的内表面涂有荧光物质，这样电子束打中的点就会发出光来。

数字示波器是数据采集、A/D 转换、软件编程等一系列的技术制造出来的高性能示波器。数字示波器一般支持多级菜单，能提供给用户多种选择，多种分析功能。还有一些示波器可以提供存储，实现对波形的保存和处理。

混合信号示波器则是把数字示波器对信号细节的分析能力和逻辑分析仪多通道定时测量能力组合在一起的仪器。

2. 工作原理简介

示波器显示信号波形的过程与绘图的过程类似：白纸对应荧光屏、画笔对应光点、控制画笔作上下左右运动的手对应控制光点上下左右运动的待测信号与扫描信号。所不同的是示波器显示出来的波形仅仅是光点在待测信号与扫描信号的控制之下的运动轨迹，只要光点的运动速度足够快，由于人眼的视觉暂留和荧光屏的余辉效应，我们就可以看到光点的运动轨迹呈现为一完整的待测信号波形。

（1）光点在竖直方向的运动。光点在竖直方向的运动受到待测信号的控制，待测信号的电压瞬时值越大，光点在竖直方向上的位移就越大。光点在竖直方向的位移的大小反映了待测信号电压瞬时值的大小。

（2）光点在水平方向的运动。光点在水平方向的运动受到由机器内部产生的扫描信号的控制，其运动规律为：光点从荧光屏的最左端，接着开始第二次扫描，当扫描速度足够快时，我们看到的就是一条水平扫描线。因为扫描是匀速进行的，所以光点在水平方向上的位移可以反映时间的长短。

（3）光点的合成运动。在待测信号和扫描信号的共同控制之下，光点的运动将是前述两种运动的合成。只要保证光点在水平方向上的扫描运动与竖直方向上的运动同步，那么光点的运动轨迹就稳定地呈现出待测信号的波形。

6.2 计算机维修规范

6.2.1 计算机维修的基本原则

1. 进行维修判断须从最简单的事情做起

所谓简单的事情，一方面指观察，另一方面是指简捷的环境。简单的事情就是观察，它包括：

（1）电脑周围的环境情况——位置、电源、连接、其他设备、温度与湿度等；

（2）电脑所表现的现象、显示的内容，及它们与正常情况下的异同；

（3）电脑内部的环境情况——灰尘、连接、器件的颜色、部件的形状、指示灯的状态等；

（4）电脑的软硬件配置——安装了何种硬件，资源的使用情况；使用的是何种操作系统，其上又安装了何种应用软件；硬件的设置驱动程序版本等。

简捷的环境包括：

（1）后续将提到的最小系统；

（2）在判断的环境中，仅包括基本的运行部件/软件，和被怀疑有故障的部件/软件；

（3）在一个干净的系统中，添加用户的应用（硬件、软件）来进行分析判断。

从简单的事情做起，有利于精力的集中，有利于进行故障的判断与定位。一定要注意，必须通过认真的观察后，才能进行判断与维修。

2. 根据观察到的现象，要“先想后做”

先想后做，包括以下几个方面：

（1）先想好怎样做、从何处入手，再实际动手。也可以说是先分析判断，再进行维修。

（2）对于所观察到的现象，尽可能地先查阅相关的资料，看有无相应的技术要求、使用特点等，然后根据查阅到的资料，结合下面要谈到的内容，再着手维修。

（3）在分析判断的过程中，要根据自身已有的知识、经验来进行判断，对于自己不太了解或根本不了解的，一定要先向有经验的同事或你的技术支持工程师咨询，寻求帮助。

3. 在大多数的电脑维修判断中，必须“先软后硬”

即从整个维修判断的过程看，总是先判断是否为软件故障，先检查软件问题，当可判软件环境是正常时，如果故障不能消失，再从硬件方面着手检查。

4. 在维修过程中要分清主次，即“抓主要矛盾”

在复现故障现象时，有时可能会看到一台故障机不止有一个故障现象，而是有两个或两个以上的故障现象（如：启动过程中无显，但机器也在启动，同时启动完后，有死机的现象等）。此时，应该先判断、维修主要的故障现象，当修复后，再维修次要故障现象，有时可能次要故障现象已不需要维修了。

6.2.2 计算机维修的基本方法

1. 观察法

观察是维修判断过程中第一要法，它贯穿于整个维修过程中。观察不仅要认真，而且要全面。要观察的内容包括：

- 周围的环境；
- 硬件环境，包括接插头、座和槽等；
- 软件环境；
- 用户操作的习惯、过程。

2. 最小系统法

最小系统是指从维修判断的角度能使电脑开机或运行的最基本的硬件和软件环境。最小系统有两种形式：

- 硬件最小系统：由电源、主板和 CPU 组成。在这个系统中，没有任何信号线的连接，只有电源到主板的电源连接。在判断过程中是通过声音来判断这一核心组成部分是否可正常工作；

- 软件最小系统：由电源、主板、CPU、内存、显示卡/显示器、键盘和硬盘组成。这个最小系统主要用来判断系统是否可完成正常的启动与运行。

对于软件最小环境，就“软件”有以下几点要说明：

（1）硬盘中的软件环境，保留着原先的软件环境，只是在分析判断时，根据需要进行隔离（如卸载、屏蔽等）。保留原有的软件环境，主要是用来分析判断应用软件方面的问题。

（2）硬盘中的软件环境，只有一个基本的操作系统环境（可能是卸载掉所有应用，或是重新安装一个干净的操作系统），然后根据分析判断的需要，加载需要的应用。需要使用一个干净的操作系统环境，是要判断系统问题、软件冲突或软、硬件间的冲突问题。

（3）在软件最小系统下，可根据需要添加或更改适当的硬件。如：在判断启动故障时，由于硬盘不能启动，想检查一下能否从其他驱动器启动。这时，可在软件最小系统下加入一个U盘或干脆用U盘替换硬盘，来检查。又如：在判断音视频方面的故障时，应需要在软件最小系统中加入声卡；在判断网络问题时，就应在软件最小系统中加入网卡等。

最小系统法主要是要先判断在最基本的软、硬件环境中，系统是否可正常工作。如果不能正常工作，即可判定最基本的软、硬件部件有故障，从而起到故障隔离的作用。最小系统法与逐步添加法结合，能较快速地定位发生在其他板软件的故障，提高维修效率。

3. 逐步添加/去除法

逐步添加法以最小系统为基础，每次只向系统添加一个部件/设备或软件，来检查故障现象是否消失或发生变化，以此来判断并定位故障部位。

逐步去除法正好与逐步添加法的操作相反。逐步添加/去除法一般要与替换法配合，才能较为准确地定位故障部位。

4. 隔离法

隔离法是将可能妨碍故障判断的硬件或软件屏蔽起来的一种判断方法。它也是可用来将怀疑相互冲突的硬件、软件隔离开以判断故障是否发生变化的一种方法。

以上提到的软硬件屏蔽，对于软件来说，即是停止其运行，或者是卸载；对于硬件来说，是在设备管理器中，禁用、卸载其驱动，或干脆将硬件从系统中去除。

5. 替换法

替换法是用好的部件去代替可能有故障的部件，以判断故障现象是否消失的一种维修方法。好的部件可以是同型号的，也可能是不同型号的。替换的顺序一般为：

（1）根据故障的现象或第二部分中的故障类别，来考虑需要进行替换的部件或设备。

（2）按先简单后复杂的顺序进行替换。如：先内存、CPU，后主板，又如要判断打印故障时，可先考虑打印驱动是否有问题，再考虑打印电缆是否有故障，最后考虑打印机或并口是否有故障等。

（3）最先考查与怀疑有故障的部件相连接的连接线、信号线等，之后是替换怀疑有故障的部件，再后是替换供电部件，最后是与之相关的其他部件。

（4）从部件的故障率高低来考虑最先替换的部件。故障率高的部件先进行替换。

6. 比较法

比较法与替换法类似，即用好的部件与怀疑有故障的部件进行外观、配置、运行现象等方面的比较，也可在两台电脑间进行比较，以判断故障电脑在环境设置、硬件配置方面的不同，从而找出故障部位。

7. 升降温法

在上门服务过程中，升降温法由于工具的限制，其使用与维修间是不同的。在上门服务中的升温法，可在用户同意的情况下，设法降低电脑的通风能力，靠电脑自身的发热来升温；降温的方法有：

（1）一般选择环境温度较低的时段，如清早或较晚的时间；

（2）使电脑停机 12～24 小时以上等方法实现；

（3）用电风扇对着故障机吹，以加快降温速度。

8. 敲打法

敲打法一般用在怀疑电脑中的某部件有接触不良的故障时，通过振动、适当的扭曲，甚或用橡胶锤敲打部件或设备的特定部件来使故障复现，从而判断故障部件。

9. 对电脑产品进行清洁的建议

有些电脑故障，往往是由于机器内灰尘较多引起的，这就要求我们在维修过程中，注意观察故障机内、外部是否有较多的灰尘，如果是，应该先进行除尘，再进行后续的判断维修。在进行除尘操作中，以下几个方面要特别注意：

（1）注意风道的清洁。

（2）注意风扇的清洁。风扇的清洁过程中，最好在清除其灰尘后，能在风扇轴处，点一点儿钟表油，以加强润滑。

（3）注意接插头、座、槽、板卡金手指部分的清洁。金手指的清洁，可以用橡皮擦拭金手指部分，或用酒精棉擦拭也可以。插头、座、槽的金属引脚上的氧化现象的去除：一是用酒精擦拭，一是用金属片（如小一字改锥）在金属引脚上轻轻刮擦。

（4）注意大规模集成电路、元器件等引脚处的清洁。清洁时，应用小毛刷或吸尘器等除掉灰尘，同时要观察引脚有无虚焊和潮湿的现象，元器件是否有变形、变色或漏液现象。

（5）注意使用的清洁工具。清洁用的工具，首先是防静电的。如清洁用的小毛刷，应使用天然材料制成的毛刷，禁用塑料毛刷。其次是如使用金属工具进行清洁时，必须切断电源，且对金属工具进行泄放静电的处理。

用于清洁的工具包括：小毛刷、皮老虎、吸尘器、抹布、酒精（不可用来擦拭机箱、显示器等的塑料外壳）。对于比较潮湿的情况，应想办法使其干燥后再使用。可用的工具如电风扇、电吹风等，也可让其自然风干。

6.3 计算机部件常见故障及解决方法

在计算机的使用过程中，可能会有很多故障发生，其中有很多是因为计算机的零配件问题造成的。有的是因为配件质量不过关，有的是因为配件相互之间不兼容，有的是安装不好等，所以就需要用户判断出具体是哪个配件出了问题，以便解决。下面简要介绍计算机主要配件容易出现的故障。

6.3.1 主板故障及解决方法

随着计算机水平的飞速发展，主板的性能、质量和制作工艺也有了长足的进步。现在的主板功能增多、性能稳定、做工精良，采用的电子元器件质量也较过硬，一些著名主板厂商（如华硕、技嘉、英特尔等）的主板质量非常可靠，通常不会出现问题，所以主板故障解决的原则是先简单后复杂，先软件后硬件，先周边后主板。

引起主板故障的主要原因大概有以下几点。

（1）操作故障

带电插拔主板上的板卡、键盘、鼠标、打印机等；在安装板卡及接插头时用力不当造成接口、芯片的损害。

（2）静电影响

静电常造成主板上芯片被击穿。另外如果主板上布满了灰尘，也会给主板造成短路等。

（3）电压影响

当电压不稳定产生瞬间的尖峰脉冲，或使用的电源质量不好时，往往会损坏主板上的芯片。

（4）不当操作

关掉电源开关后应等 10s 再开机。如果关机后又马上开机，容易造成主板损坏。

当怀疑主板出现问题时，可以用以下方法进行初步检测和修复。如果主板芯片真的有问题，还是要到专业的主板维修点去修理。

（1）替换法

主板的故障很可能是因为插在主板上的卡出问题了，如内存、显卡、声卡、网卡等。用户可以先把网卡取下来，看计算机是否正常，如果正常，说明是网卡坏了；如果不正常，可以继续把声卡取下，再开机看计算机是否正常。按此步骤一步一步操作，直到换过内存、显卡、CPU 后还有问题，那就可以肯定是主板的问题了。

（2）清洁法

计算机使用的时间长了，不可避免地会有灰尘落在主板上，可以用刷子刷去主板上的灰尘。注意要轻，否则容易刷掉主板上的贴片元件。另外，主板上一些卡、芯片采用插脚形式，常因环境潮湿而导致针脚氧化、生锈，从而与主板接触不良，可用橡皮擦一遍针脚。

（3）观察法

仔细检查损坏的主板，闻一下主板有没有烧焦的味道，查看电阻、电容、芯片表面是否有被烧焦的痕迹；检查一下电解电容、老式主板电池是否破裂而导致电解液外漏；主板上的铜箔是否被烧断或被外力弄断；查看是否有金属导电物掉进主板上的缝隙里，造成针脚短路；针脚有没有被插坏或插歪等。

6.3.2　BIOS 芯片故障问题

开机自检就是按照 BIOS 里面存储的信息来逐一检测计算机硬件，如果此时计算机硬件有变动，计算机就会提示有错误，需要检测计算机硬件。等完全没有错误后，计算机才会继续运行下去。如果是 BIOS 本身出问题了，就会导致计算机无法启动。如果 BIOS 芯片被 CIH 病毒破坏，开机后就没有任何反应。

用户在使用计算机的过程中可能遇到的由 BIOS 引起的故障如下。

（1）计算机主板的 BIOS 芯片被 CIH 病毒改写，开机后没有任何反应。

（2）新买的大硬盘主板不能正确识别。

（3）某些新硬件无法在系统上安装。

（4）升级了 CPU，却发现主板不能正确识别新 CPU 型号。

（5）发现硬件、软件出现一些莫名其妙的故障。

发现这些问题时就需要升级主板 BIOS 芯片的内容。升级主板的 BIOS 有两种方法：一是购买一个新的 BIOS 芯片插在主板上；二是刷新 BIOS 芯片。

刷新 BIOS 芯片的方法如下。

（1）确认主板的规格型号。

（2）通过网络下载这款主板的最新的 BIOS 和相应的刷新程序，一般这两个文件都打包压缩在一起，可以到主板厂商的主页，或驱动之家（www.mydrivers.com）下载。

（3）在 Windows 操作系统下运行刷新 BIOS 程序，这时一定要关闭杀毒及防火墙等内存驻留程序。另外，在刷新过程中一定不能重启系统或断电，否则将造成 BIOS 错误，而无法启动机器。

6.3.3　CMOS 电池的故障及解决方法

一台兼容机，使用的是 QDI P6I 440BX/B1S/I1S 主板，出现无法启动的现象，可以用下面的方法解决。

【范例 6-1】 CMOS 电池故障的分析与处理。

步骤 1：目测主板 CPU 插座旁的滤波电容，没有发现鼓包和漏液现象。CPU 插座旁的滤波电容容易损坏，从而导致计算机无法启动。

步骤 2：从主板上拔下电源的供电插头，使用曲别针短接绿线和任意一根黑线，连接市电，用万用表检测电源的输出电压，其值正常。

提示	输出电压值可以参考电源外壳上的铭牌，如果电压输出正常，即可排除由于电压输出异常烧毁主板的可能，这一步非常重要!第三步，为电源加上负载后再次测量，输出电压值依然稳定，这也排除了输出电压功率低的可能性。至此，电源出现故障的几率就非常小了，但仍然有可能存在问题，比如电源无法输出 Power Good 信号，也就是我们常说的电源好信号。

步骤 3：插上主板的电源供电插头，接通市电后开机，用万用表测量主板上的 Power On 插针上的电压，发现电压不足 2V，然后我们再用万用表检测主板电源供电插头的紫色线，电压值为+5V，供电正常。

提示	一般来说，Power On 插针上的电压应该有 3V 左右，最低不应小于 2.6V，由于需要利用这个电压触发南桥或 I/O 芯片工作，所以如果这个电压过低，势必影响计算机启动。 在有的主板上，开机前，Power On 的电压由电源插头的紫色线提供，所以要测量电源插头紫色线的电压，从而做出进一步判断。

步骤 4：判断 Power On 插针的属性，首先从主板上找到 Power On 插针的具体位置，然后用万用表的红表笔接触两根插针中的任意一根，并将黑表笔接地，有电压的那根插针就是供电的插针，为了叙述方便，我们将供电的那根插针设为插针 1，另一根设为插针 2。

步骤 5：用万用表从插针 1“跑”线路，发现供电端不是紫色线的+5V，而是 CMOS 电池!从插针 2“跑”线路，发现与 I/O 芯片相连，从而判断插针 1 与 CMOS 电池之间通路出现故障或插针 2 与 I/O 芯片间的通路出现故障，当然也可能是 CMOS 电池有问题或 I/O 芯片间有问题。

步骤 6：由简到繁，先用万用表检测 CMOS 电池的电压，发现电压值偏小，不足 2.5V。

步骤 7：更换 CMOS 电池，再次短接 Power On 插针，主机正常启动了。

6.3.4 CPU 故障及解决方法

CPU 出故障的几率不大，多半都是因为接触不良、超频、散热等原因造成的。故障现象：按下电源开关后计算机不启动、黑屏。

（1）有可能是主板的 CPU 频率跳线不对，导致计算机不能正确识别 CPU 的型号。建议仔细阅读主板说明书，按照主板规定的跳线操作。这种现象一般发生在需要手动跳线 CPU 倍频和外频的老式主板上。

（2）有可能是自己超频过高导致计算机不能启动，可以通过以下步骤恢复。

① 改变主板上的跳线，跳回额定 CPU 频率（适合老式的主板）；

② 如果是在 CMOS 里软超频的计算机，可以通过给主板的 CMOS 放电，恢复到出厂时的原始状态；

③ 在某些主板上，如果超频太高启动不了的时候，可以按键盘上的 Insert 键强制计算机用额定频率启动，然后再按 Del 键进入 CMOS 重新设置 CPU 的频率。

6.3.5　内存故障及解决办法

1. Windows 系统运行不稳定

Windows 系统运行不稳定，经常产生非法错误，如“Windows protect error”。产生这个故障的原因大概有以下几种。

（1）内存条上的内存芯片质量不好，或者是某些内存条上面的小贴片电容被弄掉了。可以尝试更换一条内存。

（2）内存在超负荷的情况下工作。如本来工作在 100MHz 频率下的内存条，让它强行工作在 124MHz 甚至 133MHz 频率下，就会出问题，用户可以在 CMOS 里重新改到正常状态。

（3）不同型号的内存条之间不兼容，拿掉其中的一种内存条，即可解决问题。

2. 提示“HIMEM is testing extended memory”，然后死机

机器能自检，但当屏幕出现“HIMEM is testing extended memory……”后就长时间停止，或报内存损坏。

此原因可能是内存条上有坏的内存模块，导致系统检测内存时出错报警，可更换内存解决。

3. 升级内存后，机器自检时发现内存容量不对

不同型号的内存条插进插槽后，有的内存计算机检测不到，这是因为主板和不同种类的内存之间不兼容造成的。比如说 168 线的 EDO 内存和 168 线的 SDRAM 内存混插在一起，EDO 是 5V 电压，SDRAM 是 3.3V 电压，这就造成主板和内存电压不匹配的问题，如果让 3.3V 的 SDRAM 长时间工作在 5V 电压的情况下，就会烧毁 SDRAM 内存条。如果是这样的情况，一定要更换相同规格的内存条。

4. Windows 注册表经常无故损坏，提示要求用户恢复

此类故障主要是因为内存条质量不佳引起，一般通过更换内存解决。还有可能是超频过高造成的，建议降回正常值。

5. 随机性死机

此类故障一般是由于采用了几种不同芯片的内存条，各内存条工作频率不同造成的。对此可以在 CMOS 设置内降低内存工作频率予以解决，也可以换用同型号内存条。还有一

种可能就是内存条质量不好，造成随机性死机。另外也有可能是内存条与主板接触不良引起计算机随机性死机。

6. 开机无显示

计算机开机后就要自检内存，此时可能因为以下几个方面的原因，造成开机没有显示的故障。

（1）内存条自身的原因。出现此类故障，如果内存条坏了，只能更换内存。

（2）内存条与主板内存插槽接触不良。一般重新更换插槽就可以解决问题，如果不行就用橡皮擦擦拭其针脚部位即可解决问题。

（3）主板内存槽有问题。比如有些内存插槽上的金属触片被插歪或被插断，导致内存条插上后接触不良。可以用放大镜仔细查看内存插槽上的小金属触片，如果歪了，就用小镊子小心地夹直复位。夹的时候控制力度，避免把针脚弄断。

（4）内存条跟主板不兼容，建议更换内存条。

6.3.6 显卡故障及解决方法

1. 死机、计算机运行速度变慢

出现此类故障多见于非 Intel 芯片的主板与显卡不兼容或主板与显卡接触不良，或显卡与其他扩展卡不兼容。对于不兼容造成的问题，可以先进入 CMOS，将设置恢复成出厂默认值，然后保存后退出，再看计算机运行是否正常。

如果还不正常，就尽量找到这个主板和显卡的最新驱动和补丁安装，现在的主板和显卡厂商如果发现产品有问题就会马上更新驱动。当显卡与其他扩展卡不兼容造成死机时，可以把其他的扩展卡更换一个插槽，直到正常为止。如果是因为主板的 AGP 插槽供电不足造成故障，一般都是采取更换大功率电源解决，或者更换主板或显卡。

2. 开机后显示器不能显示

如果开机后，显示器无显示（信号指示灯闪烁），并且主机在开机后发出一长两短的蜂鸣声，可以推断是以下原因造成的。

（1）显卡接触不良，重新插好即可。

（2）显卡损坏，更换一块新的显卡。

（3）对于一些显卡集成的主板，可以插上另外一块显卡。

3. 屏幕出现异常杂点、图案或花屏

此类故障一般是显示卡质量不好造成的，在显示卡工作一段时间后（特别是在超频的情况下），温度升高，造成显示卡上的质量不好的显示内存、电容等元件工作不稳定。如果计算机是超频状态下（有些发烧友是 CPU 和显示卡同时超频）而出现问题，建议还是降回来。另外也可能是显卡与主板接触不良造成的，可以清洁一下显示卡的金手指，然后重新插上试试。

4. 开机启动后屏幕上显示乱码

此类故障主要有以下几种原因。

（1）显卡的质量不好，特别是显示内存质量不好。建议更换显卡。

（2）系统超频，特别是超外频，导致 PCI 总线的工作频率由默认的 33MHz 调高，这样就会使一般的显卡负担过重，从而造成显示乱码。把频率调低即可解决问题。

（3）主板与显卡接触不良，重新插好即可。

（4）刷新显卡 BIOS 后造成的。因为刷新错误，或刷新的 BIOS 版本不对，都可能造成这种故障。找一个正确的显卡 BIOS 版本，再重新刷新。

6.3.7　声卡故障及解决方法

1. 系统无法识别声卡

此类问题多是因为声卡没有安装好，或声卡不支持即插即用，以及驱动程序太老无法支持新的操作系统引起的。可以通过下面的方法来解决：

（1）重新安装声卡。切断电源，打开机箱，从主板上拔下声卡。清洁声卡的金手指，然后将声卡重新插回主板（可换槽插入）。开机检查系统是否已发现声卡。

（2）重新安装声卡驱动程序。

（3）更新声卡驱动程序。到网上搜索声卡的最新驱动，如果没有的话，可用型号相近或音效芯片相同的声卡的驱动程序来代替。

2. 声卡无声

导致声卡无声主要有驱动程序安装不正确、系统资源冲突以及注册表设置有误 3 个方面的原因，这些故障的解决方法也比较简单。

（1）驱动程序安装有误。驱动程序安装不正确导致的声卡无声主要有两个方面，一个是没有安装声卡自身带的驱动程序，一个是驱动程序安装不正确。遇到此类情况，一般只要手动重新安装一下驱动程序，问题即可得到解决。

（2）系统资源冲突。首先检查声卡是否与其他硬件存在资源冲突，特别是声卡的 IRQ 值，建议让声卡占用 IRQ 9 或 10。然后在“设备管理器”选项卡中查找是否存在“检测到的其他设备”或者是“未知设备”的选项，在找到上述这些选项后，双击并删除带有 sound、midi、wave 等字样的项目，然后重新启动电脑，再重新手动安装声卡驱动程序即可排除故障。

（3）修改注册表。安装好声卡驱动程序后，如果“声音、视频和游戏控制器”中的选项都带有感叹号，则可以通过修改注册表的方法来解决此问题。

3. 播放音乐 CD 无声

此问题可以从两方面来考虑。

（1）完全无声。比如用媒体播放器播放音乐 CD 时无声，但播放器工作正常。遇到此类问题时，首先应该检查是否采用了 WDM 版的声卡驱动，方法是：右击“我的电脑”，然后依次选择“属性”→“设备管理器”→“声音、视频和游戏控制器”命令，在出现的内容列表中查找“WDM”字样，没有的话，请到驱动之家或声卡厂商主页去下载WDM版的驱动，这样应该可以解决问题。如果声卡厂商没有提供WDM版的驱动，那么请替换或重新安装声卡与光驱之间的音频线。

（2）只有一个声道出声。请检查声道的均衡状况，双击任务栏右端的小喇叭形状的“音量”图标，打开“音量控制”面板，查看“音量控制”和“CD音频”选项中的控制声道音量的滑动杆是否处于两声道的正中央。如果此处不存在问题，则可能是声卡驱动遭到了破坏，重新安装即可。

4. 无法正常录音

双击任务栏中的小喇叭图标，进入“音量控制”窗口，选择“选项”→“属性”命令，打开“属性”对话框，选中“录音”单选按钮，看看各项设置是否正确。

5. 发出的噪音过大

引起此问题的可能性很多，主要可以归结于以下几个方面。

（1）声卡自身抗干扰能力差。某些杂牌声卡由于做工及用料比较差，所以容易受到其他设备电磁干扰的影响。这属于声卡先天上的不足，所以普通用户能做的就是让声卡尽量远离其他设备。

（2）声卡没有安装好。由于某些机箱制造精度不够高，导致声卡不能与主板扩展槽紧密结合。一般通过调整声卡挡板的位置即可解决问题。

（3）驱动程序问题。请尽量选用声卡厂商根据不同操作系统所推出的专用驱动，第三方的驱动程序和Windows默认的驱动往往会在某些方面存在一些问题。

6. 无法播放WAV、MIDI音频文件

不能播放WAV音频文件往往是因为“控制面板”→“多媒体”→“设备”下的音频设备不止一个，这时禁用一个即可；不能播放MIDI音频文件，则是16位模式与32位模式不兼容的问题，通过安装软件波表的方式即可解决。

6.3.8 硬盘故障及解决方法

用户的资料都存储在硬盘中，一旦硬盘损坏，造成的损失远胜过别的配件损坏。而硬盘最害怕震动，在计算机开机的状态下，如果搬动机器就很容易损伤硬盘。当然还有各种病毒也会破坏硬盘上的数据。因此对硬盘及上面的资料要倍加爱护，日常使用时注意做好以下工作。

1. 备份

对待自己辛勤的劳动成果一定要倍加珍惜，所以备份就显得十分重要。关键资料不要存在计算机的C盘，最好把资料用WinRAR或WinZip压缩（压缩的文件可以最大限度避

免被病毒破坏）后存在除 C 盘以外的其他分区上，或单独保存在另一个备用硬盘上，或保存在 CD-R、CD-RW、移动硬盘、ZIP、JAZZ、MO、DVD-RW 等存储介质上。备份数据的时候也将硬盘分区表备份好，当硬盘出故障需要维修时使用。

2. 保养

要保护好硬盘，必须要注意以下几点。

- 尽量用大功率的名牌电源，很多硬盘故障都是因为电源输出功率不够或输出不稳定引起的。
- 硬盘一定要固定好，把固定硬盘的 4 个螺丝全拧上、拧紧，保证硬盘不会晃动。
- 机箱一定要固定好，特别是机箱的 4 个橡胶垫脚一定都要有，并且要保证机箱平稳，不要乱晃动。
- 计算机正常运行时不要直接关电源。
- 再次开机时最好间隔 10 秒以上。
- 计算机运行时不要移动机箱。
- 有条件的话加大内存，尽量减少因反复读写创建在硬盘上的虚拟内存。

3. 维修

维修硬盘跟维修计算机其他设备一样，一定要按照“先软件，后硬件；先外设，再硬盘；先简单，后复杂”的原则来处理。下面简要介绍硬盘的常见问题及解决方法。

（1）硬盘 0 磁道坏

开机后不能进入系统，提示硬盘 0 磁道坏，也不能重新格式化。因为硬盘的主引导区和分区表都在硬盘的 0 柱面 0 磁道 1 扇区，用户可以用 1 柱面代替损坏的 0 柱面，这样就可以了。也可以用硬盘工具软件 DiskGen2.0 进行修复。

① 在纯 DOS 模式下运行 DiskGen，在“硬盘”菜单中选择驱动器符号，此时主界面中显示该硬盘的分区格式为 FAT16 或 FAT32，起始柱面是“0”。

② 选择“工具”→“参数修改”命令，在弹出的修改分区对话框中，将起始柱面的值“0”改为“1”。

③ 单击“确定”按钮后退返回 DiskGen 的主界面，单击“保存”按钮，保存修改的结果。

④ 重新启动计算机后分区格式化硬盘。

（2）开机提示无法找到硬盘

可以按下面几个步骤检查。

① 如果计算机是新组装的，就先检查硬盘数据线是否接好，或接反了，硬盘电源线是否接好。

② 硬盘跳线不对，特别是在连接多个 IDE 设备时特别要注意跳线问题。关机重新跳正确即可。

③ CMOS 里面的硬盘设置不正确，进入 CMOS 重新设置。

④ 把硬盘拆卸到另一台好的计算机上测试。如果正常，应该考虑是否计算机的主板、

电源或数据线出了问题，如果在其他机器上也不识别，则可确定是硬盘故障。具体解决方法在后面有详细介绍。

（3）硬盘坏道

假如硬盘上有坏道，计算机运行时常常会突然蓝屏死机，再启动后变得很慢；读写硬盘时，屏幕经常提示“Sector not found”（扇区未找到）或“General error in reading drive C”（在读取 C 盘时发生常规错误）等信息；硬盘长时间寻道，发出“嘎嘎，嘎嘎……”等声音；硬盘马达突然停转，“咀”的一声，然后硬盘又启动，马达重新转起来，这些现象会反复好几次。

对于有坏道的硬盘，要尽快把硬盘上的数据复制出来，然后找厂家更换一个新的硬盘。如果过了保修期，则可以用以下方法来解决。

① 在 Windows 系统中，可以用 “磁盘扫描”程序扫描磁盘。在“我的电脑”中选中要处理的硬盘盘符，然后单击鼠标右键，选择“属性”命令，在弹出的对话框中单击“工具”选项卡，单击“查错”选项组中的 “开始检查”按钮。在“磁盘检查选项”中单击“自动修复文件系统错误”复选项，然后单击“开始”按钮即可。它将对硬盘盘面做完全扫描处理，并且对可能出现的坏簇做自动修正。

② 硬盘有坏道，计算机在启动时一般会自动运行 Scandisk，并将坏簇以黑底红字的“B”（bad）标出。如果系统在启动时不进行磁盘扫描或已不能进入 Windows 系统，用户也可用光盘启动盘启动计算机进入 DOS，再运行 Scandisk x：（x 为有问题的硬盘分区）来对需要扫描修复的硬盘分区进行修复（Scandisk 是 DOS 系统的一个程序，DOS 启动盘要有这个程序）。

③ 用 DM 万能版本重新分区格式化，这样可以非常方便地把坏道标识并且屏蔽起来，这是最快的解决方法。

④ 如果能启动 Windows，则可在 Windows 下用诺顿的 NDD 软件自动修复含有坏道的分区。

⑤ 如果硬盘上的坏道比较多，而且相对比较集中，则可以使用 DiskGen、PartitionMagic 等软件把坏道集中的区域分成一个区，然后把这个分区隐藏掉，这样计算机就不会再使用这个包含坏道的分区了。

⑥ 如果坏道太多而且在硬盘上到处分布，用户可以用低级格式化硬盘的软件 low format 来低级格式化硬盘。

⑦ 如果是 IBM 硬盘，可以用 IBM 软件 FITNESS 来修复。做一张 FITNESS 的启动盘，用它启动计算机后就选择快速检测硬盘项，大概几分钟就可以检测完成。如果有坏道，计算机会建议用户进行修复，然后反复确认 3 次后（因为修复要破坏硬盘上的数据，须慎重考虑）就开始修复硬盘，修复结束后就可以正常使用了。

（4）不能从硬盘引导

这是主引导扇区出现问题的现象，用户可以用 DOS 启动盘启动之后，执行“fdisk /mbr”命令，可直接重写硬盘的主引导程序，但不会破坏硬盘的分区表或其他的部分。主引导扇区是硬盘中最重要的一个部分，其中的主引导程序是它的一部分。

还有一个原因是硬盘上的系统引导程序坏了，可以用系统盘引导系统。

（5）无法启动系统，有时能够启动，但会发生读写错误

CMOS 中的硬盘设置正确与否直接影响硬盘的使用，如果设置不当就可能引起故障。现在的主板都支持“IDE auto detect”的功能，可自动检测硬盘的类型。当连接新的硬盘或者更换新的硬盘后都要通过此功能重新检测硬盘类型。当硬盘类型错误时，有时能够启动，但会发生读写错误，有时根本无法启动系统。比如 CMOS 中的硬盘容量小于实际的硬盘容量，则硬盘后面的扇区将无法读写；如果是多分区状态则个别分区将丢失。还有一个重要的故障原因，由于目前的 IDE 都支持逻辑参数模式，硬盘可采用 Normal、LBA、Large 等，如果在 Normal 模式下安装了数据，而又在 CMOS 中改为其他的模式，则会发生硬盘的读写错误故障。

对于经常拆卸更换硬盘的用户，建议最好在 CMOS 里把硬盘类型项设置为 AUTO，每次开机让计算机自动检测硬盘，这样用户每次更换硬盘就不用进 CMOS 去设置了。

（6）硬盘分区表错误引起的启动故障

硬盘分区表错误是硬盘的严重错误，一般是病毒破坏的，不同程度的错误会造成不同的损失。用户可以利用以前备份的分区表恢复到硬盘中。如果没有备份分区表，那可以按下面的方法操作。

如果是没有活动分区标志，则计算机无法启动，屏幕提示“Error Loading OS”。用户从 U 盘或光驱引导系统后可对硬盘读写，可用 DOS 下的“fdisk”命令激活活动分区，或用其他工具软件（如 DiskGen、Partition Magic 等）修复。

如果是某一分区类型错误，会造成某一分区的丢失。表现为如果是主引导分区类型错误，就无法启动计算机；如果是扩展分区类型错误，则会出现错误提示。

硬盘分区表从“01”开始，就是图 6-6 中的第一行最后一个字节。从“01”开始第 4 个字节为分区类型值。正常的可引导的基本 DOS 分区值为 06（也就是通常说的 FAT16 格式，FAT32 是 0B），而扩展的 FAT16 分区值是 05，扩展 FAT32 的分区值是 0F。

```
000001B0:  00 00 00 00 00 00 00 00 - 00 00 00 00 00 00 80 01
000001C0:  01 00 0B FE 3F 7F 3F 00 - 00 00 41 60 1F 00 00 00
000001D0:  01 80 0F FE BF 09 80 60 - 1F 00 0A 95 60 00 00 00
000001E0:  00 00 00 00 00 00 00 00 - 00 00 00 00 00 00 00 00
000001F0:  00 00 00 00 00 00 00 00 - 00 00 00 00 00 00 55 AA
```

图 6-6　硬盘分区信息

如果基本 DOS 分区类型被修改了则无法启动系统，并且不能读写其中的数据。如果把 06 改为 DOS 不识别的类型，则 DOS 认为这个分区不是 DOS 分区，无法读写。分区表中还有其他数据用于记录分区的起始和终止地址。这些数据的损坏将造成该分区的混乱或丢失，一般无法进行手工恢复，用户可以用备份的分区表数据重新写回，或者从其他的相同类型并且分区相同的硬盘上获取分区表数据，否则将导致硬盘上的数据永久丢失。在对主引导扇区进行操作时，推荐用 PCTOOLS 9.0、NU8 下的 DISK EDIT 等工具软件进行修复，操作方便，可直接对硬盘主引导扇区进行读写或编辑。

如果硬盘是用 DM 分区的，那么 DM 会自动把硬盘的 0 柱面 0 磁道 1 扇区的内容备份在硬盘的 0 柱面 0 磁道第 63 扇区上，用户只要把这个扇区的内容复制到 0 柱面 0 磁道 1 扇区就可以了。也可以用磁盘工具 DISK EDIT 来实现，操作方法为：先把光标移动到硬盘的

0 柱面 0 磁道 63 扇区上，把这个扇区上的内容全部选中，再单击菜单栏上“Edit”→“Copy”命令，复制选中的内容，再把光标移动到 0 柱面 0 磁道 1 扇区上，选择“Edit”→“Paste”命令，将 0 柱面 0 磁道 63 扇区上的内容复制到 0 柱面 0 磁道 1 扇区上，分区表上的数据又恢复到正常状态。

如果分区表备份被病毒感染了，还可以用 DiskGen 工具软件来尝试恢复。它有自动和手动两种修复模式，如果知道分区的大小，可以用手动模式，否则用自动模式。自动模式可能搜索到很多不对的分区模式，用户要会判断。最好先把修改前的分区表备份，万一恢复有误，还可以恢复故障时的状态。

（7）计算机无法启动，表现为无操作系统

这可能是 FAT 表引起的故障。FAT 表记录着硬盘数据的存储地址，每一个文件在 FAT 表中都有一个链表记录其存放的簇地址。如果 FAT 表损坏，一般来说文件内容也很难修复。在 DOS 系统下自动备份一个好的 FAT 表，如果目前使用的 FAT 表损坏，可用第二个进行覆盖修复。但由于不同规格的硬盘其 FAT 表的长度及第二个 FAT 表的地址是不固定的，所以修复时必须查找其正确位置，一些工具软件如 PCTOOLS、NU 等具有这样的修复功能。如果第二个 FAT 表也损坏了，几乎不可能把硬盘数据恢复到原来的状态，但文件的数据仍然存放在硬盘的数据区中，可用磁盘检测命令“chkdsk”或磁盘扫描“scandisk”命令进行磁盘修复，完成后得到很多“*.chk”文件，这是丢失了 FAT 链的扇区数据。如果硬盘上是文本文件，就可从“*.chk”文件中提取并合并成完整的文件。

（8）分区有效标志错误引起的硬盘故障

分区有效标志错误引起的硬盘故障如图 6-7 所示。

图 6-7　分区有效标志错误引起的硬盘故障

硬盘主引导扇区最后的两个字节 55AA 标识此扇区有效，如图 6-8 所示。当从硬盘或光驱启动时将检测这两个字节。如果存在，则认为硬盘存在，否则将不承认硬盘，即使从 U 盘启动也无法转入硬盘（某些硬盘的加密就是利用这个特点）。可采用工具软件 PCTOOLS 9.0 或 NU8 下的 DISKEDIT 进行恢复处理。进入主引导扇区后把最后的 4 位改为 55AA，保存退出即可。

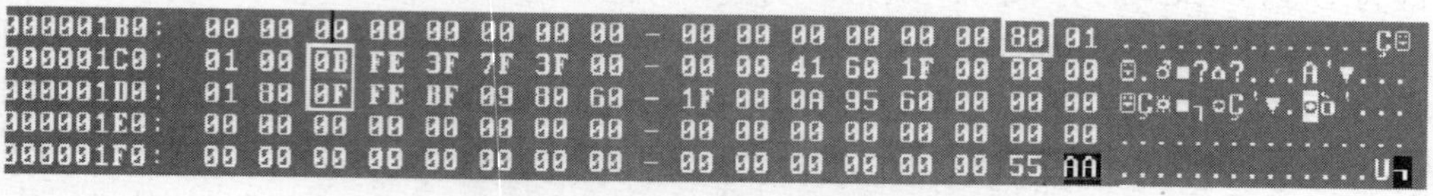

图 6-8　修改硬盘分区信息

6.3.9　光驱故障及解决方法

光驱也是常用的外部存储器之一。不正确地使用光驱可能会带来光驱的损害。下面介绍一下光驱出现的故障以及解决的方法。

1. 光驱自动退盘

一台光驱不能读盘，无论放进新盘旧盘“吱吱”旋转几下后，就自动将盘退出。

初步怀疑可能是光驱内部组件损坏所致。拆开光驱外盖，再拆下盖着机芯的铁皮，露出光头组件，见该光头组件很新，而且并没有明显的损坏印迹，便接上电源空载观察，光头正常循迹检索，表明光头或光驱电路部分应该没太大问题；放入一张光碟重新开机试验，同样旋转几下后便停住退盘，好似有异物卡住，仔细观察见光驱内部组件压盘部位有一小团丝状物卡入其中，造成光盘在旋转时受阻停转，将其取出后故障消除。

2. 光驱不能读盘并有“嚓嚓”声

光驱不能读取碟片信息，并在每一次读盘前能听到“嚓嚓”的摩擦声，然后是指示灯熄灭。

出现光驱不能读取信息的原因有可能是光头有问题。当读取时有机械声音，说明有可能是由机械故障引起，首先清洗光头。在清洗光头后光驱仍然不能读盘，则检验是否因光头老化造成的。把光头的功率调大一点，装好光驱后试机，若故障依旧，再查看是否是压力不够导致碟片在高速运行时产生了打滑现象，从而影响光头正常读取信息。若是如此，则只需将取下的弹力钢片的弯度加大，增加压在磁力片的弹力即可解决。

3. 光驱模式设置错导致不工作

Windows XP 系统的兼容机、AMI-BIOS，光驱与硬盘接在 IDE 口的同一数据线上，使用正常。当把光驱接在 IDE 口的另一根数据线上时光驱无法使用。

检查此光驱的连线、跳线、驱动程序、系统设置及资源，无任何问题存在。重新启动进入 CMOS 设置，选择“Standard cmos setup”项，把“Pri pio”项设为“Mode 4”，再将“Sec pio”项设为缺省值“Auto”后一切恢复正常。

4. 光驱读盘时重新启动

一台计算机的光驱读盘时常会突然降速并重新启动，此时如果不退出光盘，启动进入 Windows XP 时又会重新启动。产生这种现象可能是以下两种原因：

（1）电源过载能力差。电源过载能力差会造成这种现象。由于光驱读盘时电机提速旋转，电流突然增大，电源过载能力差会使电源保护电路动作导致断电，断电后光驱 电机逐渐降速，电源负载减轻，电源恢复供电重新启动。由于未取出光盘，进入 Windows XP 后系统检测到光盘，光驱又开始提速准备读盘，又重新使电源过载导致重新启动。对此可考虑换电源。

（2）冲击电流过大。光驱电机启动时冲击电流过大也可能导致此现象的产生。一般情况下，启动电流是正常工作电流的 3 倍以上，如果电机驱动电路性能不良，此冲 击电流还可能增大。可用电流表测量光驱 12V 组供电电流，如光驱读盘提速时刻组电流变化超过 2A，则需检查光驱的相应电路。

5. 光驱无法使用

对于光驱无法使用的情况，可以从检查驱动程序及系统设置、计算机的启动信息、连线和跳线等方面进行处理。

（1）检查驱动程序及系统设置：如果光驱只是在系统中无法使用，则说明光驱本身及连接等无故障。之所以不能使用，是由软故障造成的，如没有安装驱动程序、驱动程序安装不正确、发生资源冲突、设置错误等。

（2）查看连线及跳线设置：检查光驱数据线与光驱的连接或与主板连接是否接反，查看光驱是否与不支持光驱使用的板卡相连接，光驱是否连接在声卡上，检查光驱电源线是否接触不良以及跳线的主、从设置是否正确。

（3）查看计算机的启动信息：在启动计算机时查看是否检测到光驱的信息。如果在启动计算机时没有检测到光驱的信息，则说明光驱存在硬故障，只能更换或维修光驱。

6. 光驱读盘时嗡嗡作响

一台光驱在光盘进入后旋转时颤抖很明显，且嗡嗡作响，读盘不稳定。

发生这种现象可能是光盘质量差、片基薄、光碟厚薄不均所致，或者是由于光驱的压碟转动机制松动造成的。如果是第一种情况，可在光盘背面贴一层胶布。如果是 第二种情况，首先打开盖板，取下压碟机制的上压转动片，由于上压碟转轮是塑料的且有少许的磨损，加之光碟也是塑料的，所以上下压碟时碟片夹不稳，在高速旋转时会发生抖动。解决方法是找来一块麂皮或薄的绒布将其剪成小圆环，大小与上压碟轮一致，再用万能胶将其与压碟轮粘在一起即可。

6.3.10 键盘故障及解决方法

键盘在使用过程中，故障的表现形式是多种多样的，原因也是多方面的。有接触不良故障，有按键本身的机械故障，还有逻辑电路故障、虚焊、假焊、脱焊和金属孔氧化等故障。维修时要根据不同的故障现象进行分析判断，找出产生故障的原因，进行相应的修理。

1. 键盘上的按键不起作用

键盘上一些键，如空格键、回车键不起作用，有时，需按无数次才能输入一个或两个字符，有的键，如光标键按下后不再起来，屏幕上光标连续移动，此时键盘其他字符不能输入，需再按一次才能弹起来。

这种故障为键盘的“卡键”故障，不仅仅是使用很久的旧键盘，有个别没用多久的新键盘上，键盘的卡键故障也时有发生。出现键盘的卡键现象主要由以下两个原因造成的：

- 一种原因就是键帽下面的插柱位置偏移，使得键帽按下后与键体外壳卡住不能弹起而造成了卡键，此原因多发生在新键盘或使用不久的键盘上。
- 另一个原因就是按键长久使用后，复位弹簧弹性变得很差，弹片与按杆摩擦力变大，不能使按键弹起而造成卡键，此种原因多发生在长久使用的键盘上。

当键盘出现卡键故障时，可将键帽拔下，然后按动按杆。若按杆弹不起来或乏力，则是由第二种原因造成的，否则为第一种原因所致。若是由于键帽与键体外壳卡住的原因造成“卡键”故障，则可在键帽与键体之间放一个垫片，该垫片可用稍硬一些的塑料（如废弃的软磁盘外套）做成，其大小等于或略大于键体尺寸，并且在按杆通过的位置开一个可使按杆通过的方孔，将其套在按杆上后，插上键帽；用此垫片阻止键帽与键体卡住，即可修复故障按键；若是由于弹簧疲劳，弹片阻力变大的原因造成卡键故障，这时可将键体打开，稍微拉伸复位弹簧使其恢复弹性；取下弹片将键体恢复。通过取下弹片，减少按杆弹起的阻力，从而使故障按键得到恢复。

2. 某些字符不能输入

若只有某一个键字符不能输入，则可能是该按键失效或焊点虚焊。检查时，按照上面叙述的方法打开键盘，用万用表电阻档测量接点的通断状态。若键按下时始终不导通，则说明按键簧片疲劳或接触不良，需要修理或更换；若键按下时接点通断正常，说明可能是因虚焊、脱焊或金属孔氧化所致，可沿着印刷线路逐段测量，找出故障进行重焊；若因金属孔氧化而失效，可将氧化层清洗干净，然后重新焊牢；若金属孔完全脱落而造成断路时，可另加焊引线进行连接。

3. 若有多个既不在同一列，也不在同一行的按键都不能输入

可能是列线或行线某处断路，或者可能是逻辑门电路产生故障。这时可用 100MHz 的高频示波器进行检测，找出故障器件虚焊点，然后进行修复。

4. 键盘输入与屏幕显示的字符不一致

此种故障可能是由于电路板上产生短路现象造成的，其表现是按这一键却显示为同一列的其他字符，此时可用万用表或示波器进行测量，确定故障点后进行修复。

5. 按下一个键产生一串多种字符，或按键时字符乱跳

这种现象是由逻辑电路故障造成的。先选中某一列字符，若是不含回车键的某行某列，有可能产生多个其他字符现象；若是含回车键的一列，将会产生字符乱跳且不能最后进入系统的现象，用示波器检查逻辑电路芯片，找出故障芯片后更换同型号的新芯片，排除故障。键盘在使用过程中，故障的表现形式是多种多样的，原因也是多方面的。有接触不良故障，有按键本身的机械故障，还有逻辑电路故障、虚焊、假焊、脱焊和金属孔氧化等故障。维修时要根据不同的故障现象进行分析判断，找出产生故障的原因后进行相应的修理。

6.3.11　风扇故障及解决方法

1. 计算机休眠之后，无法正常启动，总是蓝屏或死机

主要是用户打开了计算机 CMOS 里面的休眠（suspend）选项，并且把“当系统休眠时 CPU 风扇停转”选项也打开了，这样就导致只要系统休眠 CPU 风扇就不转了，导致 CPU

温度过高（特别是发热量大的 CPU）而烧坏 CPU 或导致系统死机。可以在 CMOS 设置里把系统休眠后 CPU 风扇转速状态设置为打开即可，或干脆不用系统休眠这个选项。

2. 滑动轴承的 CPU 风扇不转

滑动轴承的 CPU 风扇不转或转速极慢(一般在风扇背面或包装上写有“Sleeve Bearing”的就是滑动轴承的风扇，如图 6-9 所示)。

这是因为滑动轴承的风扇使用较长时间后，里面的润滑油干了造成的。解决的方法是给风扇添加润滑油。先把风扇拆下来，把背面的封纸揭开，里面有一个小圆形塑料盖，用尖锐的东西把它挑开，如图 6-10 所示。

然后往里面滴几滴润滑油，再盖上盖即可，如图 6-11 所示。如果是停转很长时间的风扇，那么加好油后需要放置一段时间再用。

图 6-9　滑动轴承风扇

图 6-10　拆开 CPU 风扇

图 6-11　给 CPU 风扇加润滑油

6.3.12　电源故障及解决方法

电源负责计算机的能量供给，为 CPU、CPU 风扇、主板、内存、光驱以及一些 USB 设备供电，提供稳定的电源。如果电源出现问题，就会影响计算机的正常工作，甚至损坏硬件。

有一个强劲的电源，计算机各个配件才能稳定地工作，而有些看似奇怪的故障就与电源有关。最明显的例子就是给计算机升级后，例如加了第二块硬盘或第二个光驱或者更换了更大功率的其他硬件后，发现系统不稳定，无故死机或无规律重启，读光盘时无故重启或者读盘性能变得很差，这时最大的可能就是机器电源功率不足导致的。

装机时一定要购买实际功率大、品牌信誉比较好的电源，在给计算机升级后发现重启、系统不稳定等问题，应该首先考虑电源，毕竟动力一出问题就会影响到全局。

还有一点应该注意的是：电源的拆装比较危险，在更换和清洗电源时应请专业的维修人员或在他们的指导下进行。

1. 电源故障的原因

① 保险丝熔断。一般情况下，保险丝熔断的主要原因有：整流滤波和开关电路元件异常、电压不稳等。如整流二极管击穿、滤波电容损坏、开关管损坏等。检查时应先查看电

路板上各元件是否有烧糊、电解液溢出等现象。

② 电压不稳定。表现在计算机不能正常启动或运行时无故重新启动。所以在使用计算机时应尽量避开用电高峰，或单独为计算机配置 UPS 或专用稳压电源。

③ 电源功率不够。表现在计算机上加装设备（如光驱、硬盘）之后，计算机不能启动或使用不正常，但卸掉这些新加设备后使用正常。解决办法：建议更换功率大的电源。

④ 无法开机。用万用表测量+5VSB，如果该电压值正常且稳定，而主板反馈信号 PS-ON 始终为高电平，则可能是主板上的开机电路损坏，或电源启闭按钮损坏；如果上述两者均为正常而主电源仍无输出，则可能是开关电源主回路损坏，或因负载存在短路或空载而进入保护状态。

2. 由电源故障引发的其他配件故障

① 硬盘出现坏磁道。电源异常时极易导致硬盘出现坏磁道，硬盘一般可通过软件修复，而电源确有问题时应当更换质量可靠、稳定的电源。

② 计算机运行时伴有“轰轰”的噪声。这是由电源风扇的噪声增大所致，如果计算机长时间未使用，风扇上灰尘积攒过多，则可能出现这种现象。解决办法是拆开计算机，卸下电源，将风扇从上面拆下，仔细除尘。然后再重新装好，开机后噪声即可消除。

③ 光驱读盘性能不良。这种情况一般发生在新购买的计算机或 CD-ROM 上，读盘时伴有较大的“嗡嗡”声，排除光驱故障之后，很可能是电源有问题，必要时应拆开检查。

④ 超频不稳定。CPU 超频工作对于电源的稳定性要求很高，如果电源质量较差，在超频工作时会经常突然死机或重新启动。一般只要更换一只性能稳定的电源即可。

⑤ 显示屏上有纹波干扰。可能是电源的电磁辐射外泄，干扰了显示器的正常显示，如果长期不处理，显示器很可能被磁化。

⑥ 主机经常重新启动。可能是电源功率不足，难以带动计算机所有设备正常工作，导致系统软件运行错误、内存丢失以及硬盘、光驱不能读写等，使机器重新启动。

3. 自行开机

自行开机故障有以下两类。

（1）在 BIOS 设置中将定时开机功能设置为“Enabled”，这样机器会在所设定的某个日期的某个时刻，或每天的某个时刻自动开机。某些机器的 BIOS 设置项中具有来电自动开机功能设置，如果选择了来电开机，则在插上交流电源后，机器便会启动。应该说，出现这些问题，并不是真正的故障，而是用户不了解机器所具有的这些功能。

（2）BIOS 中关闭了定时开机和来电自动开机功能，但是机器只要接通交流电源还会自行开机，这无疑是硬件故障了。硬件故障有 3 种原因：第 1 种是电源本身的抗干扰能力较差，交流电源接通瞬间产生的干扰使其主回路开始工作；第 2 种是+5VSB 电压低，使主板不能输出应有的高电平，而总是为低电平，这样机器不仅会自行开机，还会关不掉；第 3 种是来自主板的 PS-ON 信号质量较差，特别在通电瞬间，该信号由低电平变为高电平的延时过长，直到主电源准备好了以后，该信号仍未变高，使 ATX 电源主回路判断错误，导致再次导通。

4. 休眠与唤醒功能异常

休眠与唤醒功能异常表现为：不能进入休眠状态，或休眠后不能唤醒。出现这些问题时，首先要检查硬件的连接（包括休眠开关的连接是否正确，开关是否失灵等）和 PS-ON 信号的电压值。进入休眠状态时，PS-ON 信号应为低电平（0.8V 以下）；唤醒后，PS-ON 信号应为高电平（2.2V 以上）。如果 PS-ON 信号正常，而休眠和唤醒功能仍不正常，则为 ATX 电源故障。

需要提醒用户，进入夏季后，为了预防雷击，对 ATX 结构的计算机，如果用户长时间不使用，又不想进行远程控制，建议将交流输入线拔下，以切断交流输入。

5. 无法关机

无法关机主要有以下几种现象和原因。

① BIOS 中设定关机时有一定的延时时间（Delay Time），关机时需要按住电源按钮，保持数秒钟，才能将机器关闭。不能实现瞬间关闭，是正常现象，不是故障。

② 电源按钮失灵。这种情况下，不仅不能关机，开机也会有问题。

③ 主板上的电源监控电路故障，PS-ON 信号为高电平。

④ 无法关闭键盘电源（键盘的 Num Lock 指示灯在主机关闭后是亮的）。有些机器允许使用密码通过键盘开机，键盘上的 Num Lock 灯在关机后仍亮着，是正常现象。

⑤ 无法关闭显示器。如果显示卡或显示器中有一个部分不支持 DPMS（显示器电源管理系统）规范，在主机关闭后显示器指示灯亮，屏幕上仍有白色光栅，也属正常现象，手动关闭显示器电源即可。

6. 系统运行不稳定、机箱漏电

这些故障一般都是使用劣质电源导致的。买劣质电源是为了省钱，但劣质电源省去了应该有的 EMI 滤波器，当没有这些电容、电感等无源元件时，电源的抗干扰能力就变得很差。当电网不稳定时使机器的运行受到影响，比如系统会自动重新启动，对 Modem 的电磁干扰特别大，导致无法正常上网。如果电源里平滑滤波器电容容量小，那么输出直流电压纹波就会大一些，这样就会导致硬盘里面的主轴马达转速不稳、硬盘的磁头抖动，有可能使得磁头与盘片碰撞，导致坏道的产生。或者是磁头刚通电起飞寻道，因电源提供的功率不足以带动马达的原因造成停机，马上又起飞寻道，反复在这种状态下工作，对硬盘损耗很大。遇见这种情况，应该马上更换一个质量好的电源。

质量好的电源上标识有中国电工产品认证合格证 CCEE、中国电磁兼容认证合格证 CEMC、安全及电磁兼容性（EMI）B 级检验合格证等。电源功率标明有每一路的 MAX 和 MIN 功率。

7. 零部件异常

有经验的维修人员，在遇到主板、内存、CPU、板卡、硬盘等部件工作异常或损坏故障时，通常要先测量电源电压。正常的工作电压是计算机可靠工作的基本保证，而很多莫名其妙的故障都是电源引起的。

一台机器出现了找不到硬盘的故障，通过对比试验，确信硬盘是好的。判断为主板上的 IDE 接口损坏，于是找来老的多功能卡，插在主板的空闲 ISA 插槽，连上硬盘试验，仍然找不到硬盘。测量电源电压，+12V 电压只有 10V 左右。在这样低的供电电压下，硬盘达不到额定转速，当然不能工作。换一台 ATX 电源，排除故障。

需要注意，如果发生了部件损坏的情况，要在确信电源没有问题后，才能换上新的部件。

本章习题

1. 填空题

（1）________________也叫 DEBUG 卡，是一种专业硬件故障检测设备。

（2）________________又叫数字多用表、数字三用表、数字复用表，是一种多功能、多量程的测量仪表。

（3）________________是一种能够显示电压信号动态波形的电子测量仪器。

（4）引起主板故障的主要原因大概有：____________、____________、____________和____________。

2. 简答题

（1）简述 CMOS 电池的故障及解决方法。

（2）简述内存故障及解决办法。

（3）简述声卡故障及解决方法。

（4）简述硬盘故障及解决方法。

第7章　笔记本电脑的维修

本章导读

随着计算机的普及，笔记本电脑已经走进了普通用户的工作和学习中，随着笔记本电脑在各行各业的广泛应用，随之产生的问题也越来越多，经常会遇到各种各样棘手的问题，如果用户掌握了解决这些问题的方法，则会轻松化解问题的关键，从而提升工作效率。在本章中，我们主要介绍了笔记本电脑的种类和功能特点、笔记本计算机的结构以及笔记本计算机故障检修等内容。

7.1　笔记本电脑的种类和功能特点

笔记本电脑英文名称为 NoteBook，如图 7-1 所示。笔记本电脑是台式 PC 的微缩与延伸，也是现代社会对电脑的一种需求。1982 年 11 月，Compaq 推出第一台 IBM 兼容手提计算机（重 28 磅约合 14 公斤），采用4.77Mhz的Intel 8088处理器，128KB RAM，一个 320KB 的软盘驱动器，一个 9 英寸的黑白显示器。而世界上第一台真正意义上的笔记本电脑是由日本的东芝（TOSHIBA）公司于 1985 年推出的一款名为 T1100 的产品。

图 7-1　笔记本电脑

笔记本电脑从尺寸上来划分可以分为很多种类，有小尺寸的，有大尺寸的，有宽屏幕的，有传统 4∶3 屏幕的，也有 16∶10 等宽屏幕；从不同的应用类型上可以分为游戏型、家用娱乐型、商用型。家用笔记本电脑名词解释：家用笔记本电脑针对的主要是家庭用户以及学生用户，这些用户买笔记本主要是用来休闲、娱乐。他们对笔记本的要求主要体现在娱乐方面。家用笔记本的外观一般都是比较时尚，外观圆滑、颜色大胆，配置方面更注重娱乐性，比如强悍的独立显卡、镜面的宽屏以及一些娱乐软件的搭配。

7.2　笔记本电脑的结构

现在的笔记本电脑主要组成部分包括 CPU、内存、硬盘、显示器、显卡、光驱、扬声器等。

1. 外壳

笔记本电脑的外壳除了美观外，比台式计算机更有对内部器件的保护作用。较为流行的外壳材料有：工程塑料、镁铝合金、碳纤维复合材料（碳纤维复合塑料）。其中碳纤维复合材料的外壳兼有工程塑料的低密度高延展及镁铝合金的刚度与屏蔽性，是较为优秀的外壳材料。一般硬件供应商所标示的外壳材料是指笔记本电脑的上表面材料，托手部分及底部一般习惯使用工程塑料。

2. 液晶屏（LCD）

笔记本电脑从诞生之初就开始使用液晶屏作为其标准输出设备，其分类大致有：STN、薄膜电晶体液晶显示器（TFT）等。现今民用级别的液晶屏较为优秀的有夏普（SHARP）公司的“超黑晶”及东芝公司的“低温多晶硅”等，这两款都是薄膜电晶体液晶显示器（TFT）液晶屏。除了屏幕外，液晶屏的发光设备也是非常的重要，质量较差的灯管会使得液晶屏的色温偏差非常的严重（主要是发黄或者发红）。

3. 处理器

处理器是个人电脑的核心设备，笔记本电脑也不例外。和台式计算机不同，笔记本的处理器除了速度等性能指标外还要兼顾功耗。不但处理器本身便是能耗大户，由于处理器温度升高而升高的笔记本电脑的整体散热系统的能耗也不能忽视。

4. 散热系统

笔记本电脑的散热系统由导热设备和散热设备组成，其基本原理是由导热设备（现在一般使用热管）将热量集中到散热设备（现在一般使用散热片及风扇，也有使用水冷系统的型号）散出。不为人知的散热设备还有键盘，在敲敲打打之间键盘也将散去大量的热量。

5. 定位设备

笔记本电脑一般会在机身上搭载一套定位设备（相当于台式电脑的鼠标，也有搭载两套定位设备的型号），早期一般使用轨迹球（Trackball）作为定位设备，现在较为流行的是触控板（Touchpad）与指点杆（Pointing Stick）。

6. 硬盘

硬盘的性能对系统整体性能有至关重要的影响。目前的主流笔记本电脑至少应该配备有 250GB 或者 500GB 容量的硬盘，可以保证移动办公有充足宽裕的空间。

（1）尺寸。笔记本电脑所使用的硬盘一般是 2.5 英寸，而台式机为 3.5 英寸，笔记本电脑硬盘是笔记本电脑中为数不多的通用部件之一，基本上所有笔记本电脑硬盘都是可以通用的。

（2）厚度。笔记本电脑硬盘有个台式机硬盘没有的参数，就是厚度，标准的笔记本电脑硬盘有 9.5，12.5，17.5mm 三种厚度。9.5mm 的硬盘是为超轻超薄机型设计的，12.5mm 的硬盘主要用于厚度较大光软互换和全内置机型，至于 17.5mm 的硬盘是以前单碟容量较小时的产物，现在已经基本没有机型采用了。

（3）转数。笔记本电脑硬盘现在最快的是 5400 转 2M Cache，支持 DMA100（主流型号只有 4200 转 512K Cache，支持 DMA66），但其速度和现在台式机最慢的 5400 转 512K Cache 硬盘比较起来也相差甚远，由于笔记本电脑硬盘采用的是 2.5 英寸盘片，即使转速相同时，外圈的线速度也无法和 3.5 英寸盘片的台式机硬盘相比，笔记本电脑硬盘现在是笔记本电脑性能提高最大的瓶颈。

（4）接口类型。笔记本电脑硬盘一般采用 3 种形式和主板相连：用硬盘针脚直接和主板上的插座连接，用特殊的硬盘线和主板相连，或者采用转接口和主板上的插座连接。不管采用哪种方式，效果都是一样的，只是取决于厂家的设计。

（5）容量及采用技术。由于应用程序越来越庞大，硬盘容量也有愈来愈高的趋势，对于笔记本电脑的硬盘来说，不但要求其容量大，还要求其体积小。为解决这个矛盾，笔记本电脑的硬盘普遍采用了磁阻磁头（MR）技术或扩展磁阻磁头（MRX）技术，MR 磁头以极高的密度记录数据，从而增加了磁盘容量、提高数据吞吐率，同时还能减少磁头数目和磁盘空间，提高磁盘的可靠性和抗干扰、震动性能。它还采用了诸如增强型自适应电池寿命扩展器、PRML 数字通道、新型平滑磁头加载/卸载等高新技术。

7. 电池

电池不仅是笔记本电脑最重要的组成部件之一，而且在很大程度上决定了它使用的方便性，如图 7-2 所示。对笔记本电脑来说，轻和薄的要求使得对电池的要求也非同一般。笔记本电脑的电池使用时间是用户最为关心的问题。

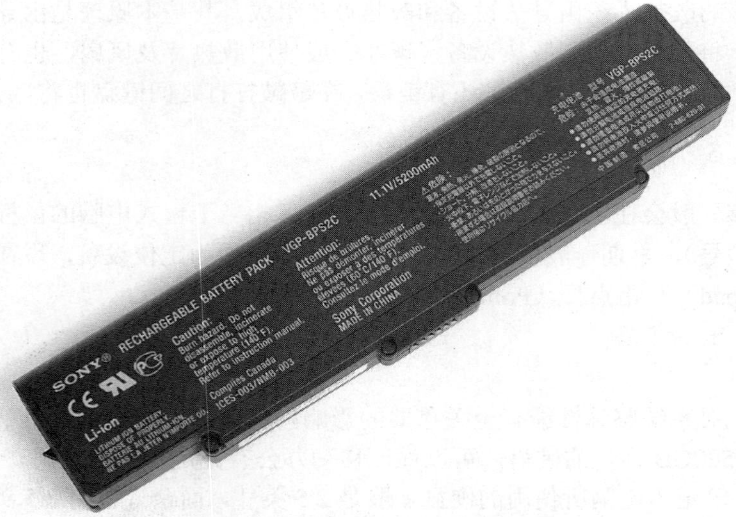

图 7-2　笔记本电脑的电池

笔记本电脑上普遍使用的是可充电电池，同时也提供对一般民用交流电的支持，这样就等于为电脑提供了一台性能极其优良的 UPS。但是能否与民用交流电共用，这就要看电池的种类了。现在能够见到的电池种类大致有 3 种。

- 第一种是较为少见的镍镉电池，这种电池具有记忆效应，即每次必须将电池彻底用完后再单独充电，充电也必须一次充满才能使用。如果每次充放电不充分，充电不满或放电不净都会导致电池容量减少；
- 第二种是镍氢电池，这种电池基本上没有记忆效应，充放电比较随意，因此在使用时，可以在将笔记本电脑所配的电源适配器接入交流电的同时使用电脑。此时如果电池处于不足状态，就可以一边充电一边使用电脑，如果交流电停电，电池可以自动供电。以上两种电池的单独供电时间标称一般不会超过 2 个小时，实际使用时间一般在 1 个小时左右。价格方面这两种电池相差不大。
- 第三种锂电池是目前的主流产品，特点是高电压、低重量、高能量，没有记忆效应，也可以随时充电。在其他条件完全相同的情况下，同样重量的锂离子电池比镍氢电池的供电时间延长 5%，一般在 2 个小时以上，有的甚至能达 4 个小时，采用最新技术的超长时间锂电池单电可以高达 6～7.5 小时，如果采用第二块电池，还可支持 3 小时，共同使用可长达 9～11 小时，视使用情况而定，可满足全天移动办公的需要。中高档笔记本电脑都配备这种电池。

除了电池自身的容量和质量之外，笔记本电脑的电源管理能力也是用户必须考虑的。目前几乎所有的笔记本电脑都支持 ACPI 电源管理特性，主板的控制芯片组也可以通过控制内存的时钟，将内存设置于低电状态来减少能耗。Intel SpeedStep 技术通过降低处理器速度来延长电池使用时间。另外一个和电池相关的是电源适配器，最好具有当电池充满后就自动停止充电而仅向主机供电的功能，这样可以有效防止电池过分充电，有利于延长电池的寿命。同时，一些高端笔记本电脑在电路设计时，大量采用低功率的电子元件，其耗电量相对会降低许多。

8. 声卡和显卡

目前笔记本电脑普遍都使用 16 位的声卡，也有 32 位的。但它们音响效果的区别不是普通人耳朵能够听出来的。因此 16 位声卡的笔记本电脑完全可以适于一般办公和娱乐。

一般的笔记本电脑里没有独立的显卡，而是把显示芯片集成在了主板上。如同 CPU 一样，笔记本电脑显示芯片的制造和设计也采用了比台式电脑显示芯片更高的工艺水平。目前台式电脑显示芯片的工艺水平普遍是 0.25 微米工艺，而笔记本显示芯片采用了更为先进的 0.18 微米工艺。

一般显示芯片足以满足常用办公软件的需要。但随着 3D 多媒体软件的应用和专业制作的需要，笔记本电脑显示芯片的 3D 显示性能变得日益风行，各厂商也纷纷推出了支持 AGP 显示、带有 3D 加速功能的笔记本电脑。目前在笔记本电脑的显示芯片方面，Ati 公司的产品很好，尤其是 Ati 公司推出 Rage LT Pro 芯片开始，一直到后来的 Rage Mobility-P、Rage Mobility M1 以及最新的 Rage Mobility 128，日益巩固了在高端笔记本电脑显示芯片市场的地位。此外，诸如 Trident Cyber9525DVD 和 Silicon Motion Lynx3DM 的产品使得笔记本显示芯片出现了前所未有的竞争。

9. 触摸板

触摸板是目前使用得最为广泛的移动 PC 的鼠标，触摸板由一块能够感应手指运行轨迹的压感板和两个按钮组成，两个按钮相当于标准鼠标的左右键。触摸板是没有机械磨损，控制精度也不错，最重要的是，它操作起来很方便，初学者很容易上手，一些移动 PC 甚至把触模板的功能扩展为手写板，可用于手写汉字输入。不过，缺点是使用者的手指潮湿或者脏污的话，控制起来就不那么顺手了。

10. COMBO 光驱

COMBO 是结合体的意思，COMBO 光驱是结合了 CD－ROM，CD－R，CD－RW，DVD－ROM 等多种功能的新型光驱，目前在中高端笔记本电脑中常见这种光驱。

11. 内存

笔记本电脑所使用的内存与台式机的内存是不一样的，价位上也比台式机要高一些，有些机型的笔记本电脑机器内已经有 On Board RAM 用来满足用户扩充内存的需要，一般机器上有一个到两个的插槽，如图 7-3 所示。有些笔记本电脑所使用的内存是专用的，所以价位上会比通用的 SDRAM 内存高很多。

图 7-3　笔记本内存

12. 主板

笔记本电脑的主板与台式机不同，笔记本电脑采用 All-in-One 设计，只有一块主板，集中安装了 CPU、显示控制器、软硬盘控制器、输入输出控制器等一系列部件。它与笔记本专用 CPU 一起，通过高性能散热技术保证笔记本电脑的正常运转。

13. 笔记本电脑的接口

为了更加适应笔记本电脑移动工作的特点，在设计上尽量浓缩和简化其主体部件，这样势必使其使用各种外部接口扩展更多功能，所以我们在笔记本电脑上看到很多接口，如图 7-4 所示。随着计算机技术不断发展，大家会看到更多陌生而技术先进的接口。

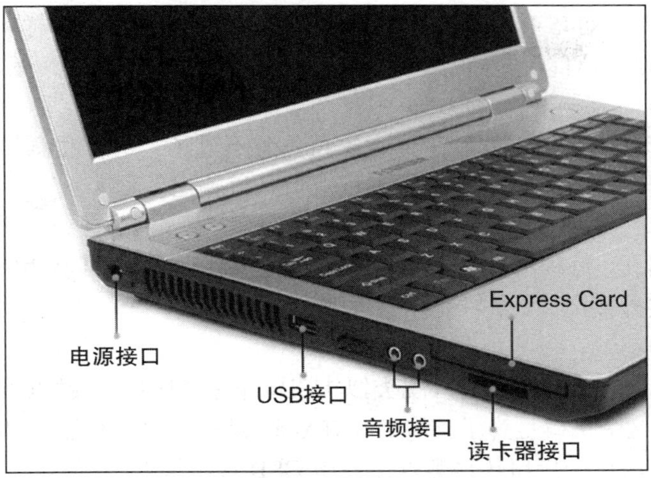

图 7-4　笔记本电脑的接口

（1）USB 接口

USB 接口是目前最常用的数据传输接口，由于其支持设备广泛、速率高、链接稳定被广泛使用。目前笔记本电脑都采用 USB 2.0 接口，比 USB 1.0 传输速率提高数倍。通常情况下笔记本电脑会内置两个 USB 接口，也有内置更多 USB 接口的笔记本电脑，个人认为 USB 接口多些较好，因为其中一个用来插鼠标，一个用来插移动硬盘，应该有更多 USB 接口连接其他临时设备。在使用上横排比竖排接口更加实用。USB 3.0 即将普及，这是一种令人期待的接口，传输速率是 USB 2.0 的 10 倍，可以达到 4.8Gbps。

（2）IEEE 1394 接口

大小仅有 USB 的一半，类似 Mini USB 接口，用于与 DV 输出接口，速度高于 USB，可以提供实时联机编辑视频工作要求，是较为专业的视频流传输接口。

（3）读卡器接口

部分媒体笔记本电脑具备读卡器接口，这种接口类似市场上的多卡合一读卡器，可以同时支持 MMC、SD 等数据存储卡。

（4）VGA、DVI、HDMI、S 端子端口

这几个都是视频信号输出接口。S 端子模拟输出视频，濒临淘汰，但如果家里电视依然是模拟输入，依然可以使用这个接口观看笔记本电脑视频；VGA 接口其实我们常用，每次接投影机就是使用这个接口，如果家里有投影机，可以使用这个接口观看笔记本电脑内视频；DVI 和 HDMI 是两个新成员，它们是为数字电视和高清数字电视提供高清数字视频的接口，使用 DVI 和 HDMI 你可以在电视上观赏到高清晰画质。

（5）RJ45 接口

RJ45 接口其实就是以太网线接口，样子与 PC 网卡上以太网线接口一样。这个接口后面就是一块以太网卡，插上以太网线就可以让你的笔记本电脑进入局域网。如果你使用无线网卡，基本很少用到这个接口。

（6）Modem 接口

学名叫 RJ11，其实 Modem 接口就是调制解调器接口，通常并列在 RJ45 接口旁边，触

点少于 RJ45，所以比 RJ45 接口略窄。与 PC 上的调制解调器功能一样，插根电话线在这个接口你的笔记本电脑就可以拨号上网了。

（7）音频接口

这个接口外形就不用过多介绍了，大家再熟悉不过了。值得注意的是为了提高音频输出质量和方便使用，部分笔记本电脑提供了双口耳机输出。

（8）电源接口

通常是一个圆孔，每种品牌笔记本电脑电源接口大小略有不同，用来插入电源适配器，为笔记本电脑提供外接电源。

（9）E-SATA 接口

E-SATA 接口目前比较少见，外观类似 USB，但接口中央有触点舌，通常会在接口处标记“E-SATA”。这个接口是为了扩展 E-SATA 接口移动硬盘而设计，如果购买了 E-SATA 接口移动硬盘，使用这个接口传输数据比使用 USB 接口快约 20 倍。

（10）扩展坞接口

通常笔记本电脑都具备扩展坞接口，这个接口比较好辨认，通常在笔记本电脑底部，外观类似 PCI 排线接口。大家不必顾虑扩展坞接口类型，因为它通常与厂家原配扩展坞设备兼容。

（11）ExpressCard 接口

ExpressCard 是种新接口，它的前身是 PCMCIA 接口，外观等同于 PCMCIA 接口，也是 PCMCIA 的升级接口，通常这个接口与 PCMCIA 兼容，也就是说 ExpressCard 与 PCMCIA 在一个接口里。ExpressCard 接口设备体积更小速度更快。

（12）PCMCIA 接口

外观约 4×0.4 长方豁口，支持 PCMCIA 卡插入。PCMCIA 接口卡逐渐被 ExpressCard 接口卡替代，相信不久的将来将不会存在 PCMCIA 接口。

（13）防盗接口

部分笔记本电脑设计有防盗锁接口，外观类似 MiniUSB 接口，其上会有“锁头”标志。如果你携带笔记本电脑去展览会，并将你的爱机放在展台上，通常展会方会提供你一条笔记本电脑锁，这个接口就有用武之地了。

（14）COM 接口

PC 上常见这个接口，笔记本电脑上越来越少见 COM 接口了，因为使用 COM 接口的设备变得非常少见，其逐渐被 USB 接口替代。它的外观类似 VGA 输出接口，只不过 COM 是针式接口，而 GVA 是孔式接口。

以上给用户介绍了一些常见笔记本电脑接口，了解这些接口有助于掌握笔记本电脑所具备功能，物尽其用，让笔记本电脑发挥其最大功效。

14. 笔记本键盘

笔记本的键盘尺寸一般都会比台式机的键盘小，而且按键还没有那么多，都是 85/86 个按键。14 寸以上的产品键盘还是会采用全尺寸的键盘，但是对于 12 寸以下的产品都不能做到全尺寸了。

笔记本本身都是很轻巧的，所以作为笔记本一个大的组件键盘，为了和笔记本本身的轻巧相配，就采用和台式机不一样的设计——“X”架构的按键结构。“X”架构的键盘可以节省空间，而且噪音还很小，底部采用的是弹性橡胶，从而减小了按键的声音。一般的键程是在 1.9mm 左右，比它小按键过于灵敏，但是比它大，按键比较迟钝，按下去要费一些力。

按键的上面部分是我们直接接触的地方，手感的好坏取决于它用的材料。现在有普通塑料和水晶按键，磨沙按键等，其中磨沙按键的手感要好一些，水晶按键只是在视觉上好一些，而普通的塑料就更是表现平平了。

键盘上按键的分布对于一个经常玩游戏的朋友来说是相当重要的，像 CTRL 键与 FN 按键的位置如何摆放，这些都会形成对应与习惯的舒适感。

对于键盘是否防水，大多数人并不在意，但是如果工作的地方经常接触液体的话，还是要买防水的键盘。但是现在防水的笔记本键盘还是比较少的，它是在键盘下端用一层薄膜来达到防水的目的。

7.3　笔记本电脑故障检修

7.3.1　笔记本电脑系统故障的检修

1. 触摸板无法使用

（1）首先确定用户的手部没有过多的汗水或湿气，因为过度的湿度会导致指标装置短路。同时，保持触控板表面的清洁与干燥。

（2）当用户打字或使用触控板时，请勿将用户的手部或腕部靠在触控板上。由于触控板能够感应到指尖的任何移动，如果用户将手放在触控板上，将会导致触控板的反应不良或动作缓慢。

2. 笔记本电脑的温度突然升高

（1）在摄氏 35 度的环境下，笔记本电脑的底座可能会达到 50 度之高。

（2）请确定通风口不会被阻塞住。

（3）如果风扇在高温之下（摄氏 50 度以上）无法正常运作，则请与服务中心联络。

（4）某些需要依靠处理器的程序会导致笔记本电脑的温度升高到某一程度，使笔记本电脑自动放慢 CPU 的速度，以保护其不会因为高温而损坏。

3. USB 装置无法使用

（1）请检查 Windows 控制面板中的设定值。

（2）请确定用户已经安装了必要的装置驱动程序。

4. 无法使用红外线装置

（1）开机后，按“Del”进入 Setup。

（2）进入 Setup 后，选择“Peripheral Setup”的选项。

（3）进入“Peripheral Setup”后，选择“COM2 Infrared PORT”的选项。

（4）将“COM2 Infrared PORT”的选项由“Disable”改为“Auto”，“IR Mode”的选项由“FIR”改为“IrDA”。

（5）按“Esc”退出后，选择“Save Setting and Exit”选项储存并离开 Setup。

5. 鼠标无法移动

鼠标无法移动，可先检查 Touch pad 驱动程序是否安装，检查设置是否正确。鼠标突然不能移动，另一个主要原因是由于机器“死机”造成的。可通过“Ctrl+Del+Alt”三键同时按下的热启动方式，重新开机看鼠标是否正常。如果经常发生此现象，建议要重新安装系统。

6. 无法正常关机

这大多数是由于使用者在添加（或删除）软件时，改动了系统注册表文件，从而使关机程序无法执行造成不能正常关机。解决方法首先是按“Power”键持续 4～5 秒钟，看是否能关机，如还不能关机可采取移除外接电源并取出电池的方法强行关机。重新启动后，可采取重新安装系统的方法，修复注册表文件。

7. 光驱卡盘

因笔记本电脑放置不平衡会有卡盘现象，CD 或 VCD 无法自动弹出。这时由光驱旁边的小孔用大头针轻插拨弄使其弹出。

8. 黑屏

按“Power”键后，状态窗口反复闪烁，但屏幕不亮。这时用户需检查电量是否正常，然后再确认机器是否插有内存。按“Power”键后，状态窗口有电池图标显示，机器有风扇转动声音，但不停止，这种情况可能是由于 CPU 接口松动所致。

7.3.2 笔记本电脑硬盘的故障检修

为了有效地保存硬盘中的数据，除了经常性地进行备份工作以外，还要学会在硬盘出现故障时如何救活硬盘，或者从坏的区域中提取出有用的数据，把损失降到最小程度。

1. 系统不认硬盘

系统从硬盘无法启动，从 U 盘启动也无法进入 C 盘，使用 CMOS 中的自动监测功能也无法发现硬盘的存在。这种故障大都出现在连接电缆或 IDE 端口上，硬盘本身故障的可能性不大，可通过重新插接硬盘电缆或者改换 IDE 口及电缆等进行替换试验，就会很快发现故障的所在。如果新接上的硬盘也不被接受，一个常见的原因就是硬盘上的主从跳线，如果一条 IDE 硬盘线上接两个硬盘设备，就要分清楚主从关系。

2. CMOS 引起的故障

CMOS 中的硬盘类型正确与否直接影响硬盘的正常使用。现在的机器都支持"IDE Auto Detect"的功能，可自动检测硬盘的类型。当硬盘类型错误时，有时干脆无法启动系统，有时能够启动，但会发生读写错误。比如 CMOS 中的硬盘类型小于实际的硬盘容量，则硬盘后面的扇区将无法读写，如果是多分区状态则个别分区将丢失。还有一个重要的故障原因，由于目前的 IDE 都支持逻辑参数类型，硬盘可采用"Normal，LBA，Large"等，如果在一般的模式下安装了数据，而又在 CMOS 中改为其它的模式，则会发生硬盘的读写错误故障，因为其映射关系已经改变，将无法读取原来的正确硬盘位置。

3. 主引导程序引起的启动故障

主引导程序位于硬盘的主引导扇区，主要用于检测硬盘分区的正确性，并确定活动分区，负责把引导权移交给活动分区的 DOS 或其他操作系统。此段程序损坏将无法从硬盘引导，但从软驱或光驱启动之后可对硬盘进行读写。修复此故障的方法较为简单，使用高版本 DOS 的 FDISK 最为方便，当带参数/mbr 运行时，将直接更换（重写）硬盘的主引导程序。实际上硬盘的主引导扇区正是此程序建立的，FDISK.EXE 之中包含有完整的硬盘主引导程序。虽然 DOS 版本不断更新，但硬盘的主引导程序一直没有变化，只要找到一种 DOS 引导盘启动系统并运行此程序即可修复。

4. 分区表错误引发的启动故障

分区表错误是硬盘的严重错误，不同的错误程度会造成不同的损失。如果是没有活动分区标志，则计算机无法启动。但从软驱或光驱引导系统后可对硬盘读写，可通过 FDISK 重置活动分区进行修复。

如果是某一分区类型错误，可造成某一分区的丢失。分区表的第四个字节为分区类型值，正常的可引导的大于 32MB 的基本 DOS 分区值为 06，而扩展的 DOS 分区值是 05。很多人利用此类型值实现单个分区的加密技术，恢复原来的正确类型值即可使该分区恢复正常。

分区表中还有其他数据用于记录分区的起始或终止地址。这些数据的损坏将造成该分区的混乱或丢失，可用的方法是用备份的分区表数据重新写回，或者从其他相同类型的并且分区状况相同的硬盘上获取分区表数据。

恢复的工具可采用 NU 等工具软件，操作非常方便。当然也可采用 DEBUG 进行操作，但操作繁琐并且具有一定的风险。

5. 分区有效标志错误的故障

在硬盘主引导扇区中还存在一个重要的部分，那就是其最后的两个字节："55aa"，此字节为扇区的有效标志。当从硬盘、软盘或光盘启动时，将检测这两个字节，如果存在则认为有硬盘存在，否则将不承认硬盘。此处可用于整个硬盘的加密技术，可采用 DEBUG 方法进行恢复处理。另外，当 DOS 引导扇区无引导标志时，系统启动将显示为：“Mmissing Operating System”。方便的方法是使用下面的 DOS 系统通用的修复方法。

6. DOS 引导系统引起的启动故障

DOS 引导系统主要由 DOS 引导扇区和 DOS 系统文件组成。系统文件主要包括 IO.SYS、MSDOS.SYS、COMMAND.COM，其中 COMMAND.COM 是 DOS 的外壳文件，可用其他的同类文件替换，但缺省状态下是 DOS 启动的必备文件。在 Windows 95 携带的 DOS 系统中，MSDOS.SYS 是一个文本文件，是启动 Windows 必须的文件，但只启动 DOS 时可不用此文件。DOS 引导出错时，可从软盘或光盘引导系统后使用 SYS C:命令传送系统，即可修复故障，包括引导扇区及系统文件都可自动修复到正常状态。

7. FAT 表引起的读写故障

FAT 表记录着硬盘数据的存储地址，每一个文件都有一组 FAT 链指定其存放的簇地址。FAT 表的损坏意味着文件内容的丢失。庆幸的是 DOS 系统本身提供了两个 FAT 表，如果目前使用的 FAT 表损坏，可用第二个进行覆盖修复。但由于不同规格的磁盘其 FAT 表的长度及第二个 FAT 表的地址也是不固定的，所以修复时必须查找其正确位置，一些工具软件如 NU 等本身具有这样的修复功能，使用也非常的方便。采用 DEBUG 也可实现这种操作，即采用其 m 命令把第二个 FAT 表移到第一个表处即可。如果第二个 FAT 表也损坏了，则也无法把硬盘恢复到原来的状态，但文件的数据仍然存放在硬盘的数据区中，可采用 CHKDSK 或 SCANDISK 命令进行修复，最终得到*.CHK 文件，这便是丢失 FAT 链的扇区数据。如果是文本文件则可从中提取出完整的或部分的文件内容。

8. 目录表损坏引起的引导故障

目录表记录着硬盘中文件的文件名等数据，其中最重要的一项是该文件的起始簇号。目录表由于没有自动备份功能，所以如果目录损坏将丢失大量的文件。一种减少损失的方法也是采用 CHKDSK 或 SCANDISK 程序恢复的方法，从硬盘中搜索出*.CHK 文件，由于目录表损坏时仅是首簇号丢失，每一个*.CHK 文件即是一个完整的文件，把其改为原来的名字即可恢复大多数文件。

9. 误删除分区时数据的恢复

当用 FDISK 删除了硬盘分区之后，表面上是硬盘中的数据已经完全消失，在未格式化时进入硬盘会显示为无效驱动器。如果了解 FDISK 的工作原理，就会知道 FDISK 只是重新改写了硬盘的主引导扇区（0 面 0 道 1 扇区）中的内容，具体说就是删除了硬盘分区表信息，而硬盘中的任何分区的数据均没有改变。可仿照上述的分区表错误的修复方法，即想办法恢复分区表数据即可恢复原来的分区及数据。如果已经对分区格式化，在先恢复分区后，可按下面的方法恢复分区数据。

10. 误格式化硬盘数据的恢复

在 DOS 高版本状态下，FORMAT 格式化操作在缺省状态下都建立了用于恢复格式化的磁盘信息，实际上是把磁盘的 DOS 引导扇区、FAT 分区表及目录表的所有内容复制到了磁盘的最后几个扇区中（因为后面的扇区很少使用），而数据区中的内容根本没有改变。这样通过运行 UNFORMAT 命令即可恢复。另外 DOS 还提供了一个 MIROR 命令用于记录当前磁盘的信息，供格式化或删除之后的恢复使用，此方法也比较有效。

7.3.3　笔记本电脑光驱的故障检修

笔记本光驱故障主要来自机械驱动部分和激光头组件这两个部位。

驱动机械部分主要由 3 个小电机为中心组成：碟片加载机构由控制进、出盒仓（加载）的电机组成，主要完成光盘进盒（加载）和出盒（卸载）；激光头进给机构由进给电机驱动，完成激光头沿光盘的半径方向由内向外或由外向内平滑移动，以快速读取光盘数据；主轴旋转机构主要由主轴电机驱动完成光盘旋转，一般采用 DD 控制方式，即光盘的转轴就是主轴电机的转轴。

激光头组件各种光驱最重要也是最脆弱的部件，主要种类有单光束激光头、三（多）光束激光头、全息激光头等几类。它实际是一个整体，普通单光束激光头主要由半导体激光器、半透棱镜/准直透镜、光敏检测器和促动器等零部件构成。

7.3.4　笔记本电脑主板的故障检修

1. 笔记本不能充电

有些笔记本突然不能充电，即使拔掉电源，拿出电池也无法充电，那么很可能是笔记本充电芯片损坏。

首先，先检查一下笔记本电源适配器电压输出情况，如有电压输出，再查生成 12V、5V、3.3V 的电源供电芯片有没有基准电压和待机电压，另外，检查电池充电器有没有供电，或者查看一下 CPU 供电电路有没有 3.3V 的供电，到底有没有基准电压。

电池充不满电，但电池又确定是好的，很有可能是以下几种情况：

（1）电路提早终止了充电。

（2）场效应管及升压电容损坏。

（3）如果能放电不能充电，升压电容和场效应管都没坏，就很有可能得换芯片了。

2. 不开机的故障

医生有一摸二看三闻，笔记本维修工程师则有一看二听三检测。

（1）查看有没有明显的、可见的故障。如果没有地方、变形、崩裂等现象，则可以闻闻有没有烧焦的糊味。

（2）开机听听有没有不正常的声响，从哪里发出的。

（3）在没有专门工具的情况下，可以用万用表检测保险电阻是否烧断，有没有明显的短路等。

3. 显示屏显示不正常

（1）检查主板供电上屏是否正常，电压一般为 1V 多、2V 多和 3V 多。

（2）如果有供电，检查液晶屏接口处，用万用表继续量电压。电压值如果没有电压了，则肯定是屏线故障，换一条屏线即可。如果故障依旧存在的话，屏有可能就有液晶屏的故障了。

（3）如果没有供电，则要检查显卡输出电压是否稳定，这部分电压是到一块处理信号芯片，然后输出到屏线。如果电压正常，就可以确定是这块芯片的故障了。

（4）首先检查主板有没有电，测一下电源管理芯片 1632 或 1631（大多数是这两个芯片）的第五脚有没有 5 伏电压，21、22 脚有没有 16V 和 5V。

7.3.5 笔记本电脑内存的故障检修

笔记本电脑内存故障较少，尤其是原装内存。如果内存出现问题，系统将无法启动。根据使用的 BIOS 的不同，有不同的报警声，多数为连续不断的长“嘀”声，或者是连续不断的短“嘀”声。解决的方法是打开内存槽的盖板更换内存，通常不用购买原装内存（价格昂贵）。注意笔记本电脑使用的内存与台式机不同，长度只有台式机内存的一半。

1. 内存不规范

目前大多数笔记本电脑使用的是 PC100 或者 PC133 规格的内存，这些内存都应该有一个 SPD 芯片来存储内存的基本参数和规格，以提供 BIOS 识别和系统调用，但是一些杂牌的内存是没有 SPD 芯片或者是只用一块针脚相同的空芯片来冒充 SPD 芯片。这样的内存能用便是侥幸，稳定性毫无保障，对于没有 SPD 芯片的内存，不管价格多么便宜都建议你不要购买。此外，有些较老的机器使用的是 144 针的 EDO 内存，这种内存和 SDRAM 的封装完全相同，外观也看不出来，不过其工作电压为 5V 而不是 SDRAM 的 3.3V，如果误插了 SDRAM 就很可能被烧毁。

2. 内存的形状问题

主要是指内存的高度和厚度问题，因为采用单面封装因此比较薄，当年的一些笔记本电脑没有在内存插槽中预留足够的空间，结果就使现在的大容量高板双面内存安装不下。

3. 内存的兼容性问题

这个问题对于 Compaq 和 IBM 的超轻薄机器尤为常见，即使是 KingSton、KingMax 这样的内存大牌子也可能出现问题，因此最好不要不试机就盲目的买，插上内存条认到正确的容量是基本的要求，如果是机器都开不了的黑屏或者嘀嘀的报错那就根本不用考虑，然后将机器置于待机状态，看看能否正常唤醒。最好是可以用一些内存测试软件（推荐

DocMem）跑一下看看稳定性如何。

4. 耗电量和发热问题

许多用户在升级内存后发现自己的电池寿命缩短了，而且整机的发热加大，这主要是新加入的内存在工作的时候发热所致，通常两条内存的机器比一条内存的机器热一些（两个发热源），而且内存工作的时候是需要耗电的，耗电量加大也是正常。

5. 最大内存支持的问题

目前市面上所销售的笔记本电脑内存从单条 1GB 到单条 4GB 都有。有时我们会遇到单条 2GB 只认成 1GB 的情况，这就是最大内存支持的问题，这个问题和主板的芯片组及笔记本电脑的 BIOS 都有关系，至于厂商的 BIOS 也对最大内存总量有影响，如果厂商在 BIOS 中限制了最大的内存量，则无论如何都不可能超过这个设置。

本章习题

简答题

（1）简述笔记本计算机系统故障的检修。
（2）简述笔记本计算机硬盘故障的检修。
（3）简述笔记本计算机光驱故障的检修。
（4）简述笔记本计算机主板故障的检修。
（5）简述笔记本计算机内存故障的检修。

第 8 章　计算机外部设备的维修

本章导读

在计算机组装与维修工作中，计算机外部设备的维修也是非常重要的一项，常用的计算机外部设备莫过于 UPS 和打印机了。本章我们主要介绍了 UPS 的分类与工作原理、UPS 故障分析与处理、打印机的分类、安装打印机和维护以及打印机故障维修等内容。

8.1　UPS 的维修

UPS 是不间断电源（uninterruptible power system）的英文简称，是能够提供持续、稳定、不间断的电源供应的重要外部设备。UPS 按工作原理分成后备式、在线式与在线互动式三大类。UPS 顾名思义，它就是一台这样的机器，它在市电停止供应的时候，能保持一段供电，使人们有时间存盘，再从容地关闭机器。它在机器有电工作时，就将市电交流电逆变，并储存在自己的电源中，一旦停止供电，它就能提供电源，使电脑维持一段时间的工作，保持时间可能是 10 分钟、半小时等。

8.1.1　UPS 的分类与工作原理

1. UPS 的分类

通常我们把 UPS 电源依设计架构区分为三种，即后备式、在线式及线上互动式。 UPS 电源依输出波形区分为：方波、正弦波及阶梯波。纯净的市电就是标准的正弦波，是最理想的波形；方波的高次谐波量较多，会影响精密仪器的工作；阶梯波是方波的特殊形式，它介于方波与正弦波之间，这种波形输出的 UPS 电源适合对电源要求不特别严格的负载使用。 UPS 电源依容量区分为小型 UPS 电源：10kVA 以下；中型 UPS 电源：10kVA 以上，100kVA 以下；大型 UPS 电源：100kVA 以上。种类繁多的 UPS 电源在电池供电状态下区分不大，都为逆变器输出，主要区别在于市电状态下的工作状态。此时，在线式仍为逆变器输出，有独立的充电电路；线上互动式（或称在线互动式或线上交互式）为直接输出或市电经变压器耦合输出，此时逆变器为充电器；后备式为直接输出或市电经变压器耦合输出，此时逆变器不工作有单独的充电电路。

人们最常用的是后备式 UPS，如四通 HO 系列与 SD 系列。它具备了自动稳压、断电保护等 UPS 最基础也最重要的功能。虽然一般有 10ms 左右的转换时间，逆变输出的交流电是方波而非正弦波，但由于结构简单而具有价格便宜、可靠性高等优点，因此广泛应用于微机、外设、POS 机等领域。

在线式 UPS 结构较复杂，但性能完善，能解决所有电源问题。如四通 PS 系列，其显著特点是能够持续零中断地输出纯净正弦波交流电，能够解决尖峰、浪涌、频率漂移等全部的电源问题；由于需要较大的投资，通常应用在关键设备与网络中心等对电力要求苛刻的环境中。

2. UPS 的工作原理

虽然各企业配置的 UPS 供电系统设备型号及系统容量有所不同，但其原理和主要功能基本相同。在 UPS 电源类型选择上各站都选择了在线式，这时因为在线式 UPS 电源系统具有对各类供电的零时间切换，自身供电时间的长短可选，并具有稳压、稳频、净化的特点。

当 UPS 电源系统本身出现故障时有自动旁路功能，当需要检修时可采用手动旁路，使检修、供电互不影响。在功率选择上，莱钢中小型棒材生产线选用了中功率系统。

（1）UPS 电源系统

UPS 电源系统由 4 部分组成：整流、储能、变换和开关控制。其系统的稳压功能通常是由整流器完成的，整流器件采用可控硅或高频开关整流器，本身具有可根据外电的变化控制输出幅度的功能，从而当外电发生变化时（该变化应满足系统要求），输出幅度基本不变的整流电压。净化功能由储能电池来完成，由于整流器对瞬时脉冲干扰不能消除，整流后的电压仍存在干扰脉冲。储能电池除可存储直流电能的功能外，对整流器来说就像接了一只大容器电容器，其等效电容量的大小，与储能电池容量大小成正比。由于电容两端的电压是不能突变的，即利用了电容器对脉冲的平滑特性消除了脉冲干扰，起到了净化功能，也称对干扰的屏蔽。频率的稳定则由变换器来完成，频率稳定度取决于变换器的振荡频率的稳定程度。为方便 UPS 电源系统的日常操作与维护，设计了系统工作开关，主机自检故障后的自动旁路开关，检修旁路开关等开关控制。

如图 8-1 所示，在电网电压工作正常时，给负载供电，而且，同时给储能电池充电；当突发停电时，UPS 电源开始工作，由储能电池供给负载所需电源，维持正常的生产（如粗黑→所示）；当由于生产需要，负载严重过载时，由电网电压经整流直接给负载供电（如虚线所示）。

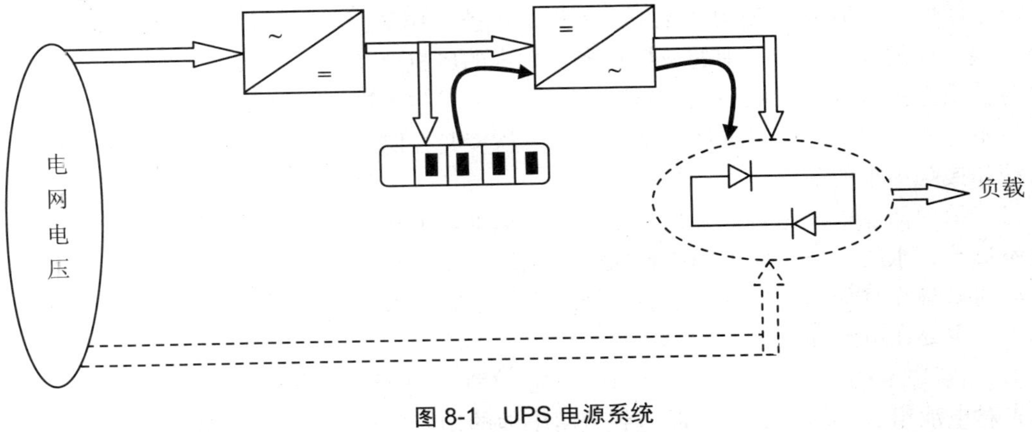

图 8-1　UPS 电源系统

UPS 电源系统主要分两大部分，主机和储能电池。额定输出功率的大小取决于主机部分，并与负载属哪种性质有关，因为 UPS 电源对不同性能的负载驱动能力不同，通常负载功率应满足 UPS 电源 70%的额定功率。储能电池容量的选取当负载功率确定后主要取决其后备时间的长短，这个时间因各企业情况不同而不同，主要由备用电源的接入时间来定，通常在几分钟或几个小时不等。莱钢中小型棒材生产线因生产需要不允许断电，因此，UPS 电源系统在检测到电网电压中断后，可自行启动供电，且随着储能电池慢慢放电，储能电池的容量随着时间会逐渐降低，考虑到寿命终止时储能电池容量下降到 50%并留有一定的余量，UPS 电源系统的工作时间当储能电池满容量时为 2 小时，半容量为 1 小时。

（2）电源工作原理

AC-DC 变换：将电网来的交流电经自耦变压器降压、全波整流、滤波变为直流电压，供给逆变电路。AC-DC 输入有软启动电路，可避免开机时对电网的冲击。

DC-AC 逆变电路：采用大功率 IGBT 模块全桥逆变电路，具有很大的功率富余量，在输出动态范围内输出阻抗特别小，具有快速响应特性。由于采用高频调制限流技术及快速短路保护技术，使逆变器无论是供电电压瞬变还是负载冲击或短路，均可安全可靠地工作。

控制驱动：控制驱动是完成整机功能控制的核心，它除了提供检测、保护、同步以及各种开关和显示驱动信号外，还完成 SPWM 正弦脉宽调制的控制，由于采用静态和动态双重电压反馈，极大地改善了逆变器的动态特性和稳定性。

当市电正常 380Vac 时，直流主回路有直流电压，供给 DC-AC 交流逆变器，输出稳定的 220Vac 交流电压，同时市电对电流充电。当任何时候市电欠压或突然掉电，则由电池组通过隔离二极管开关向直流回路馈送电能。从电网供电到电池供电没有切换时间。当电池能量即将耗尽时，不间断电源发出声光报警，并在电池放电下限点停止逆变器工作，长鸣告警。不间断电源还有过载保护功能，当发生超载（150%负载）时，跳到旁路状态，并在负载正常时自动返回。当发生严重超载（超过 200%额定负载）时，不间断电源立即停止逆变器输出并跳到旁路状态，此时前面空气开关也可能跳闸。消除故障后，只要合上开关，重新开机即恢复工作。

8.1.2 UPS 故障分析与处理

（1）UPS 电源在正常使用情况下，主机的维护工作很少，主要是防尘和定期除尘。特别是气候干燥的地区，空气中的灰粒较多，机内的风机会将灰尘带入机内沉积，当遇空气潮湿时会引起主机控制紊乱造成主机工作失常，并发生不准确告警，大量灰尘也会造成器件散热不好。一般每季度应彻底清洁一次。其次就是在除尘时，检查各连接件和插接件有无松动和接触不牢的情况。

（2）虽说储能电池组目前都采用了免维护电池，但这只是免除了以往的测比、配比、定时添加蒸馏水的工作。但外因工作状态对电池的影响并没有改变，不正常工作状态对电池造成的影响没有变，这部分的维护检修工作仍是非常重要的，UPS 电源系统的大量维修检修工作主要在电池部分。

① 储能电池的工作全部是在浮充状态，在这种情况下至少应每年进行一次放电。放电前应先对电池组进行均衡充电，以达到全组电池的均衡。要清楚放电前电池组已存在的落

后电池。放电过程中如有一只达到放电终止电压时，应停止放电，继续放电先消除落后电池然后再放。

② 核对性放电，不是首先追求放出容量的百分之多少，而是要关注发现和处理落后电池，经对落后电池处理后再作核对性放电实验。这样可防止事故，以免放电中落后电池恶化为反极电池。

③ 平时每组电池至少应有 8 只电池作标示电池，作为了解全电池组工作情况的参考，对标示电池应定期测量并做好记录。

④ 日常维护中需经常检查的项目有：清洁并检测电池两端电压、温度；连接处有无松动，腐蚀现象、检测连接条压降；电池外观是否完好，有无壳变形和渗漏；极柱、安全阀周围是否有酸雾逸出；主机设备是否正常。

⑤ 免维护电池要维护，不是什么无稽之谈，应从广义的维护立场出发，做到运行、日常管理的周到、细致和规范性，保证设备（包括主机设备）保持良好的运行状况，从而延长使用年限；保证直流母线经常保持合格的电压和电池的放电容量；保证电池运行和人员的安全可靠。这就是电池维护的目的，也是电池运行规程中包括的内容和进行规则。

（3）当 UPS 电池系统出现故障时，应先查明原因，分清是负载还是 UPS 电源系统；是主机还是电池组。虽说 UPS 主机有故障自检功能，但它对面而不对点，对更换配件很方便，但要维修故障点，仍需做大量的分析、检测工作。另外如自检部分发生故障，显示的故障内容则可能有误。

（4）对主机出现击穿、断保险或烧毁器件的故障，一定要查明原因并排除故障后才能重新启动，否则会接连发生相同的故障。

（5）当电池组中发现电压反极、压降大、压差大和酸雾泄漏现象的电池时，应及时采用相应的方法恢复和修复，对不能恢复和修复的要更换，但不能把不同容量、不同性能、不同厂家的电池联在一起，否则可能会对整组电池带来不利影响。对寿命已过期的电池组要及时更换，以免影响到主机。

8.2　打印机的维修

打印机是现代企事业办公设备，因为经常使用，所以容易出现故障，以喷墨打印机故障率最高，其次是针式打印机和激光打印机。

引起打印机不打印的故障大致可以归纳为以下几点：

- 打印机硬件坏；
- 打印机没有墨水或碳粉；
- 打印机的电缆坏或没有接好；
- 主板上的并口坏；
- 主板 CMOS 设置错误；
- 打印机的驱动安装错误；
- 电脑病毒感染。

8.2.1 打印机的分类

打印机作为各种计算机的最主要输出设备之一，随着计算机技术的发展和日趋完美的用户需求而得到较大的发展。尤其是近年来，打印机技术取得了较大的进展，各种新型实用的打印机应运而生，一改以往针式打印机一统天下的局面。目前，在打印机领域形成了针式打印机、喷墨打印机、激光打印机三足鼎立的主流产品，各自发挥其优点，满足各界用户不同的需求。

1. 针式打印机

针式打印机也称撞击式打印机，其基本工作原理类似于我们用复写纸复写资料。针式打印机中的打印头是由多支金属撞针组成，撞针排列成一直行。当指定的撞针到达某个位置时，便会弹射出来，在色带上打击一下，让色素印在纸上做成其中一个色点，配合多个撞针的排列样式，便能在纸上打印出文字或图形。针式打印机的打印成本最低，但是它的打印分辨率也是最低的。

2. 喷墨打印机

喷墨打印机使用大量的喷嘴，将墨点喷射到纸张上。由于喷嘴的数量较多，且墨点细小，能够做出比针式打印机更细致、混合更多种的色彩效果。喷墨打印机的价格居中，打印品质也较好，所以被广大用户所接受。

3. 激光打印机

激光打印机是利用碳粉附着在纸上而成像的一种打印机，其工作原理主要是利用激光打印机内的一个控制激光束的磁鼓，借着控制激光束的开启和关闭，当纸张在磁鼓间卷动时，上下起伏的激光束会在磁鼓产生带电核的图像区，此时打印机内部的碳粉会受到电荷的吸引而附着在纸上，形成文字或图形。由于碳粉属于固体，而激光束有不受环境影响的特性，所以激光打印机可以长年保持印刷效果清晰细致，打印在任何纸张上都可得到好的效果。激光打印机一直以黑色打印为主，但是价位以及打印成本太高。

8.2.2 安装打印机

打印机的安装分为两部分：一是打印机的硬件连接；二是相应驱动软件的安装。

1. 连接打印机

【范例 8-1】 连接打印机。

步骤 1：首先选好打印机的摆放位置，以确保打印机工作时不受到任何干扰和影响。打印机的摆放位置尽可能要满足以下条件。

- 温湿度要适宜。打印机所处的位置必须通风良好，既不能摆放在过分潮湿的环境，也不能摆放在温度过高的环境下，且要远离各种电磁设备和热源设备。
- 摆放要平稳。打印机的桌面必须稳固牢靠，不能摇摇晃晃，且周围有足够的空间。

步骤 2：在合适的位置摆放好打印机后，就可以进行硬件连接了。打印机通常提供两根连线，一根为电源线，是要插到电源插座上的；另一根为数据传输线，要与计算机相连。数据传输线两端的插头如图 8-2 和 8-3 所示。

图 8-2　与计算机相连的插头

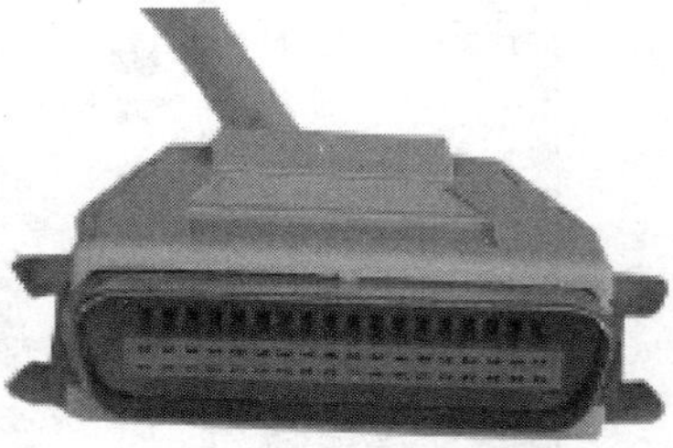

图 8-3　与打印机相连的插头

步骤 3：先来连接电源线。将打印机的电源关闭，将电源线的一端插入打印机背面板的电源插座，另一端插入电源插座，这样打印机的电源线就连接好了。

提示	打印机使用的电源线必须是原机配备的，而且所连接的电源插座，不能和其他强电设备共用，以免打印机电源输入不稳定，导致打印机发生意外。

步骤 4：接下来连接数据传输线。确保打印机和计算机的电源都已经关闭，检查打印机随机配备的数据传输线到底属于什么类型的接口，如果是并行接口，则将数据传输线的一端插入打印机的数据端口中，另一端插入计算机的并行端口中。

提示	打印机数据传输线的接口类型有多种，除了并口之外，还有串行口、USB 接口等。但不管属于什么类型，只要在打印机背面板中找到和对应接口类型相吻合的接口，直接插入即可。

步骤 5：连接好以后，再分别将线缆的两端固定好，最后用手轻轻拉一下以确保数据传输线已经被牢固地连接好。

2. 添加打印机

【范例 8-2】 添加打印机。

步骤 1：完成打印机与计算机硬件的正确连接后，就可以在计算机系统中添加打印机所对应的驱动程序了。

步骤 2：单击“开始”→“控制面板”命令，打开“控制面板”窗口。单击“经典视图”，切换到经典视图模式的“控制面板”窗口，如图 8-4 所示。

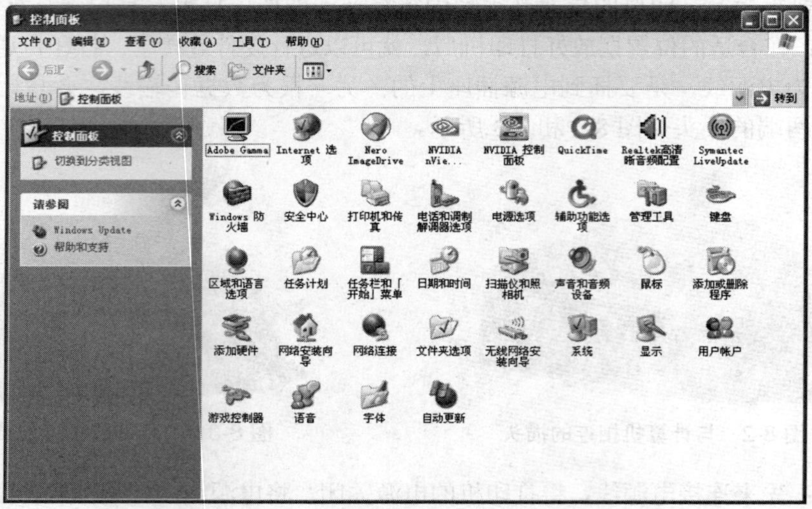

图 8-4 “控制面板”对话框

步骤 3：在对话框中，双击“打印机和传真”图标，打开如图 8-5 所示的“打印机和传真”窗口。

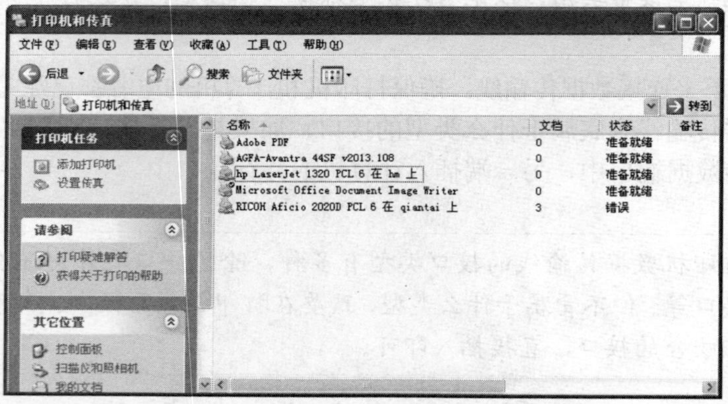

图 8-5 “打印机和传真”窗口

步骤 4：在“打印机和传真”窗口中，单击左上方的“添加打印机”选项，或在窗口的空白处右击，从弹出的快捷菜单中选择“添加打印机”命令，打开“添加打印机”向导，然后单击“下一步”按钮，如图 8-6 所示，选择“连接到此计算机的本地打印机”选项后，进入下一步。

步骤 5：在“选择打印机端口”对话框中，如图 8-7 所示，为打印机设置合适的端口。此处使用默认的端口“LPT1：(推荐的打印机端口)”。如果所需要的端口不在“使用现有的端口”下拉列表中，可以选择“创建新端口”单选按钮进行创建。设置完成后，单击“下一步”按钮。

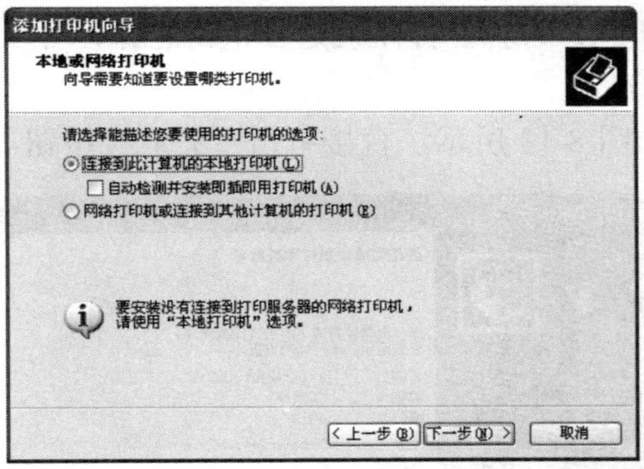

图 8-6　“添加打印机”向导（一）

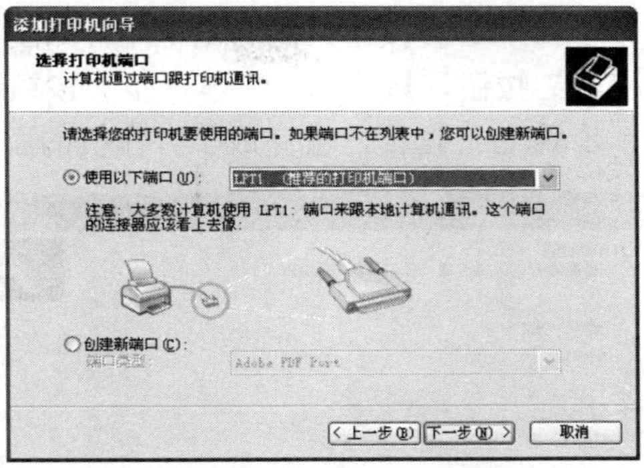

图 8-7　“添加打印机”向导（二）

步骤 6：出现如图 8-8 所示的对话框。在对话框中，选择所安装的打印机所属厂商、型号，然后单击“从磁盘安装”按钮。

步骤 7：弹出如图 8-9 所示的 “从磁盘安装”对话框。插入驱动程序安装光盘，然后选择正确的驱动器，单击“确定”按钮，系统将开始安装选定的驱动程序。

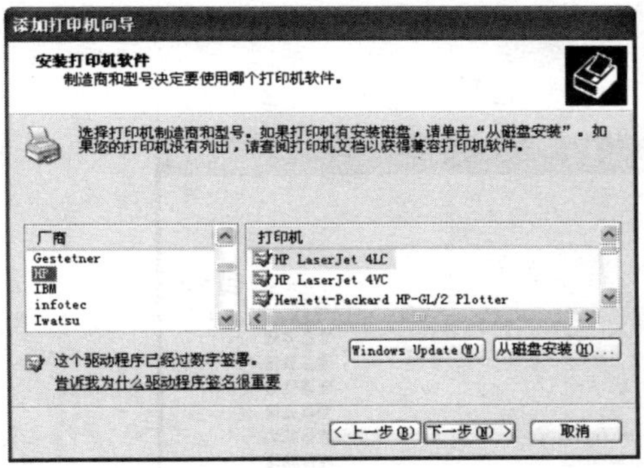

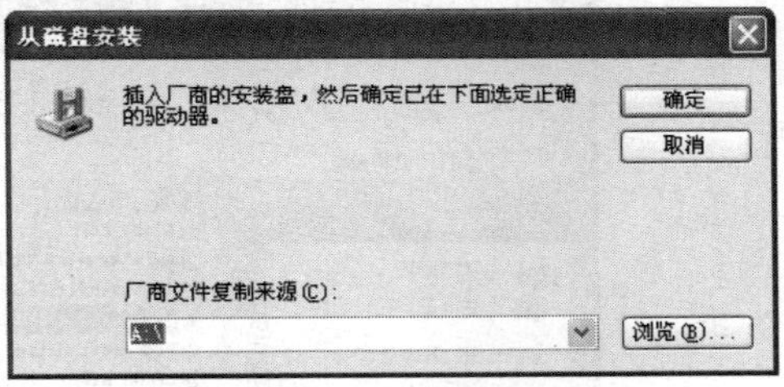

图 8-8　“添加打印机”向导（三）　　图 8-9　“从磁盘安装”对话框

步骤 8：打开如图 8-10 所示的对话框，在“打印机名称”文本框中，输入打印机的名称，然后单击“下一步”按钮。

步骤 9：打开如图 8-11 所示的对话框，选中“不共享这台打印机”选项，然后单击“下一步”按钮。

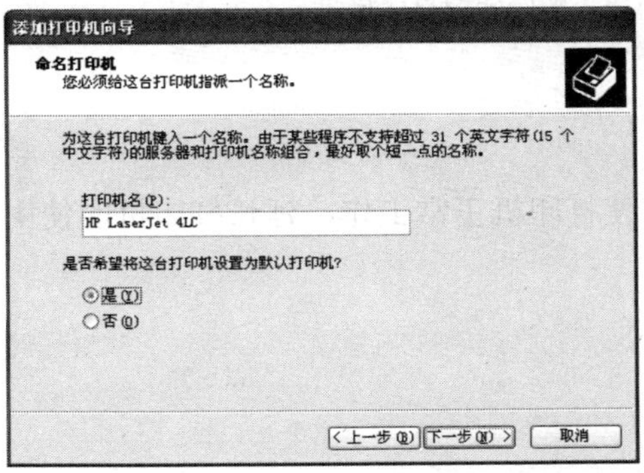

图 8-10　“添加打印机”向导（四）

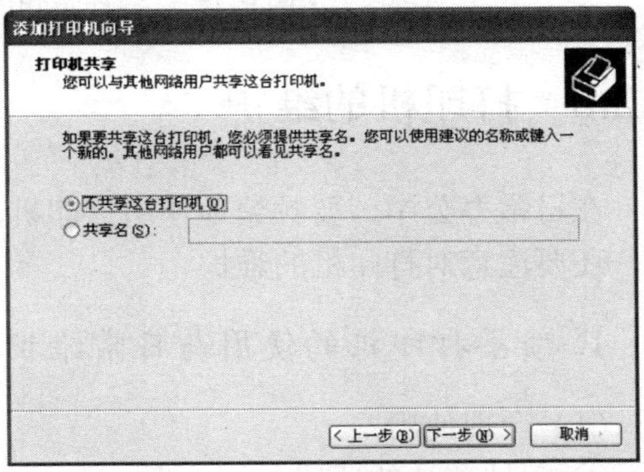

图 8-11　“添加打印机”向导（五）

步骤 10：在接下来的对话框中，如图 8-12 所示，为验证打印机是否正常工作，可以选中“是”按钮，然后单击“下一步”按钮进行测试。

步骤 11：这样，就完成了打印机的添加，如图 8-13 所示，直接单击“完成”按钮。

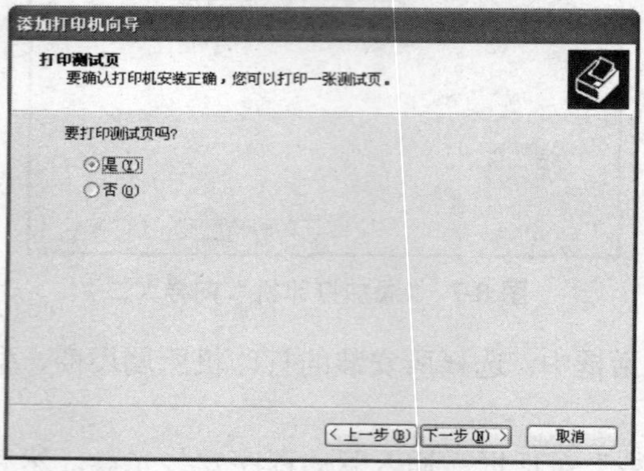

图 8-12 “添加打印机”向导（六）

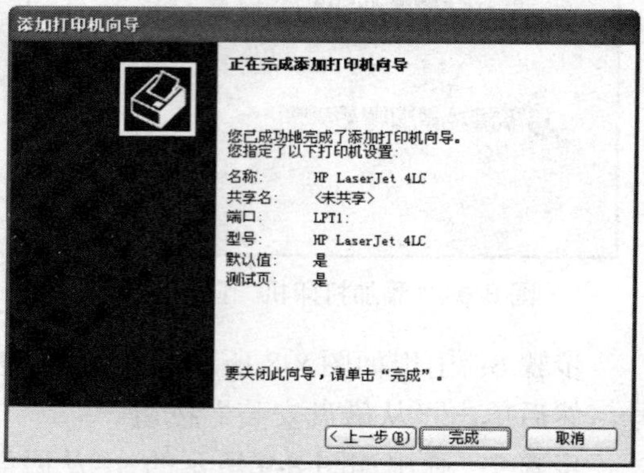

图 8-13 “添加打印机”向导（七）

步骤 12：添加完成后，在“控制面板”的“打印机和传真”窗口中，将出现添加后的打印机，如图 8-14 所示。

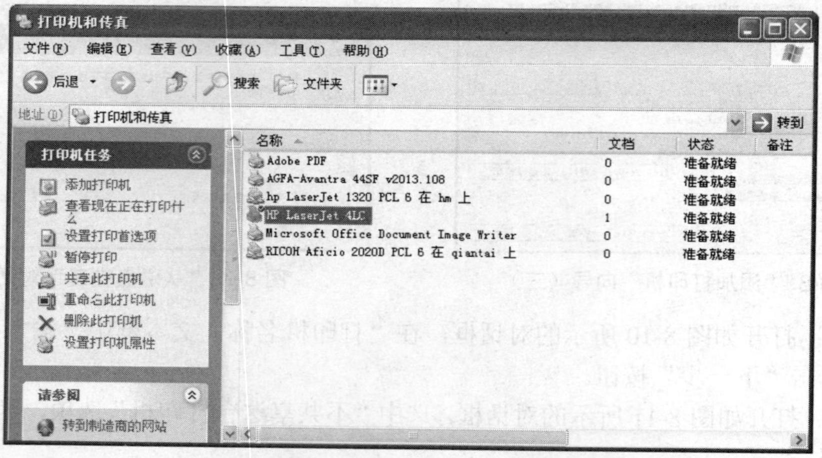

图 8-14 “打印机和传真”窗口中新添加的打印机

8.2.3 打印机的维护

在日常办公中，要频繁地使用打印机，为了使打印机正常工作，延长打印机的使用寿命，还要注意对打印机的维护。

1. 喷墨打印机的使用与日常维护

（1）合理使用

① 保持清洁的环境。

② 关机前使字车回到初始位置。

③ 不可用手移动字车、墨盒及墨盒支架。

④ 墨水未用完时不要更换。

⑤ 有些打印机，必须在开机状态下更换墨盒，否则会造成墨水计量错误。

⑥ 将打印机放在稳定的桌面上，不能在打印机上放置任何物品，否则会使字车偏离初始位置而造成死机。

（2）日常维护

① 不要随意拆下喷头；不能用水清洗喷头；不要磕碰喷头。

② 不能用面巾纸、镜片布等擦拭喷头表面。

③ 不要将灰尘、化学药品等污染到喷嘴上。

④ 不要在关机状态下更换墨盒，以免墨水供应不上。

⑤ 要定期清洗喷头。

2. 激光打印机的使用与日常维护

（1）合理使用

① 不要触摸定影器。

② 不要触摸打印机的内部部件。

③ 不要去修理一次性硒鼓。

④ 激光打印机的工作环境变动时，应过一段时间再使用。

（2）日常维护

① 定期清洁保养，需要清洁的主要部件有：转印电晕丝、传输器条板、输纸导向板、静电消除器。

② 光导体定期修复。

③ 硒鼓的再利用，对非一次性硒鼓而言都要添粉，使打印机重新工作。这时可把储存在墨粉回收盒中的废粉重新加入硒鼓，达到再利用的目的。

8.2.4　打印机故障维修

打印机已是我们现代办公必备的设备，可以说它的使用大大减轻了我们的劳动强度，提高了工作效率，使办公环境更加轻松。可是由于各种原因，打印机在使用一段时间后常常出现这样或那样的故障，下面就介绍打印机常出现的几个故障的检修方法与技巧。

1. 打印机卡纸或不能走纸

打印机最常见的故障是卡纸。出现这种故障时，操作面板上指示灯会发亮，并向主机发出一个报警信号。出现这种故障的原因有很多，例如纸张输出路径内有杂物、输纸辊等部件转动失灵、纸盒不进纸、传感器故障等，排除这种故障的方法十分简单，只需打开机盖，取下被卡的纸即可，但要留意，必须按进纸方向取纸，绝不可反方向转动任何旋钮。

如果经常卡纸，就要检查进纸通道，清除输出路径的杂物，纸的前部边缘要刚好在金属板的上面。检查出纸辊是否磨损或弹簧松脱，压力不够，即不能将纸送入机器。出纸辊磨损，一时无法更换时，可用缠绕橡皮筋的办法进行应急处理。缠绕橡皮筋后，增大了搓纸摩擦力，能使进纸恢复正常。此外，装纸盘安装不正常，纸张质量不好（过薄、过厚、受潮），也会造成卡纸或不能取纸的故障。

2. 打印出现乱字符

无论是针式打印机、喷墨打印机还是激光打印机出现打印乱码现象，大多是由于打印接口电路损坏或主控单片机损坏所致，而实际检修中发现，打印机接口电路损坏的故障较为常见，由于接口电路采用微电源供电，一旦接口带电拔插产生瞬间高压静电，就很轻易击穿接口芯片，一般只要更换接口芯片，该类故障即可排除。另外，字库还没有正确载入打印机也会出现这种现象。

3. 打印机输出空白纸

对于针式打印机，引起打印纸空白的原因大多是由于色带油墨干涸、色带拉断、打印头损坏等，应及时更换色带或维修打印头；对于喷墨打印机，引起打印空白的故障大多是由于喷嘴堵塞、墨盒没有墨水等，应清洗喷头或更换墨盒；而对于激光打印机，引起该类故障的原因可能是显影辊未吸到墨粉（显影辊的直流偏压未加上），也可能是感光鼓未接地，使负电荷无法向地释放，激光束不能在感光鼓上起作用。

另外，激光打印机的感光鼓不旋转，则不会有影像生成并传到纸上。断开打印机电源，取出墨粉盒，打开盒盖上的槽口，在感光鼓的非感光部位做个记号后重新装入机内。开机运行一会儿，再取出检查记号是否移动了，即可判定感光鼓是否工作正常。假如墨粉不能正常供应或激光束被挡住，也会出现打印空白纸的现象。因此，应检查墨粉是否用完、墨盒是否准确装入机内、密封胶带是否已被取掉或激光照射通道上是否有遮挡物。需要注重的是，检查时一定要将电源关闭，因为激光束可能会损坏操作者的眼睛。

4. 打印时字迹一边清晰而另一边不清晰

此现象一般出现在针式打印机上，喷墨打印机也可能出现，不过概率较小，主要是打印头导轨与打印辊不平行，导致两者距离有远有近所致。解决方法是可以调节打印头导轨与打印辊的间距，使其平行。详细做法是：分别拧松打印头导轨两边的调节片，逆时针转动调节片减小间隙，最后把打印头导轨与打印辊调节到平行就可解决问题。不过要留意调节时调对方向，可以逐渐调节，多打印几次。

5. 打印字迹偏淡

对于针式打印机，引起该类故障的原因大多是色带油墨干涸、打印头断针、推杆位置调得过远，可以用更换色带和调节推杆的方法来解决；对于喷墨打印机，喷嘴堵塞、墨水过干、墨水型号不准确、输墨管内进空气、打印机工作温度过高都会引起本故障，应对喷头、墨水盒等进行检测维修；对于激光打印机，当墨粉盒内的墨粉较少，显影辊的显影电压偏低和墨粉感光效果差时，也会造成打印字迹偏淡现象。此时，取出墨粉盒轻轻摇动，如果打印效果无改善，则应更换墨粉盒或调节打印机墨粉盒下方的一组感光开关，使之与墨粉的感光敏捷度匹配。

6. 打印纸输出变黑

对于针式打印机，引起该故障的原因是色带脱毛、色带上油墨过多、打印头脏污、色带质量差和推杆位置调得太近等，检修时应首先调节推杆位置，如故障不能排除，再更换色带，清洗打印头，一般即可排除故障；对于喷墨打印机，应重点检查喷头是否损坏、墨水管是否破裂、墨水的型号是否正常等；对于激光打印机，则大多是由于电晕放电丝失效或控制电路出现故障，使得激光一直发射，造成打印输出内容全黑。因此，应检查电晕放电丝是否已断开或电晕高压是否存在、激光束通路中的光束探测器是否工作正常。

7. 打印字符不全或字符不清楚

对于喷墨打印机，可能有两方面原因，墨盒墨尽、打印机长时间不用或受日光直射而导致喷嘴堵塞。解决方法是可以换新墨盒或注墨水，假如墨盒未用完，可以断定是喷嘴堵塞：取下墨盒（对于墨盒喷嘴不是一体的打印机，需要取下喷嘴），把喷嘴放在温水中浸泡一会儿，注重一定不要把电路板部分浸在水中，否则后果不堪设想。

对于针式打印机，可能有以下几方面原因：打印色带使用时间过长；打印头长时间没有清洗，脏物太多；打印头有断针；打印头驱动电路有故障。解决方法是先调节一下打印头与打印辊间的间距，故障不能排除，可以换新色带，如果还不行，就需要清洗打印头了。方法是：卸掉打印头上的两个固定螺钉，拿下打印头，用针或小钩清除打印头前、后夹杂的脏污，一般都是长时间积累的色带纤维等，再在打印头的后部看得见针的地方滴几滴仪表油，以清除一些脏污，不装色带空打几张纸，再装上色带，这样问题基本就可以解决，如果是打印头断针或是驱动电路问题，就只能更换打印针或驱动管了。

8. 打印纸上重复出现污迹

针式打印机重复出现脏污的故障大多是由于色带脱毛或油墨过多引起的，更换色带盒即可排除；喷墨打印机重复出现脏污是由于墨水盒或输墨管漏墨所致；当喷嘴性能不良时，喷出的墨水与剩余墨水不能很好断开而处于平衡状态，也会出现漏墨现象；而激光打印机出现此类现象有一定的规律性，由于一张纸通过打印机时，机内的 12 种轧辊转过不止一圈，最大的感光鼓转过 2～3 圈，送纸辊可能转过 10 圈，当纸上出现间隔相等的污迹时，可能是由脏污或损坏的轧辊引起的。

9. 打印头移动受阻，停下长鸣或在原处震动

这主要是由于打印头导轨长时间滑动会变得干涩，打印头移动时就会受阻，到一定程度就会使打印停止，如不及时处理，严峻时可以烧坏驱动电路。解决方法是在打印导轨上涂几滴仪表油，往返移动打印头，使其均匀分布。重新开机后，如果还有受阻现象，则有可能是驱动电路烧坏，需要拿到维修部了。

8.3 存储卡

存储卡是用于手机、数码相机、便携式电脑、MP3和其他数码产品上的独立存储介质，一般是卡片的形态，故统称为“存储卡”，又称为“数码存储卡”、“扩展卡”、“储存卡”等。存储卡具有体积小巧、携带方便、使用简单的优点。同时，由于大多数存储卡都具有良好的兼容性，便于在不同的数码产品之间交换数据。近年来，随着数码产品的不断发展，存储卡的存储容量不断得到提升，应用也快速普及。

常见的存储介质有CF卡、SD卡、SM、记忆棒和小硬盘。

1. CF卡

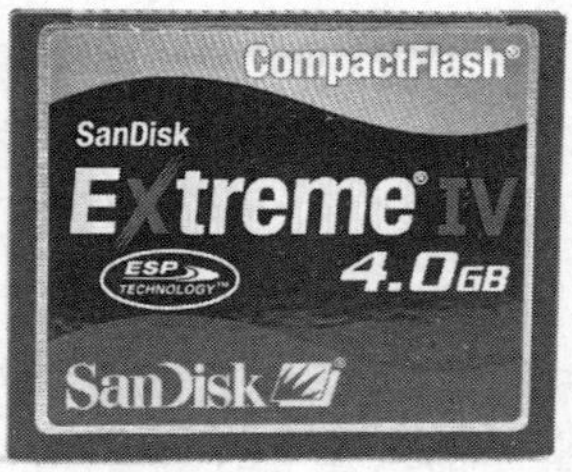

图 8-15　CF卡

CF卡（Compact Flash）是1994年由SanDisk最先推出的。CF卡具有PCMCIA-ATA功能，并与之兼容；CF卡重量只有14g，是一种固态产品，也就是工作时没有运动部件（如图8-15所示）。CF卡采用闪存（Flash）技术，是一种稳定的存储解决方案，不需要电池来维持其中存储的数据。对所保存的数据来说，CF卡比传统的磁盘驱动器安全性和保护性都更高；比传统的磁盘驱动器及III型PC卡的可靠性高5到10倍，而且CF卡的用电量仅为小型磁盘驱动器的5%。CF卡使用3.3V到5V之间的电压工作（包括3.3V或5V）。这些优异的条件使得大多数数码相机选择CF卡作为其首选存储介质。

CF卡作为世界范围内的存储行业标准，保证CF产品的兼容，保证CF卡的向后兼容性；随着CF卡越来越被广泛应用，各厂商积极提高CF卡的技术，促进新一代体小质轻、低能耗先进移动设备的推出，进而提高工作效率。CFA总部在加拿大的Palo Alto，其成员有权免费得到CF卡、CF商标和CF技术详情。CFA成员包括3COM，佳能、柯达、惠普、日立、IBM、松下、摩托罗拉、NEC、SanDisk、精工（爱普生）和Socket Communications等120多个。而且其中的主要数码相机生产研发厂商已经成立了一个专门组织，从事于CF产品的开发。

2. SM卡

图 8-16　SM卡

SM（Smart Media）卡是由东芝公司在1995年11月发布的Flash Memory存贮卡，如图8-16所示，三星公司在1996年购买了生产和销售许可，这两家公司成为主要的SM卡厂商。为了推动SmartMedia成为工业标准，1996年4月成立了SSFDC论坛（SSFDC即Solid State Floppy Disk Card，实际上最开始时SmartMedia被称为SSFDC，1996年6月改名为SmartMedia，并成为东芝的注册商标）。SSFDC论坛有超过150个成员，同样包括不少大厂商，如Sony、Sharp、JVC、Philips、NEC、SanDisk等厂商。SM卡也是市场上常见的微存贮卡，一度在MP3播放器上非常流行。

由于 SM 卡本身没有控制电路，而且由塑胶制成（被分成了许多薄片），因此 SM 卡的体积小非常轻薄，在 2002 年以前被广泛应用于数码产品当中，比如奥林巴斯的老款数码相机以及富士的老款数码相机多采用 SM 存储卡。但由于 SM 卡的控制电路是集成在数码产品当中（比如数码相机），这使得数码相机的兼容性容易受到影响。

目前新推出的数码相机中都已经没有采用 SM 存储卡的产品了。

3. SD 卡

SD 卡（Secure Digital Memory Card）是一种基于半导体快闪记忆器的新一代记忆设备，如图 8-17 所示。SD 卡由日本松下、东芝及美国 SanDisk 公司于 1999 年 8 月共同开发研制。大小犹如一张邮票的 SD 记忆卡，重量只有 2 克，但却拥有高记忆容量、快速数据传输率、极大的移动灵活性以及很好的安全性。

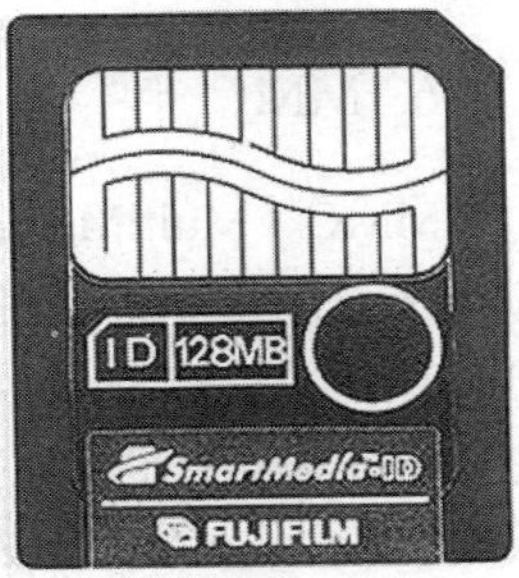

图 8-17　SD 卡

SD 卡在 24mm×32mm×2.1mm 的体积内结合了 SanDisk 快闪记忆卡控制与 MLC（Multilevel Cell）技术和 Toshiba（东芝）0.16u 及 0.13u 的 NAND 技术，通过 9 针的接口界面与专门的驱动器相连接，不需要额外的电源来保持其记忆的信息。而且它是一体化固体介质，没有任何移动部分，所以不用担心机械运动的损坏。

SD 卡的结构能保证数字文件传送的安全性，也很容易重新格式化，所以有着广泛的应用领域，音乐、电影、新闻等多媒体文件都可以方便地保存到 SD 卡中。因此不少数码相机已经开始支持 SD 卡。

4. 记忆棒

索尼一向独来独往的性格造就了记忆棒的诞生。这种口香糖型的存储设备几乎可以在所有的索尼影音产品上使用。如图 8-18 所示，记忆棒（Memory Stick）外形轻巧，并拥有全面多元化的功能。它的极高兼容性和前所未有的“通用储存媒体”（Universal Media）概念，为未来高科技个人电脑、电视、电话、数码照相机、摄像机和便携式个人视听器材提供新一代更高速、更大容量的数字信息储存、交换媒体。

图 8-18　记忆棒

除了外型小巧、具有极高稳定性和版权保护功能以及方便地使用于各种记忆棒系列产品等特点外，记忆棒的优势还在于索尼推出的大量利用该项技术的产品，如 DV 摄像机、数码相机、VAIO 个人电脑、彩色打印机、Walkman、IC 录音机、LCD 电视等，而 PC 卡转换器、3.5 英寸软盘转换器、并行出口转换器和 USB 读写器等全线附件使得记忆棒可轻松实现与 PC 及苹果机的连接。

5. 微型硬盘

Microdrive 是美国 IBM 公司推出的大容量存储介质，中文名称叫微型硬盘，如图 8-19 所示。由于数码相机缺少大容量的存储介质，曾一度阻碍了数码相机的发展，IBM 公司看到了这方面的市场空白，结合自己在硬盘制造方面的优势，果断地推出了与 CF 卡Ⅱ型接口一致的微型硬盘，使数码相机以 AVI 格式拍摄动态影像时不必再用秒计算了。当然就目前的价格来看它还是比较贵的，不过就每 MB 性价比来看，它要比 SM 卡、CF 卡和记忆棒划算多了。另外从理论上讲，只要支持 CF 卡Ⅱ型接口的数码相机也支持微型硬盘，但实际上有些机型如爱普生 PC-3000 虽然采用Ⅱ型接口，却不支持微型硬盘。目前支持微型硬盘的数码相机有卡西欧 QV3000EX、佳能 PoWERShot S20、G1 等机型。

6. MMC 卡

MMC（MultiMediaCard，多媒体存储卡）由 SanDisk 和 Siemens 公司在 1997 年发起，与传统的移动存储卡相比，其最明显的外在特征是尺寸更加微缩，只有普通的邮票大小（是 CF 卡尺寸的 1/5 左右），外形如图 8-20 所示，而其重量不超过 2g。这使其成为世界上最小的半导体移动存储卡，它对于越来越追求便携性的各类手持设备形成强有力的支持。

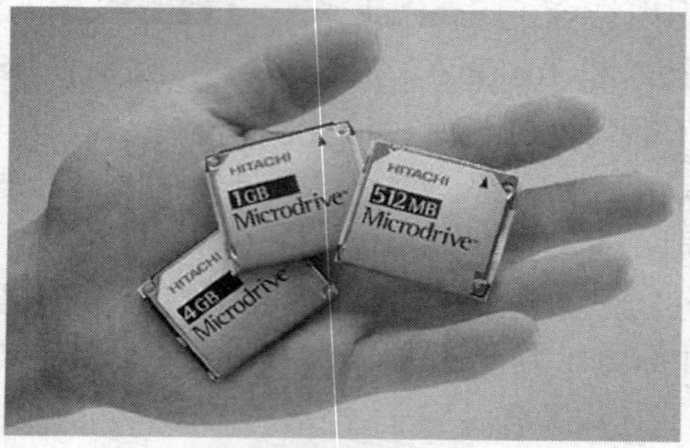

图 8-19　微型硬盘

图 8-20　MMC 卡

MMC 在设计之初是瞄准手机和寻呼机市场，之后因其小尺寸等独特优势而迅速被引进更多的应用领域，如数码相机、PDA、MP3 播放器、笔记本电脑、便携式游戏机、数码摄像机乃至手持式 GPS 等。

另外，由于采用更低的工作电压，驱动电压为 2.7～3.6V。MMC 比 CF 和 SM 等上代产品更加省电，目前常见的容量为 64MB/128MB，ATP Electrionics 公司已经率先推出了 10GB 的高容量 MMC 卡。

本章习题

1. 填空题

（1）______________是不间断电源的英文简称，是能够提供持续、稳定、不间断的电源供应的重要外部设备。

（2）通常我们把 UPS 电源依设计架构区分为三种，即______________、______________及______________。

（3）UPS 电源系统由 4 部分组成，即：____________、____________、____________和

__________。

（4）打印机主要分为______________、______________和______________。

（5）打印机的安装分为两部分，即：______________和______________。

（6）______________是用于手机、数码相机、便携式电脑、MP3 和其他数码产品上的独立存储介质，一般是卡片的形态。

（7）常见的存储介质有___________、___________、___________、___________和___________。

（8）在检测打印机的过程中，如果能够自检，说明______________没有问题。

（9）在检测打印机的过程中，向打印机发送测试页，如果成功的打印测试页，说明______________________没有毛病。

（10）对于针式打印机，用户应经常进行打印机表面的清洁维护，如果打印机上有脏迹，可用________________清擦，比较合适。

2. 实训题

（1）亲自动手安装一台打印机。

（2）引起打印机不打印的故障大致可以归纳为哪几点？应该怎样去排除故障。

第 9 章　计算机局域网构建与维护

本章导读

计算机网络是计算机技术和通信技术相结合的产物。自 20 世纪 50 年代，人们不断进行计算机技术与通信技术的结合并取得巨大的成功后，计算机网络技术不断发展和完善，现在已经成为人们生活和工作中不可缺少的重要组成部分。本章主要介绍了计算机网络的基础知识、计算机网络体系结构、TCP/IP 协议的配置与测试、计算机网络安全、常用网络设备、局域网构建、网络故障诊断与调试等内容。

9.1　网络概述

计算机网络是计算机技术与通信技术相互渗透、密切结合而形成的一门交叉学科，发展历史虽然很短，却已渗透到生活的各个领域，给人类社会带来了深刻的影响。本章将介绍计算机网络的基础知识。计算机网络是计算机技术和通信技术相结合的产物。自 20 世纪 50 年代，人们不断进行计算机技术与通信技术的结合并取得巨大的成功后，计算机网络技术不断发展和完善，现在已经成为人们生活和工作中不可缺少的重要组成部分。

9.1.1　计算机网络的定义

计算机网络是现代通信技术与计算机技术相结合的产物。所谓计算机网络，就是指将地理位置不同的具有独立功能的多台计算机及其外部设备，通过通信设备和通信线路连接起来，在网络操作系统、网络管理软件及网络通信协议的管理和协调下，实现信息传递和资源共享的计算机系统。

我们可以从以下几个方面来理解这个定义。

① 连接对象：具有独立功能的多台计算机。计算机的数量是“多个”，而不是单一的。每台计算机最核心的基本部件，如处理器、系统总线和存储器等要求存在并且是独立的。任何一台计算机都不能干预其他计算机工作，任意两台计算机之间没有主从关系。

② 连接方法：通过通信设备和通信线路进行连接。处在异地的多台计算机由通信设备和线路进行连接，从而使各自具备独立功能的计算机系统成为一个整体。

③ 连接目的：实现资源共享和信息传递。有的计算机系统数据通信的目的不是为了实现信息共享，而是为了实现分布式处理等，这种计算机系统不是真正意义上的计算机网络。例如在多处理器系统中，在各个处理器之间虽然也存在数据通信，但数据通信的目的是为

了实现多个处理器协同处理一个更大的任务，保证每个处理器都能完成自己的一部分任务而不致发生调度混乱。

④ 必要条件：需要网络系统、网络管理软件及完善的通信协议。这些软件和协议对连接在一起的硬件系统进行统一的管理和协调。例如，什么时候开始通信，数据如何编码，如何协调发送和接收数据的速度，如何为数据选择传输路由等，从而使其具备数据通信、资源共享等功能。

9.1.2　计算机网络的功能

计算机网络的功能很多，其中最主要的功能是数据通信、资源共享、分布式处理、负荷均衡和集中管理。

1. 数据通信

数据通信是计算机网络最基本的功能，是指计算机网络上的计算机之间能相互进行数据传输、信息交换。从通信角度看，计算机网络其实是一种计算机通信系统。作为计算机通信系统，能实现下列功能。

（1）传输文件

网络能快速、不需要交换磁盘就可在计算机与计算机之间进行文件拷贝。

（2）发送邮件

数据通信最简单的应用就是电子邮件。用户可以将计算机网络作为邮局，向网络上的其他计算机用户发送备忘录、报告和报表等，使不同地域的人之间进行通信和交流更加快捷和方便。

2. 资源共享

建立计算机网络的主要目的是实现资源共享。资源共享是指所有网络用户能够分享各计算机系统的全部或部分资源，从而提高系统资源利用率。在计算机网络中，共享的网络资源有多种形式，包括硬件资源共享、软件资源共享和数据资源共享等。

（1）硬件资源共享

通过计算机网络系统，可以使用远程计算机的硬件设备，包括超大型存储器、打印机、高速处理器、大容量磁盘和昂贵的巨型计算机、专用外部设备等。这样，可以使网络中各单位、各区域的资源互通有无，避免硬件设备的重复购置，提高设备的利用率，降低系统成本。

（2）软件资源共享

共享的软件资源包括各种文字处理软件、服务程序和办公管理软件等。软件资源的共享可以避免软件研究上的重复劳动。

（3）数据资源共享

共享的数据资源包括各种大型数据库、数据文件和多媒体信息等。数据资源共享可以避免大量的重复劳动，提高工作效率，避免错误，从而减少系统整体的运行成本。

3. 分布式处理

计算机网络的另一重要功能是分布式处理。分布式处理是指把同一任务分配到网络中不同地理位置上分布的节点机上协同完成。

在计算机网络中，各用户可以根据实际情况合理选择网内资源，快速解决问题。对于大型的课题，可以分为许许多多的小题目，通过一定的算法将其交给不同的计算机分别完成。在同一网络内的各台计算机，可以通过协同操作和并行处理，来提高整个系统的处理能力，共同完成仅依靠单个计算机难以完成的、复杂的、综合性的大型任务。

4. 负荷均衡

负荷均衡是指工作被均匀地分配给网络上的各台计算机系统。网络控制中心负责分配和检测，当某台计算机负荷过重时，系统会自动转移负荷到其他较为空闲的计算机系统去处理。对于地理跨度较大的远程网，还可以利用时差来均衡日夜负荷的不均衡现象，而且可以提高资源的利用率。

5. 集中管理

网络系统还可以有效地将分散在网络各计算机中的数据资料收集起来，集中管理。目前，已经有了许多管理信息（MIS）系统、办公自动化（OA）系统等，通过这些系统可以实现日常工作的集中管理，提高工作效率，增加经济效益，同时也使得现代的办公手段、经营管理等发生了变化。

由此可见，计算机网络可以大大扩展计算机系统的功能，扩大其应用范围，提高可靠性和性能价格比。随着网络技术的发展，计算机网络的功能还将得到进一步的扩展和提升。

9.1.3 计算机网络的分类

计算机网络的分类标准有许多种。例如，按覆盖范围分类、按传输速率分类、按传输介质分类、按交换方式分类和使用范围分类等。不同的分类标准能得到不同的分类结果，本节将介绍几种比较常见的计算机网络分类。

1. 按覆盖范围分类

按覆盖的地理范围分类，计算机网络可以分为局域网、城域网和广域网。

（1）局域网（Local Area Network，LAN）

局域网是在微型计算机大量应用后才逐渐发展起来的，它是由一个部门或单位组建的网络，用于将有限范围内（如一个实验室、一栋大楼、一个校园、一个厂区）的各种计算机、终端与外部设备互连成网。

局域网速率高，延迟时间短，因此，网络站点往往可以对等地参与对整个网络的使用与监控。由于局域网具有成本低廉、应用广泛、组网方便和使用灵活等特点，深受广大用户的欢迎，成为计算机网络中最活跃的领域之一。

（2）城域网（Metropolitan Area Network，MAN）

城市地区网络常简称城域网。城域网的作用范围在广域网和局域网之间，因为随着局域网的广泛使用，人们逐渐要求扩大局域网的使用范围，或者要求将已经使用的局域网互相连接起来，使其成为能够覆盖一座城市的网络。因此，城域网的设计目标是满足几十千米范围内的大量机构中用户的联网需求，能够满足大量用户传输多种信息的要求。例如作用范围是一个城市，其传送速率比局域网的更高，但作用距离约为 5～50km。

由于各种原因，城域网未能顺利应用。在实践中，构建与城域网目标范围和大小相当的网络，广域网反而显得更加便捷实用。

（3）广域网（Wide Area Network，WAN）

广域网有时也称为远程网。广域网是与局域网相对而言的，一般用来连接广阔区域中的 LAN 网络。广域网的作用范围通常为几十到几千千米。广域网通常是租用电话线或用专线建造的，它的覆盖范围可以遍布于城市、国家，甚至全球。

传输距离较长是其优点，缺点是数据传输速率较低，且连接结构不很规范，有较大的随意性。

2. 按传输速率分类

传输速率的单位是 b/s（每秒比特数，英文缩写为 bps）。一般将传输速率在 kb/s～Mb/s 范围的网络称低速网，传输速率在 Mb/s～Gb/s 范围的网称高速网。也可以将速率为 kb/s 级别的网称低速网，将 Mb/s 级别的网称中速网，将 Gb/s 级别的网称高速网。

网络的传输速率与网络的带宽有直接关系。带宽是指传输信道的频带宽度，带宽的单位是 Hz（赫兹）。按照传输信道的宽度可分为窄带网和宽带网。一般将带宽在 kHz～MHz 范围的网称为窄带网，将带宽在 MHz～GHz 范围的网称为宽带网。也可以将带宽为 kHz 级别的网称窄带网，将 MHz 级别的网称中带网，将 GHz 级别的网称宽带网。通常情况下，高速网就是宽带网，低速网就是窄带网。

3. 按传输介质分类

传输介质是指数据传输系统中发送装置和接受装置间的物理媒体，按其物理形态可以划分为有线网和无线网两大类。

（1）有线网

传输介质采用有线介质连接的网络称为有线网，常用的有线传输介质有双绞线、同轴电缆和光纤。

（2）无线网

采用无线介质连接的网络称为无线网。目前无线网主要采用三种技术：微波通信、红外线通信和激光通信。其中微波通信用途最广，目前的卫星网就是一种特殊形式的微波通信，三个同步卫星就可以覆盖地球上全部通信区域。

4. 按使用范围分类

从网络的使用范围进行分类，可以划分为公用网和专用网。

（1）公用网

公用网（Public network）一般是国家的电信部门建造的网络。“公用”就是所有愿意按电信部门规定交纳费用的人都可以使用。因此公用网也可称为公众网。

（2）专用网

专用网（Private network）是某个部门为本系统特殊业务工作的需要而建造的网络。这种网络一般不向本系统以外的单位、组织或部门提供服务。例如，军队、铁路、电力等系统均有本系统的专用网。

9.1.4 网络的拓扑结构

计算机网络设计的第一步就是要解决在给定计算机的位置，并保证一定的网络响应时间、吞吐量和可靠性的条件下，通过选择适当的线路、线路容量与连接方式，使整个网络结构合理、成本低廉。为此，人们引用了拓扑学中拓扑结构的概念。

在研究计算机网络的结构设计中，将通信子网中的通信控制处理器和其他通信设备抽象为与大小和形状无关的节点，并将连接节点的通信线路抽象为线。而将这种点、线连接而成的几何图形称为网络的拓扑结构。网络的拓扑结构通常可以反映出网络中各实体之间的结构关系。

常见的计算机网络拓扑结构类型有总线型拓扑、星型拓扑、树型拓扑、环型拓扑和网状拓扑等。

1. 总线型拓扑结构

总线型拓扑结构是最常用的局域网拓扑结构之一，如图 9-1 所示。总线型网络结构简单，它使用总线作为传输介质，将所有网络节点都通过接口串接在总线上。每个节点所发的信息都通过总线来传输，并被总线上的所有节点（除发送节点外）接收。为防止信号反射，一般在总线两端连有终结器匹配线路阻抗。

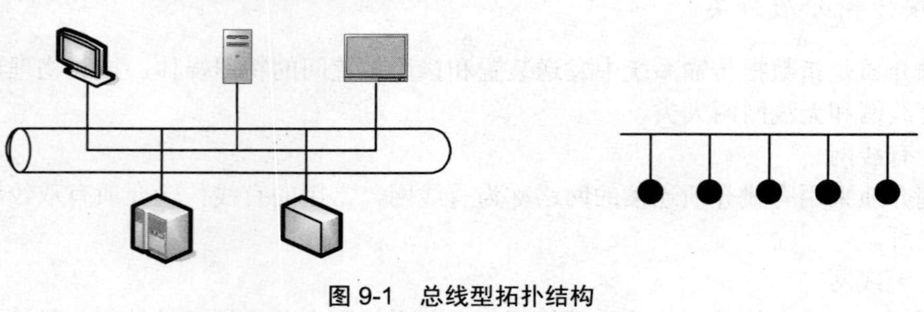

图 9-1 总线型拓扑结构

总线型网络拓扑结构的特点主要表现在以下几个方面。

① 线路利用率高：由于多个节点共用一条传输线路，因此线路利用率较高。

② 传输速率高：可利用高速信道来连接多个节点，其传输速率可达到 100Mbps 或更高。

③ 网络效率较低：在同一个时刻，只能有一个节点向总线发出信息，不允许有两个或两个以上的节点同时使用总线，一个网段内的所有节点共享总线资源。

④ 地理覆盖范围小：公用总线的长度受到一定的限制，通常小于几千米，节点至总线的连接线也较短，因此一般局限于某个单位。

⑤ 可靠性差：由于公用总线是公共传输信道，易发生线路单点故障。因为一旦发生线路故障，即会导致全网瘫痪。

2. 星型拓扑结构

星型拓扑结构是一种以中央节点（如集线器）连接其他节点而构成的网络，如图 9-2 所示。这种结构适用于局域网，特别是近年来连接的局域网大都采用这种连接方式。这种连接方式大多数以双绞线或同轴电缆作连接线路。

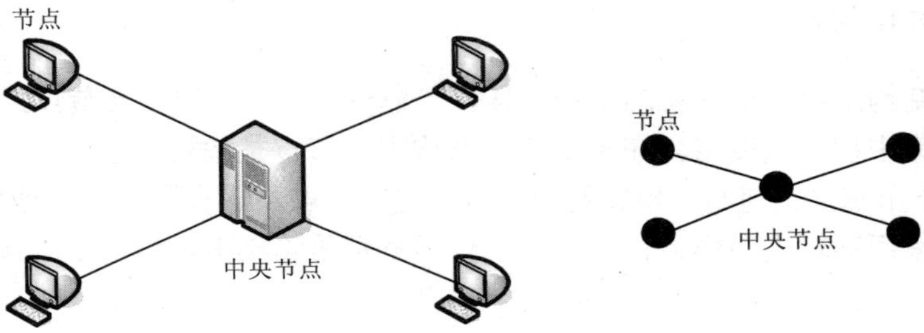

图 9-2　星型拓扑结构

星型网络拓扑结构的特点主要表现在以下几个方面。

① 功能高度集中：整个网络的处理和控制功能高度集中在中心节点，但中央节点的负荷最重，一旦中央节点发生故障，则整个网络就会瘫痪。

② 管理、扩展网络容易：增删节点不影响网络的其余部分，更改容易，也易于检测和隔离故障。

③ 线路利用率低：每条通信线路只连接一个终端，使该线路利用率不高。

④ 信息流通路径单一：每个终端通常只有一条信息流通路径到达中心节点，反之亦然，因此不存在路径选择问题。

3. 环型拓扑结构

环型拓扑结构是将网络中的各节点用公共缆线连接起来形成的闭合结构，如图 9-3 所示。信号顺着一个方向从一台设备传到另一台设备，每一台设备都配有一个收发器，信息在每台设备上的延时时间是固定的。这种结构特别适用于实时控制的局域网系统。

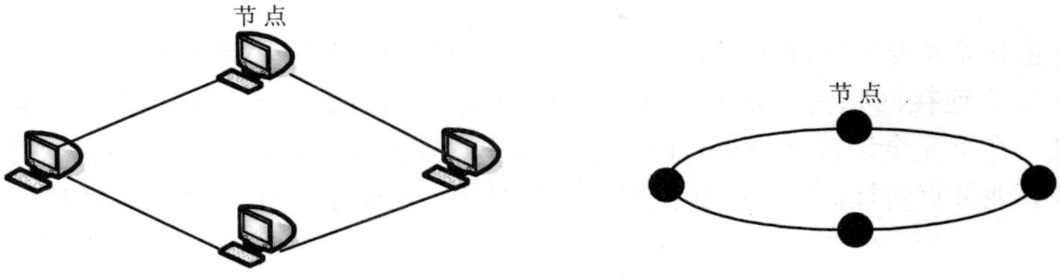

图 9-3　环型拓扑结构

环型网络拓扑结构的特点主要表现在以下几个方面。

① 网络构建容易：由于网络中的每个转发器都只与相邻的两个转发器相连接，这使网络结构简单，且介质访问控制也不复杂，所以网络构建比较容易。

② 信息控制简单：由于信息在环路中单向流动，所以路径控制非常简单，所有节点都有相同的访问能力。

③ 可靠性差：当环路上任何一个转发器或者两个转发器之间的连线发生故障时，将导致整个网络的瘫痪。

④ 灵活性差：无论增加还是减少网络节点，都需要断开原有环路，并对介质访问控制进行调整。

4. 树型拓扑结构

树型拓扑结构采用了层次化的结构，具有一个根节点和多层分支节点，如图 9-4 所示。树型拓扑属于集中控制式网络。在树型拓扑结构中，节点是按层次进行连接的，信息交换主要是在上、下节点之间进行，相邻及同层节点之间一般不进行数据交换或数据交换量小。树型结构通常采用同轴电缆作为传输介质，使用宽带传输技术，适用于分级管理及控制型网络。

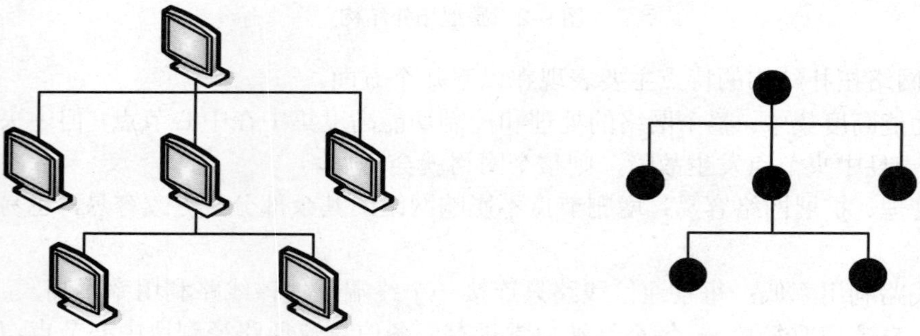

图 9-4　树型拓扑结构

树型拓扑结构的特点主要表现在以下几个方面。

① 组网成本较低：与星型相比，它的通信线路总长度短，成本较低，节点易于扩充。

② 信息控制方便：由于采用分级管理，所以寻找路径比较方便。

③ 对根节点依赖性大：一旦网络的根发生故障，整个系统就不能正常工作。

5. 网状拓扑结构

网状拓扑结构是容错能力最强的网络拓扑，如图 9-5 所示。网状拓扑结构分为全连接网状和不完全连接网状两种形式。在全连接网状型中，每一个节点和网中其他节点均有链路连接。在不完全连接网型中，两节点之间不一定有直接链路连接，它们之间的通信，可以依靠其他节点转接。网状拓扑仅用于大型系统，例如帧中继、ATM 或者其他分组交换网络。

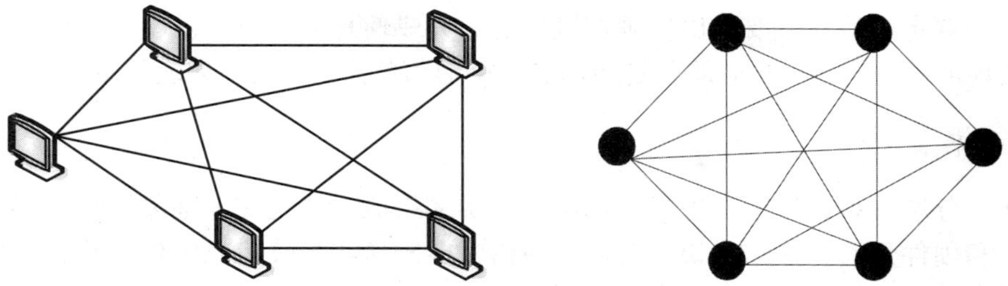

图 9-5　网状拓扑结构

网状拓扑结构的特点主要表现在以下几个方面。

① 组网成本高：由于网络上的每个节点与其他节点之间有 3 条以上的直接线路连接，因此布线费用较高。

② 布线困难：由于网状拓扑结构比较复杂，所以在布线时比较困难。

③ 容错能力强：当某个线路区段出现故障时，数据能够通过其他节点重新确定线路，并到达最终的目的地，而且网络的其他部分仍可正常运行。

以上介绍的是最基本的网络拓扑结构，在组建局域网时常采用星型、环型、总线型和树型结构，而在组建广域网时树型和网状结构比较常见。当然，在一个实际的网络中，也可能是上述几种网络拓扑结构的混合。

9.2　计算机网络体系结构

计算机网络中各种设备之间的相互连接和通信，需要遵循共同的通信规则和协议。为此，ISO 以及 CCITT、IEEE 等机构开发制定了一系列协议标准，形成了一个庞大的 OSI 基本标准机制。本节将介绍有关计算机网络的体系结构方面的知识。

网络体系结构与网络协议是网络技术中最基本的两个概念，学习这些概念可以帮助读者能够完整理解分层、功能、协议与接口的含义。

9.2.1　网络协议与分层

网络协议与分层在计算机网络中是非常重要的内容，主要包括如下概念：

1. 协议

网络中包含多种计算机系统，它们的硬件和软件各不相同，要实现它们之间的相互通信，就必须有一套通信管理机制，使通信双方能正确地发送和接收信息并理解对方所传输信息的含义。这套通信管理机制也可以说是计算机通信双方事先约定的一种规则，它就是协议。协议是指实现计算机网络中数据通信和资源共享的规则的集合。它包括协议规范的对象及应该实现的功能。一般来说，协议由语法、语义和同步三部分组成，即协议的三要素。

语法确定协议元素的格式，即规定数据与控制信息的结构和格式。语义确定协议元素的类型，即规定通信双方要发出何种控制信息、完成何种动作以及做出何种应答。同步规定事件实现顺序的详细说明，即确定通信过程中通信状态的变化，如通信双方的应答关系。

2. 实体

在网络分层体系结构中，每一层都由一些实体组成，这些实体抽象地表示了通信时的软件元素和硬件元素。换句话说：实体是通信时能发送和接收信息的任何软、硬件设施。不同机器上同一层的实体叫对等实体。

3. 分层

两个系统中实体间的通信是一个十分复杂的过程，为了减少协议设计和调试过程的复杂性，大多数网络的实现都按层次的方式来组织，每一层完成一定的功能，每一层又都建立在它的下层之上，层间接口向上一层提供一定的服务，而把这种服务是如何实现的细节对上层加以屏蔽。

层次结构中的每一层都是一个黑匣子，便于抽象、理解、交流和标准化。层次结构可使人们更集中注意总体结构及其相互关系，有利于总体优化。层次结构中的层间接口清晰，层间传递的信息量少，便于模块划分和分工协作开发，且服务与实现无关，允许具体模块变动而不影响层间关系。

4. 服务

实体完成一定的任务，称为该层功能，上层利用下层提供的功能或者说下层为上层提供服务。

5. 接口

接口能完成上下层之间交换信息功能。一般使上下层之间传输的信息量尽可能地少，这样使得两层之间保持其功能的相对独立性。

6. 体系结构

层和协议的集合被称为网络体系结构。换句话说，体系结构就是用分层研究方法定义的计算机网络各层的功能、各层协议和接口的集合。体系结构的描述必须包含足够的信息，使实现者可以用来为每一层编写程序和设计硬件，并使之符合有关协议。

7. 服务与协议的关系

服务是各层向它上层提供的一组操作。尽管服务定义了该层能够代表它的上层完成的操作，但丝毫未涉及这些操作是如何完成的。服务定义了两层之间的接口，上层是服务用户，下层是服务提供者。

协议是定义同层对等实体之间交换的帧、分组和报文的格式及意义的一组规则。实体利用协议来实现它们的服务定义。只要不改变提供给用户的服务，实体可以任意改变它们的协议。这样，服务和协议就被完全分离开来。

可见，网络协议是计算机网络不可缺少的组成部分，协议定义了网络上各种计算机和设备之间相互通信和进行数据管理、数据交换的整套规则。通过这些规则，网络上的计算机才有了通信的共同语言。

9.2.2　OSI 参考模型

网络体系结构的研究为计算机网络的互联与通信提供了很大方便。体系结构中最著名的是国际标准化组织 ISO 发布的开放系统互联参考模型（Open System Interconnection Reference Model），简称 ISO 参考模型。在这一框架下进一步详细规定了每一层的功能，以实现开放系统环境中的互联性、互操作性和应用的可移植性。

ISO 参考模型中的“开放”是指：只要遵循 OSI 标准，一个系统就可以和世界上其他任何也遵循这一标准的系统进行通信。

OSI 参考模型定义了开放系统的层次结构、层次之间的相互关系及各层所包括的可能服务。它是作为一个框架来协调和组织各层协议的制订，也是对网络内部结构最精炼的概括与描述。

1. OSI 参考模型的结构

在 OSI 标准的制定过程中，所采用的方法是将整个庞大而复杂的问题划分为若干个较易处理、范围较小的问题，这就是前面网络体系结构的层次划分方法在 OSI 中的运用，问题的处理采用了自上而下逐步求精的方法。OSI 先从最高一级的抽象开始，这一级的约束极少，然后逐渐更加精细地进行描述，并加上更多的约束。

在 OSI 中，采用了 3 级抽象，分别是参考模型、服务定义和协议规范（即协议规格说明）。

参考模型是 OSI 所制定标准中最高一级的抽象，它将整个网络的功能划分为 7 层，如图 9-6 所示。在实体之间进行通信时，双方必须遵循这 7 层的规定，但它不是一个真实的、具体的网络。

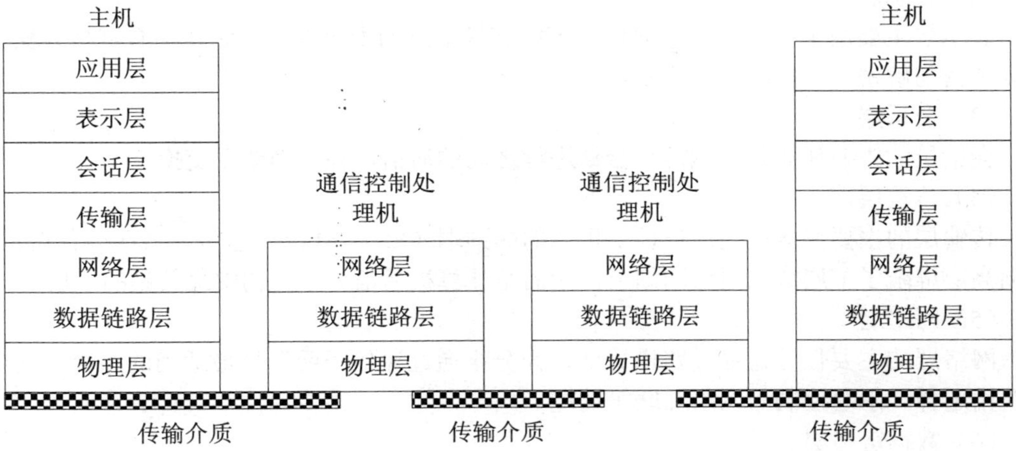

图 9-6　OSI 参考模型结构

比 OSI 参考模型更低一级的抽象是 OSI 的服务定义。服务定义较详细地定义了各层所提供的服务，某一层的服务就是该层及其以下各层所实现的功能，它通过接口提供给更高的一层，各层所提供的服务和这些服务怎么实现的无关。

在 OSI 中，最低层的抽象是 OSI 协议规范，各层的协议规范精确定义为：应当发送什么样的控制信息以及用什么样的过程来解释这个控制信息。

2. OSI 参考模型各层的功能

OSI 参考模型自上而下将网络划分为 7 层，各层的功能如图 9-7 所示。

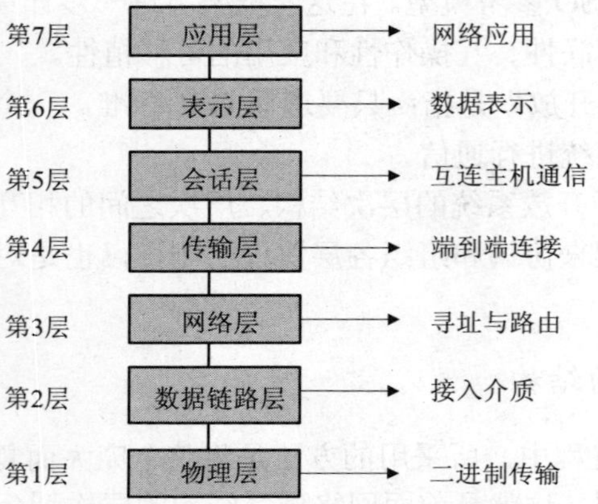

图 9-7　OSI 参考模型各层的功能

（1）应用层

应用层是 OSI 参考模型中的最高层。应用层确定进程之间通信的性质，以满足用户的需要。应用层不仅要提供应用进程所需要的交换和远程操作，还要作为应用进程的用户代理，来完成一些为进行信息交换所需的功能，如：文件传送访问和管理 FTAM、虚拟终端 VT、事务处理 TP、远程数据访问 RDA、制作报文规范 MMS、目录服务 DS 等协议。

（2）表示层

表示层主要用于处理在两个通信系统中交换信息的表示方式，它包括数据格式变换、数据加密与解密、数据压缩与恢复等功能。

（3）会话层

会话层的主要任务是组织两个会话进程之间的通信，并管理数据交换。

（4）传输层

传输层的主要任务是向用户提供可靠的端到端（End-to-End）服务，透明地传送报文。它向高层屏蔽了下层数据通信的细节，因而是计算机通信体系结构中最关键的一层。

（5）网络层

网络层的主要任务是通过路由算法，为分组通过通信子网选择最适当的路径。它要实现路由选择、阻塞控制与网络互联等功能。

（6）数据链路层

在物理层提供比特流传输服务的基础上，在通信的实体之间建立数据链路连接，传送以帧为单位的数据，采用差错控制、流量控制方法，使有差错的物理线路变成无差错的数据链路。

（7）物理层

物理层处于 OSI 参考模型的最底层。物理层的主要功能是利用物理传输介质，为数据链路层提供连接，以便透明地传送比特流。

由于 OSI 参考模型是一个理想的模型，因此，一般具体的网络只涉及其中的几层，很少有系统具有 OSI 参考模型的所有 7 层并完全遵循 OSI 参考模型的规定。

9.2.3　TCP/IP 体系结构

前面介绍了 OSI 参考模型。从理论上来说，只要遵循 OSI 参考模型，任何网络之间都可以实现无差别的互联。但是在实际上，要想完全实现 OSI 参考模型的协议，十分庞大和复杂，因此，完全遵循 OSI 参考模型的协议几乎不存在，OSI 参考模型仅为人们考查其他协议各部分间的工作方式提供了评估基础和框架。

20 世纪 70 年代，出现了 TCP/IP 参考模型，这个模型在 20 世纪 80 年代被确定为因特网的通信协议，成为事实上的国际标准。

1. TCP/IP 体系结构的层次

TCP/IP 是一组通信协议的代名词，是由一系列协议组成的协议集。它本身指的是两个协议集：TCP——传输控制协议，IP——互联网际协议。

在 TCP/IP 协议开始研究时，并没有提出参考模型的概念。TCP/IP 最早是由美国国防部高级研究计划局在其 ARPAnet 上实现的。1974 年 Kahn 定义了最早的 TCP/IP 参考模型；20 世纪 80 年代 Leiner、Clark 等人对 TCP/IP 参考模型作了进一步的研究。

TCP/IP 体系结构的层次由网络接口层、网际层、传输层和应用层 4 层组成，如图 9-8 所示。

2. TCP/IP 体系结构的特点

TCP/IP 是目前最成功、使用最频繁的互联网协议。虽然现在已经有很多协议适用于互联网，但只有 TCP/IP 最突出，在网络互联中用得最为广泛。

TCP/IP 分层模型中有两大重要边界：一个是地址边界，它将 IP 逻辑地址与底层网络的硬件地址分开；一个是操作系统（OS）边界，它将网络应用与协议软件分开，如图 9-9 所示。

图 9-8　TCP/IP 体系结构的层次

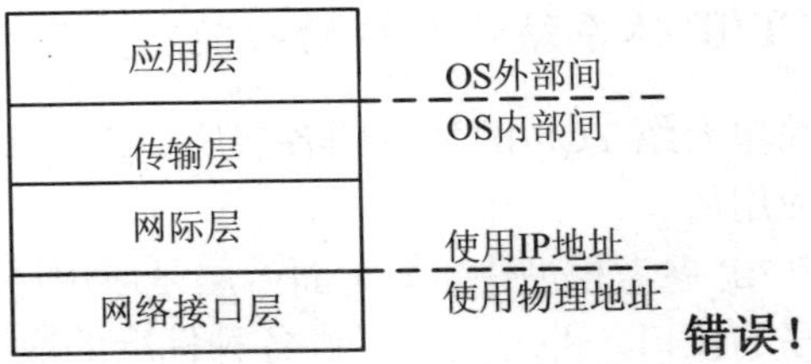

图 9-9　TCP/IP 的两大边界

IP 层作为通信子网的最高层，向上层（主要是 TCP 层）提供统一的 IP 报文，使得各种网络帧或报文格式的差异性对高层协议不复存在。这种统一的意义不容小视，因为这是 TCP/IP 互联网首先希望实现的目标。IP 层是 TCP/IP 实现异构网互联最关键的一层。

在 TCP/IP 网络中，IP 采用无连接的数据报机制，对数据报文进行"尽力传递"，即只管将报文尽力传送到目的主机，无论传输正确与否，不做校验，不发确认，也不保证报文的顺序。而传输层协议之一的 TCP 协议提供面向连接的服务（传输层的另一个协议 UDP 是无连接的）。因为传输层是端到端的，所以 TCP/IP 的可靠性被称为端到端的可靠性。

TCP/IP 将不同的底层物理网络、拓扑结构隐藏起来，向用户和应用程序提供通用的、统一的网络服务。这样从用户角度看，整个 TCP/IP 互联网就是一个统一的整体，它独立于各种物理网络技术，能够向用户提供一个通用的网络服务，如图 9-10 所示。

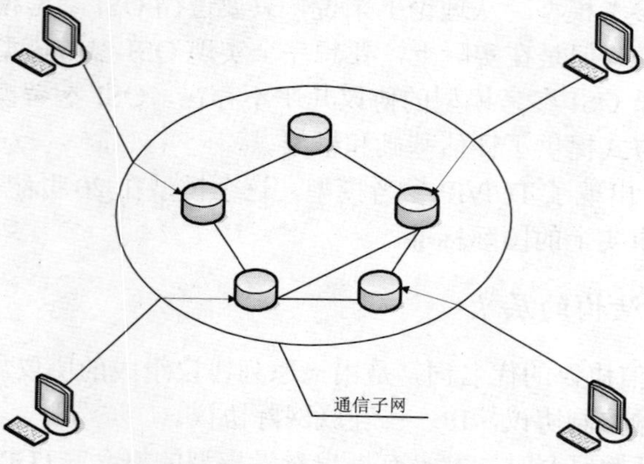

图 9-10　TCP/IP 应用模型

在某种意义上，可以把这个单一的网络看作一个虚拟网：在逻辑上它是独立的、统一的，在物理上它是由不同的网络互联而成的。将 TCP/IP 互联网看作单一网络的观点，极大地简化了细节，使用户极容易建立起 TCP/IP 互联网的概念。

TCP/IP 互联网还有一个基本思想：即任何一个能传输数据分组的通信系统，均可被看作是一个独立的物理网络。这些通信系统均受到互联网协议的平等对待。大到广域网，小到局域网，甚至两台机器之间的点到点专线以及拨号电话线路都被当作网络，这就是互联网的网络对等性。网络对等性为协议设计者提供了极大的方便，简化了对异构网的处理。

TCP/IP 网络完全撇开了底层物理网络的特性，是一个高度抽象的概念，正是这一抽象的概念，为 TCP/IP 网络赋予了巨大的灵活性和通用性。

3. TCP/IP 体系结构各层的功能

下面简单介绍 TCP/IP 协议的各层所提供的服务和功能。

（1）应用层

在 TCP/IP 参考模型中，最上面一层是应用层。应用层向用户提供调用和访问网络中各种应用程序的接口，并向用户提供各种标准的应用程序及相应的协议。在应用层中，包含了所有的高层协议，用户还可以根据需要建立自己的应用程序。

（2）传输层

应用层的下面是传输层。传输层的作用是在源结点和目的结点的两个进程实体之间提供可靠的端到端的数据传输。为保证数据传输的可靠性，传输层协议规定接收端必须发回确认，并且假定分组丢失，必须重新发送。传输层还要解决不同应用程序的标识问题，因为在一般的通用计算机中，常常是多个应用程序同时访问互联网。为区别各个应用程序，传输层在每一个分组中增加识别信源和信宿应用程序的标记。另外，传输层的每一个分组均附带校验码，以便接收结点检查接收到的分组的正确性。

（3）网际层

网际层是网络互联的基础，它的主要功能是负责相邻结点之间的数据传送，为要传输的数据信息分配地址，进行数据分组的打包，并选择合适的路径将其发送到目的站点。因此，它具有以下 3 个基本功能。

① 处理来自传输层的分组发送请求

将分组装入 IP 数据报，填充报头，选择去往目的结点的路径，然后将数据报发往适当的网络接口。

② 处理输入数据报

首先检查数据报的合法性，然后进行路由选择，假如该数据报已到达目的结点（本机），则去掉报头，将 IP 报文的数据部分交给相应的传输层协议；假如该数据报尚未到达目的结点，则转发该数据报。

③ 处理 ICMP 报文

处理 ICMP 报文，即处理网络的路由选择、流量控制和拥塞控制等问题。TCP/IP 网络模型的互联网层在功能上非常类似于 OSI 参考模型中的网络层。

（4）网络接口层

这是 TCP/IP 模型的最低层，负责接收从 IP 层交来的 IP 数据报，并将 IP 数据报通过低层物理网络发送出去，或者从低层物理网络上接收物理帧，抽取出 IP 数据报，交给 IP 层。网络接口有两种类型，第一种是设备驱动程序，如局域网的网络接口；第二种是含自身数据链路协议的复杂子系统，如 X.25 中的网络接口。

9.2.4　IP 地址

理解 IP 地址结构是理解 IP 互联网络的前提条件，本小节将介绍 IP 地址管理和子网划分的基础知识。

1. MAC 地址

MAC（Media Access Control，介质访问控制）地址是指网络上每个设备所对应的一个唯一的物理地址。MAC 地址是与网络硬件相关联的固定序列号，通常由网卡生产厂家烧入网卡的 EPROM（一种闪存芯片，通常可以通过程序擦写）。

MAC 地址与网络无关。无论将这个地址的硬件（如网卡、路由器等）接入到网络的何处，该硬件都有相同的 MAC 地址，且在全球是唯一的。

对于网络硬件而言，MAC 地址通常被编码到网络的接口中。例如，著名的以太网卡，其物理地址是 48 位（bit）的整数，如：44-45-53-54-00-00，以机器可读的方式存入主机接口中。这 48 位都有其规定的意义，前 24 位由以太网地址管理机构（IEEE）分配，称为独一无二的机构标识符 OUI，后 24 位由生产以太网网卡的厂家自行分配。在生产时，逐个将唯一地址赋予以太网卡。这样 MAC 地址就如同我们身份证上的身份证号码，具有全球唯一性。

正是由于 MAC 地址的唯一性，在组建局域网时，可以将 MAC 地址与 IP 地址绑定，然后由管理中心统一管理。这样既可以防止 IP 地址冲突，又能用 MAC 地址来标志用户，防止发生混乱，明确责任（比如网络犯罪）。

【范例 9-1】 通过在命令窗口中输入命令来查看本机的 MAC 地址。

步骤 1：单击“开始”菜单按钮，选择“运行”命令，打开“运行”窗口。输入命令 cmd，按回车键，打开命令窗口。

步骤 2：在命令窗口中，输入 ipconfig /all，按回车键，即可看到 MAC 地址，如图 9-11 所示，其中的“Physical Address”就是 MAC 地址。

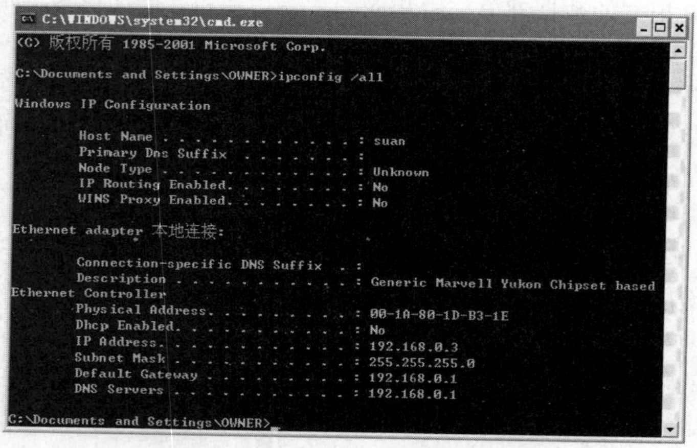

图 9-11 查看本机 MAC 地址

2. IP 编址技术

IP 地址（即网际协议地址）是网络上每个设备所对应的唯一的逻辑地址。在 TCP/IP 环境中，是通过 IP 地址来访问所对应的计算机的。IP 地址可以通过操作系统软件进行定义和更改。

（1）IP 地址的分类

目前应用最广泛的 IP 地址（IPv4）是由网络地址和网络中的主机地址两部分组成，用 32 位无符号二进制表示。为了简化地址的管理，常用 4 个十进制数值来表示 IP 地址，每个数值表示一个 8 位二进制数的值，均小于等于 255，并用小数点“.”分隔，形如 192.168.0.50，如图 9-12 所示。

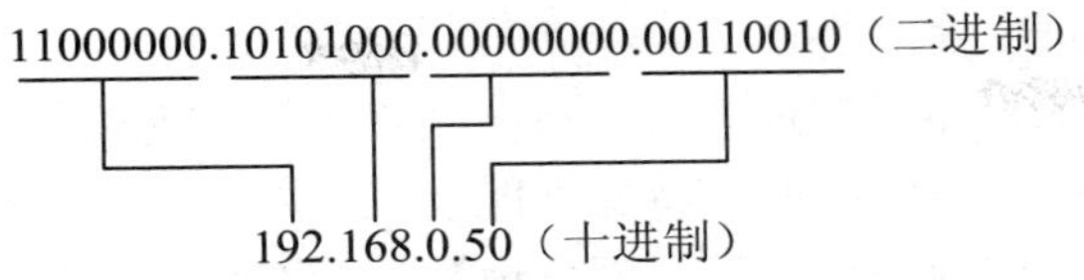

图 9-12　IP 地址的表示方式

与网络体系结构一样，IP 地址也采用层次化的结构，由网络号和网络中的主机号两个层次组成。

网络号用来标识互联网中的一个特定网络，而主机地址则用来表示网络主机的一个特定连接。这样，IP 地址的编址方式携带位置信息，为互联网的路由选择带来了很大好处。在同一网络内的主机具有相同的网络号，可以直接通信；对于不同网络内的主机，由于其网络号不同，需要通过其他网络设备（如路由器）进行转发才能进行通信。

网络号长度决定 Internet 上网络个数，主机号长度决定每个网络能容纳的主机数量。根据互联网的网络数、每个网络的主机数和网络的规模等，可将 IP 地址分为五大类：A、B、C、D、E 类，常用的为 A、B、C 类。

① A 类

A 类地址的最高位为“0”，接下来的 7 位表示网络号，最后 24 位表示网络中主机号。A 类地址允许有 2^7-2=126 个网络，其中 0 和 127 这两个地址用于特殊用途。每个网络允许有 2^{24}-2=16 777 214 台主机。因此，A 类地址被分配给拥有大量主机的网络。

② B 类

B 类地址的最高位为二进制数“10”，接下来的 14 位表示网络号，剩余的 16 位表示网络中主机号。B 类地址允许有 2^{14}-1=16 383 个网络，每个网络允许有 2^{16}-2=65 534 台主机。因此，B 类地址用于中型或大型的网络。

③ C 类

C 类地址的最高位为二进制数“110”，接下来的 21 位表示网络号，剩余的 8 位二进制位表示网络中主机号。C 类地址有 2^{21}-1=2 097 152 个网络，每个网络有 2^8-2= 254 台主机。因此，C 类地址用于小型本地网络。

如表 9-1 所示是 A、B、C 三类 IP 地址的区别。

表 9-1　A、B、C 三类 IP 地址的区别

类别	第一字节范围	网络地址位数	主机地址位数	适用的网络规模
A	1～126	7	24	大型网络
B	128～191	14	16	中型网络
C	192～223	21	8	小型网络

④ D 类

D 类地址的最高位为二进制数“1110”，用于因特网多播。

⑤ E 类

E 类地址的最高位为二进制数“11110”，保留为今后扩展使用。

（2）保留和限制地址

当给网络或子网上的设备分配地址时，有一些地址是不能使用的。在网络或子网中，我们保留了两个地址用来唯一识别两个特殊功能。

第一个保留地址是网络或子网地址。网络地址包括网络号以及全部填充二进制 0 的主机域。211.100.254.0、162.100.0.0 和 120.0.0.0 都是网络地址。这些地址用于识别网络，不能分配给一个设备。

另一个保留地址是广播地址。当使用这个地址时，网上的所有设备都会收到广播信息。网络广播地址是由网络号以及随后全二进制 1 的主机域组成。下面的例子是一些网络广播地址：211.100.254.255、162.100.255.255、120.255.255.255。由于这个地址是针对所有设备的，所以它不能用在单个设备上。

我们也在子网中限制使用一些地址。每一个子网都有一个子网地址以及广播地址。像网络地址和广播地址一样，这些地址也不能分配给网络设备。它包括全零的主机域、全 1 的子网地址和子网广播，如表 9-2 所示。

表 9-2　网络、广播和掩码地址

网络、广播和掩码地址	网络号	子网号	主机号
子网地址 172.16.1.0	10101100　00010000	00000001	00000000
广播地址 172.16.1.255	10101100　00010000	00000001	11111111
掩码 255.255.255.0	11111111　11111111	11111111	00000000

在这个例子中，有主机域为全 0 的子网地址；也有主机域为全 1 的广播地址。如果不管子网域或主机域的大小，则主机域为全 0 的位结构代表着子网地址；主机域为全 1 的位结构代表着子网广播地址。

网络地址、网络广播地址、子网地址、子网广播地址都不能分配给任何设备或主机。这样可以避免 IP 软件在传送 IP 数据报时产生混淆。这些地址并不能唯一确定一个特定设备。也许 IP 设备可以使用广播地址发送一个数据报，但这个广播地址代表着所有设备。由于一个设备不能代表所有设备，所以一个设备必须有唯一的地址。

3. 子网技术

在 IP 互联网中，A 类、B 类和 C 类 IP 地址是经常使用的 IP 地址。但是，每类网络的每个网络号能容纳一定数量的主机，如 A 类网络的每个网络号能容纳 800 多万台主机，B 类网络的每个网络号容纳 6 万多台主机，C 类网络的每个 IP 地址也能容纳 254 台主机，这对一些网络在一定程度上是一种浪费。因此，许多企业和单位因管理和技术等因素经常将某个网络划分成若干个子网，而不是获得一系列的 Internet 网络号。

（1）子网的编址方法

标准的 IP 地址由网络号和主机号两部分组成，网络号是向 IP 地址管理机构申请获得的，用户组织是不可改变的。而主机号是管理员分配的，因此，要创建子网，得从主机号部分借位并把它们指定为子网号部分。子网组成格式如图 9-13 所示。

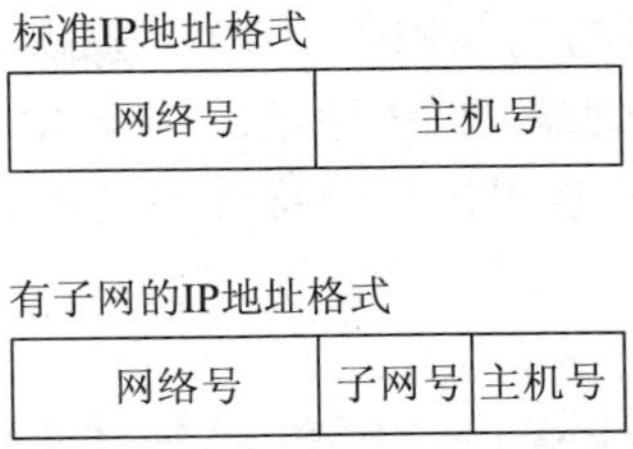

图 9-13　子网组成

提示	主机号位数借位给子网号，主机号应至少剩余 2 位。

（2）子网掩码

对于标准的 IP 地址而言，网络号和主机号可以通过网络的类别进行判断。而对于子网编址，使用子网掩码（或称子网屏蔽码）进行判断。

子网掩码采用和 IP 地址一样的 32 位二进制数值。IP 协议规定，在子网掩码中，与 IP 地址中网络号和子网号两部分相对应的位用“1”来表示，与 IP 地址中的主机号部分相对应的位用“。”来表示。这样，IP 地址和它相对应的子网掩码配合使用，就可以判断出 IP 地址中哪些位表示子网号，哪些位表示主机号。

如表 9-3 所示的是一张传统的（RFC950）C 类地址子网划分表。根据这张表，我们试着找到一个合适的掩码。

表 9-3　C 类子网表

子网位数	子网数量	主机位数	主机数量	掩码
2	2	6	62	255.255.255.192
3	6	5	30	255.255.255.224
4	14	4	14	255.255.255.240
5	30	3	6	255.255.255.248
6	62	2	2	255.255.255.252

9.3　TCP/IP 协议的配置与测试

TCP/IP 协议是 Windows 操作系统的默认协议，也是目前使用最广泛的网络协议。Internet 支持 TCP/IP 协议，它可以让不同网络结构、不同操作系统的计算机之间相互通信。因此，我们需要为连接在网络上的计算机进行 TCP/IP 协议配置和测试。

9.3.1　配置 TCP/IP 协议

1. 常规配置

在 TCP/IP 协议的配置当中，最基本设置是为计算机设定一个网络 IP 地址。因为这个

IP 地址是用户实现各种网络服务与功能的必要条件。如果用户所在网络中存在 DHCP 服务器，用户可以向服务器请求一个动态的 IP 地址，这个 IP 地址由服务器自动分配且与其他网络 IP 地址不重复。当然，用户也可以从网络管理员那里获得一个静态的 IP 地址，然后自己手动设置。

【范例 9-2】 在 Windows XP 操作系统中配置 IP 地址。

步骤 1：用鼠标右键单击“网上邻居”图标，从弹出的快捷菜单中选择“属性”命令，打开“网络连接”窗口，如图 9-14 所示。

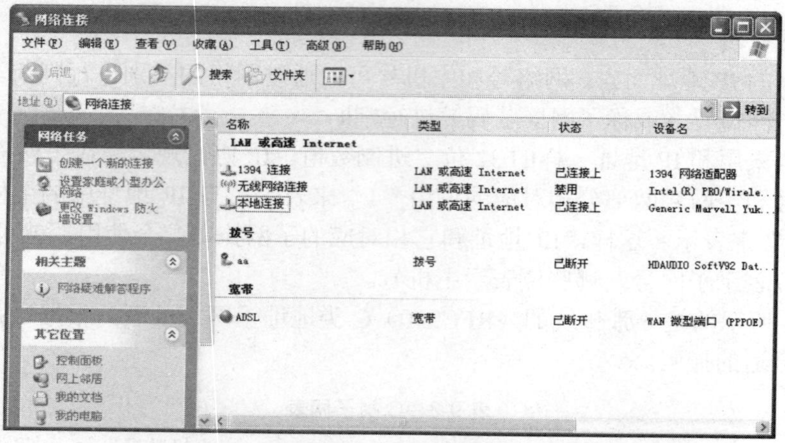

图 9-14　“网络连接”窗口

步骤 2：在窗口中，用鼠标右键单击“本地连接”图标，从弹出的快捷菜单中选择“属性”命令，打开“本地连接属性”对话框，如图 9-15 所示。

步骤 3：在“此连接使用下列项目”列表框中，选择“Internet 协议（TCP/IP）”组件，然后单击“属性”按钮，打开“Internet 协议（TCP/IP）属性”对话框，如图 9-16 所示。

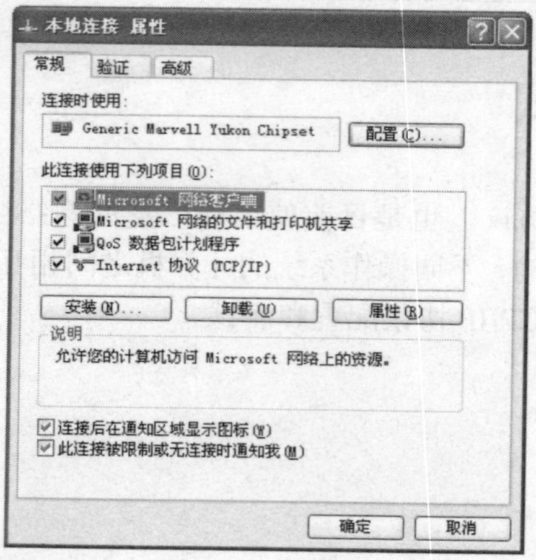

图 9-15　“常规”选项卡

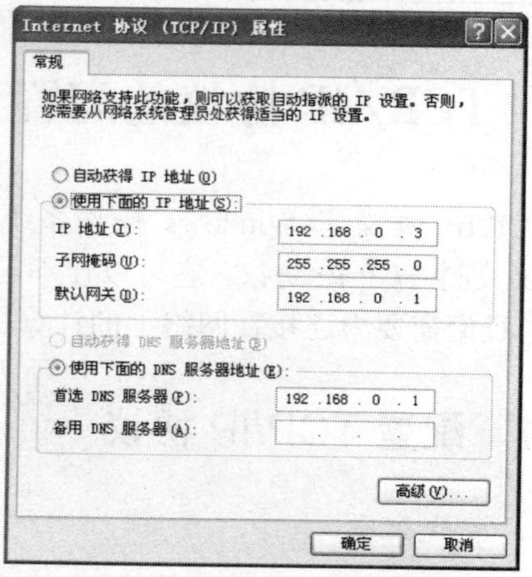

图 9-16　“Internet 协议（TCP/IP）属性”对话框

步骤 4：如果要通过 DHCP 服务器获得一个动态 IP 地址，单击“自动获得 IP 地址”单选按钮即可；否则单击“使用下面的 IP 地址”单选按钮，然后在“IP 地址”文本框中输入分配的静态 IP 地址，在“子网掩码”文本框中输入子网掩码，在“默认网关”文本框里输入具有路由功能的设备的 IP 地址。

步骤 5：在“使用下面的 DNS 服务器地址”的“首选 DNS 服务器”和“备用 DNS 服务器”文本框中输入域名服务器对应的 IP 地址。设置完成后，单击“确定”按钮使设置生效。

提示	备用 DNS 服务器在 DNS 服务器无法正常工作时能代替首选 DNS 服务器为客户机提供域名服务。

2. TCP/IP 高级配置

完成 TCP/IP 协议常规配置后，如果希望为选定的网络适配器指定附加的 IP 地址和子网掩码或添加附加的网关地址，那么需要对 TCP/IP 协议进行高级配置。

【范例 9-3】 在 Windows XP 操作系统中对 TCP/IP 协议进行高级配置。

步骤 1：打开“Internet 协议（TCP/IP）属性”对话框，再单击“高级”按钮，打开如图 9-17 所示的“高级 TCP/IP 设置”对话框。

步骤 2：在对话框中，默认打开“IP 设置”选项卡。如果希望添加新的 IP 地址和子网掩码，单击“IP 地址”选项组中的“添加”按钮，打开如图 9-18 所示的“TCP/IP 地址”对话框。

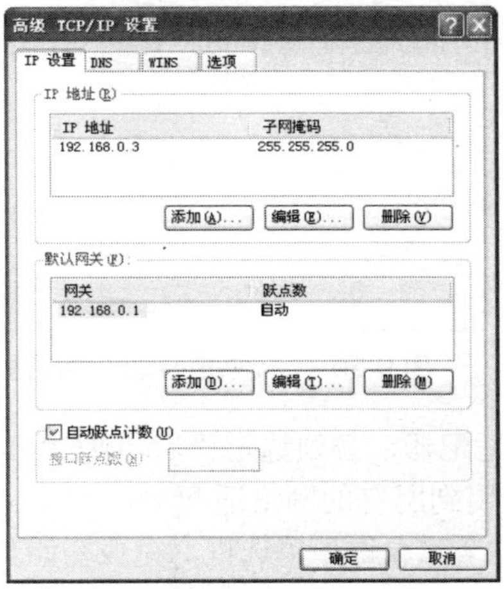

图 9-17 “高级 TCP/IP 设置”对话框

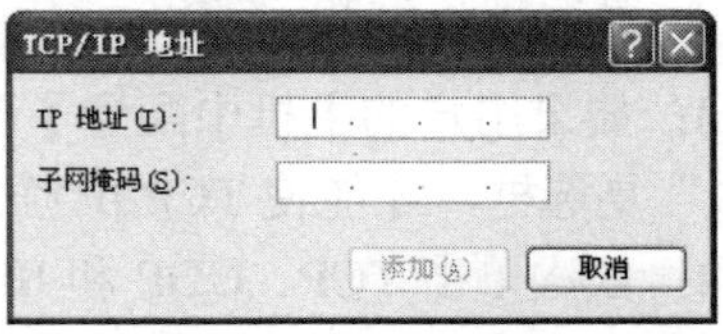

图 9-18 “TCP/IP 地址”对话框

步骤 3：在“IP 地址”和“子网掩码”文本框中输入新的地址和子网掩码，然后单击“添加”按钮，附加的 IP 地址和子网掩码将被添加到“IP 地址”列表框中。

提示	用户最多可指定 5 个附加 IP 地址和子网掩码。

步骤 4：在“默认网关”选项组中用户可以对已有的网关地址进行编辑和删除，或者添加新的网关地址。

步骤 5：最后单击“确定”按钮使其生效并返回到“常规”选项卡，再单击“确定”按钮完成设置。

3. TCP/IP 筛选配置

为了提高网络的安全性和加快网络主机的操作速度，我们还可以通过 TCP/IP 筛选配置来实现。

【范例 9-4】 在 Windows XP 操作系统中对 TCP/IP 进行筛选设置。

步骤 1：打开“高级 TCP/IP 设置”对话框，然后打开如图 9-19 所示的“选项”选项卡。

步骤 2：在“可选的设置”列表框中，选择“TCP/IP 筛选”，然后单击“属性”按钮，打开如图 9-20 所示的“TCP/IP 筛选”对话框。

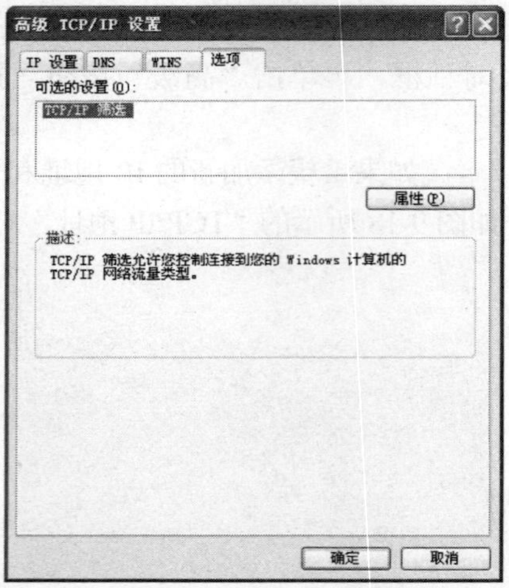

图 9-19 “选项”选项卡

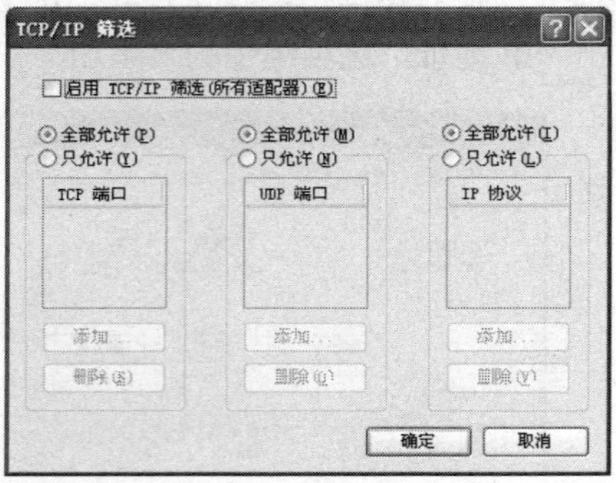

图 9-20 “TCP/IP 筛选”对话框

步骤 3：如果用户的主机中配置了多个网络适配器，必须选定“启用 TCP/IP 筛选（所有适配器）”复选框，才能使 TCP/IP 筛选功能应用到所有的网络适配器。

步骤 4：依次单击 TCP、UDP 和 IP 端口的“全部允许”单选框，完成初始化设置。最后单击“确定”按钮，使设置生效。

9.3.2 测试 TCP/IP 协议

完成对 TCP/IP 协议的设置之后，我们可以利用命令 ipconfig 与命令 ping 来测试设置是否正确。

【范例 9-5】 在 Windows XP 操作系统中测试 TCP/IP 协议。

步骤 1：单击“开始”菜单按钮，然后选择“运行”菜单命令，打开“运行”对话框，如图 9-21 所示，在“打开”文本框中输入命令 CMD，然后单击“确定”按钮。

步骤 2：在“命名提示符”窗口中输入命令 ipconfig，以便检查 TCP/IP 通信协议是否已经正常启动，以及 IP 地址是否与其他主机相冲突。如果设置正确，窗口会提示当前的 IP 地址、子网掩码、默认网关等信息，如图 9-22 所示。

图 9-21 “运行”对话框

图 9-22 “命令提示符”窗口

提示	如果提示的 IP 地址和子网掩码为 0.0.0.0，则表示 IP 地址与网络上的其他主机冲突。

步骤 3：如果希望查到更详细的信息，可以在窗口中输入命令 ipconfig /all|more 来实现，此时“命令提示符”窗口如图 9-23 所示。

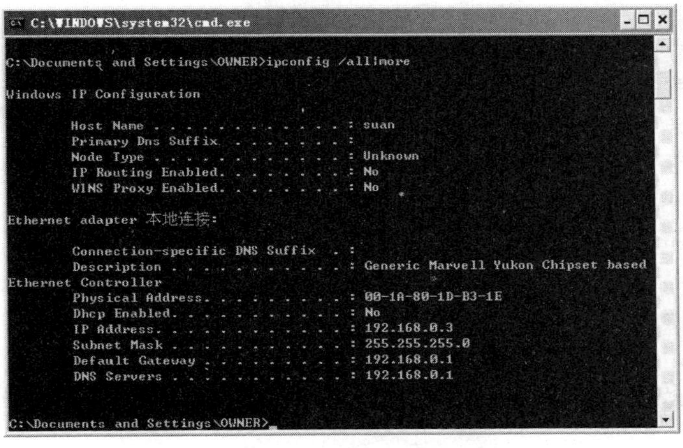

图 9-23 查看详细信息

提示	ipconfig 命令可以显示 IP 协议的具体配置信息，比如显示网卡的物理地址、主机的 IP 地址、子网掩码以及默认网关等，还可以查看主机名、DNS 服务器、节点类型等相关信息。一般用来检验人工配置的 TCP/IP 设置是否正确，可以将其看做是最基础的 IP 地址检测手段。其命令格式为：ipcofig+参数，命令参数如下。 ● /? ：显示所有可用参数信息。 ● /all：显示所有的有关 IP 地址的配置信息。 ● /batch [file]：将命令结果写入指定文件。 ● /release_all：释放所有网络适配器。 ● /renew_all：重试所有网络适配器。

步骤 4：如果要验证网卡是否可以正常传送 TCP/IP 数据，可以在“命令提示符”窗口中输入命令 ping 127.0.0.1 进行循环测试。此命令可以检查网卡与驱动程序是否运行正常，如果正常则“命令提示符”窗口如图 9-24 所示。

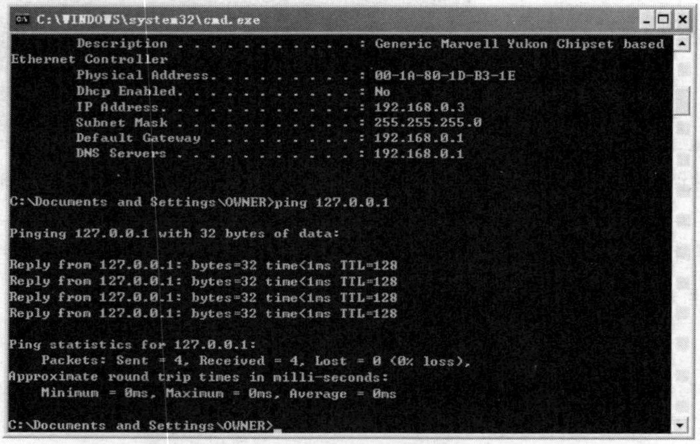

图 9-24 验证网卡

提示	ping 命令是网络中使用最频繁的命令之一，主要用来确定网络的连通性问题。需要注意的是，只有在安装 TCP/IP 协议之后才能使用该命令。其命令格式为：ping + IP 地址或主机名+参数，命令参数如下。 ● -t：表示 ping 指定的计算机直到中断。 ● -a：表示将地址解析为计算机名。 ● -f：在数据包中发送“不要分段”标志，数据包就不会被路由上的网关分段。 ● -n：发送 count 指定的 ECHO 数据包数，默认值为 4。 ● -w：指定超时间隔，单位为 ms。

步骤 5：如果要验证 IP 地址是否正常，可以在窗口中输入命令 ping （本机的 IP 地址）来测试。例如，输入命令 ping 192.168.0.1，如果该地址有效，且没有与其他主机冲突，则窗口如图 9-25 所示。

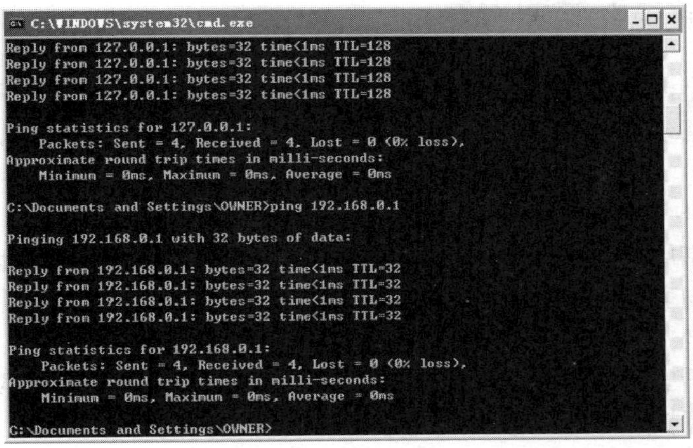

图 9-25　验证 IP 地址

9.4　计算机网络安全

随着计算机和网络技术的迅猛发展及广泛普及，越来越多的企业将经营的各种业务建立在 Internet/Intranet 环境中。于是，支持 E-mail、文件共享、即时消息传送的消息和协作服务器成为当今商业社会中的极重要的 IT 基础设施。然而，大部分企业在充分体会到了互联网的好处的时候，却较少关心网络互联带来的风险。

据报道，现在全世界平均每 20 秒就发生一起计算机网络入侵事件，而全球每年因网络安全问题所造成的经济损失也达数千亿美金。随着全球信息高速公路的建设和发展，个人、企业乃至整个社会对信息技术的依赖程度越来越大，一旦网络系统安全受到严重威胁，不仅会对个人、企业造成不可避免的损失，严重时将会给企业、社会、乃至整个国家带来巨大的经济损失。因此，提高对网络安全重要性的认识，增强防范意识，强化防范措施，不仅是各个企业组织要重视的问题，也是保证信息产业持续稳定发展的重要保证和前提条件。

9.4.1　什么是网络安全

国际标准化组织（ISO）对计算机系统安全的定义是：为数据处理系统建立和采用的技术和管理的安全保护，保护计算机硬件、软件和数据不因偶然和恶意的原因遭到破坏、更改和泄露。由此可以将计算机网络的安全理解为：通过采用各种技术和管理措施，使网络系统正常运行，从而确保网络数据的可用性、完整性和保密性。所以，建立网络安全保护措施的目的是确保经过网络传输和交换的数据不会发生增加、修改、丢失和泄露等。

美国国家安全电信和信息系统安全委员会（NSTISSC）对网络安全作如下定义：网络安全是对信息、系统以及使用、存储和传输信息的硬件的保护。

9.4.2 网络信息安全的内容

网络信息安全涉及个人权益、企业生存、金融风险防范、社会稳定和国家的安全，它是物理安全、网络安全、数据安全、信息内容安全、信息基础设施安全、国家信息安全的总和。

（1）物理安全

物理安全是指用来保护计算机网络中的传输介质、网络设备和机房设施安全的各种装置与管理手段。物理安全包括防盗、防火、防静电、防雷击和防电磁泄漏等方面的内容。

（2）逻辑安全

计算机的逻辑安全需要用口令字、文件许可、查账等方法来实现。防止计算机黑客的入侵主要依赖计算机的逻辑安全。

（3）操作系统安全

操作系统是计算机中最基本、最重要的软件。同一计算机可以安装几种不同的操作系统。如果计算机系统可提供给许多人使用，操作系统必须能区分用户，以防止他们相互干扰。例如，多数的多用户操作系统，不会允许一个用户删除属于另一个用户的文件，除非第二个用户明确地给予允许。

（4）联网安全

联网的安全性只能通过以下两方面的安全服务来达到：

① 访问控制服务：用来保护计算机和联网资源不被非授权使用。

② 通信安全服务：用来认证数据机要性与完整性，以及各通信的可信赖性。例如，基于互联网或 WWW 的电子商务就必须依赖并广泛采用通信安全服务。

9.4.3 信息密码技术

在信息安全领域，如何保护信息的有效性和保密性是非常重要的。密码技术是保障信息安全的核心技术，通过密码技术可以在一定程度上提高数据传输与存储的安全性，保证数据的完整性。目前，密码技术在数据加密、安全通信以及数字签名等方面都有广泛的应用。

1. 密码的基本概念

所谓密码技术也就是数据加解密的基本过程，通过对明文的文件或数据按某种算法进行处理，使其成为不可读的一段代码（通常称为“密文”），只能在输入相应的密钥之后才能显示出本来内容，通过这样的途径来达到保护数据不被非法窃取、阅读的目的。该过程的逆过程为解密，即将该编码信息转化为原来数据的过程。总体上看，一个完整的信息加密系统至少包括下面 4 个组成部分：

（1）未加密的报文，也称为明文。

（2）加密后的报文，也称为密文。

（3）用于加密解密的设备或算法。

（4）加密解密的密钥。

在密码系统中，所涉及相关术语的概念解释是：

（1）明文（Plaintext）：消息的初始形式。

（2）密文（CypherText）：加密后的形式。

（3）加密算法（Encryption Algorithm）：对明文进行加密操作时所采用的一组规则称作加密算法（Encryption Algorithm）。

（4）解密算法（Decryption Algorithm）：接收者对密文解密所采用的一组规则称为解密算法（Decryption Algorithm）。

（5）密钥（Key）：密钥可视为加密/解密算法（密码算法）中的可变参数。改变密钥即改变明文与密文之间等价的数学函数关系。

加密与解密算法和密钥构成密码体制的两个基本要素。密码算法是稳定的，难以做到绝对保密，并可以公开，可视为一个常量。密钥则是一个变量，一般不可公开，由通信双方掌握。密钥主要分别称为加密密钥（Encryption Key）和解密密钥（Decryption Key），二者可以相同也可以不同。加密和解密算法的操作通常都是在一组密钥的控制下进行的。

2. 密码的分类与算法

密码技术发展的时间比较长，因此，可以从不同角度根据不同的标准对其进行分类。

（1）按历史发展阶段划分

① 手工密码。以手工方式完成加密作业，或者以简单器具辅助操作的密码，叫做手工密码。

② 机械密码。以机械密码机或电动密码机来完成加解密作业的密码，叫做机械密码。这种密码从第一次世界大战出现到第二次世界大战中得到普遍应用。

③ 电子机内乱密码。通过电子电路，以严格的程序进行逻辑运算，以少量制乱元素生产大量的加密乱数，因为其制乱是在加解密过程中完成的而不需预先制作，所以称为电子机内乱密码。

④ 计算机密码。是以计算机密码软件进行算法加密解密为特点，适用于计算机数据保护和网络通信等广泛用途的密码。

（2）按保密程度划分

① 理论上保密的密码。对明文始终不能得到唯一解的密码，叫做理论上保密的密码。也叫理论不可破的密码。如客观随机一次一密的密码就属于这种。

② 实际上保密的密码。在理论上可破，但在现有客观条件下，无法通过计算来确定唯一解的密码，叫做实际上保密的密码。

③ 不保密的密码。在获取一定数量的密文后可以得到唯一解的密码，叫做不保密的密码。

（3）按密钥方式划分

① 对称式密码。收发双方使用相同密钥的密码，叫做对称式密码。传统的密码都属此类。

② 非对称式密码。收发双方使用不同密钥的密码，叫做非对称式密码。如公钥密码就属此类。

（4）按密码算法分

信息加密算法共经历 3 个阶段：古典传统密码算法、对称密码算法和非对称密码算法。对称密码算法（Symmetric cipher）也就是加密密钥和解密密钥相同，或实质上等同，可从一个易于推出另一个，也称秘密密钥算法或单密钥算法。非对称密钥算法（Asymmetric cipher）加密密钥和解密密钥不相同，从一个很难推导出另一个，又称公开密钥算法（Public-key cipher），公开密钥算法用一个密钥（公钥）进行加密，而用另一个密钥（私钥）进行解密。常见的密码算法有：

① DES（Data Encryption Standard）。对称式密码算法数据加密标准，速度较快，适用于加密大量数据的场合。

② 3DES（Triple DES）。基于 DES，对一块数据用三个不同的密钥进行三次加密，强度更高。

③ RC2 和 RC4。用变长密钥对大量数据进行加密，比 DES 快。

④ IDEA（International Data Encryption Algorithm）。国际数据加密算法，使用 128 位密钥提供非常强的安全性。

⑤ RSA。是一个支持变长密钥的公共密钥算法，需要加密的文件块的长度也是可变的。

⑥ DSA（Digital Signature Algorithm）。数字签名算法，是一种标准的 DSS（数字签名标准）。

⑦ AES（Advanced Encryption Standard）。高级加密标准，速度快，安全级别高，目前 AES 标准的一个具体实现是 Rijndael 算法。

⑧ 单向散列算法。单向散列函数一般用于产生消息摘要，密钥的加密等，常见的有：MD5（Message Digest Algorithm 5）以及 SHA（Secure Hash Algorithm）。MD5 是 RSA 数据安全公司开发的一种单向散列算法，MD5 被广泛使用，可以用来把不同长度的数据块进行暗码运算成一个 128 位的数值。SHA 是一种较新的散列算法，可以对任意长度的数据运算生成一个 160 位的数值。

其他密码算法还有 ElGamal、Deffie-Hellman、椭圆曲线算法 ECC 等。具体在实际应用过程中，加密所用的算法可以是多种算法的组合，或不同组成部分或阶段使用不同的算法。

9.5 常用网络设备

9.5.1 传输介质

网络传输介质是指在网络中传输信息的载体，常用的传输介质分为有线传输介质和无线传输介质两大类。

1. 有线传输介质

有线传输介质是指在两个通信设备之间实现的物理连接部分，它能将信号从一方传输到另一方，有线传输介质主要有双绞线、同轴电缆和光纤。

（1）双绞线

双绞线是扭合在一起的两根铜线，如图 9-26 所示。在导线外面和保护胶套之间缠绕有屏蔽层的双绞线叫屏蔽双绞线，没有屏蔽层的叫非屏蔽双绞线。非屏蔽双绞线是目前应用最广泛的传输介质之一。

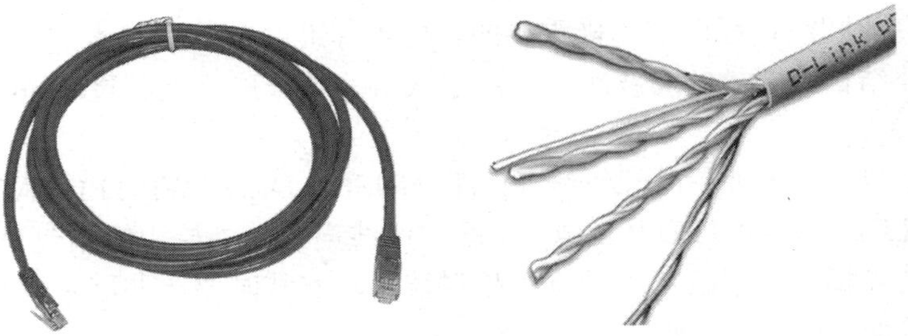

图 9-26　双绞线

双绞线的英文名字叫 Twist-Pair。是综合布线工程中最常用的一种传输介质。双绞线采用了一对互相绝缘的金属导线互相绞合的方式来抵御一部分外界电磁波干扰。把两根绝缘的铜导线按一定密度互相绞在一起，可以降低信号干扰的程度，每一根导线在传输中辐射的电波会被另一根线上发出的电波抵消。“双绞线”的名字也是由此而来。双绞线一般由两根 22～26 号绝缘铜导线相互缠绕而成，实际使用时，双绞线是由多对双绞线一起包在一个绝缘电缆套管里的。典型的双绞线有四对的，也有更多对双绞线放在一个电缆套管里的。这些我们称之为双绞线电缆。在双绞线电缆（也称双扭线电缆）内，不同线对具有不同的扭绞长度，一般地说，扭绞长度在 38.1cm 至 14cm 内，按逆时针方向扭绞。相临线对的扭绞长度在 12.7cm 以上，一般扭线的越密其抗干扰能力就越强，与其他传输介质相比，双绞线在传输距离、信道宽度和数据传输速度等方面均受到一定限制，但价格较为低廉。

双绞线常见的有 3 类线、5 类线和超 5 类线，以及最新的 6 类线，前者线径细而后者线径粗，型号如下：

① 1 类线：主要用于传输语音（一类标准主要用于 20 世纪 80 年代初之前的电话线缆），不同于数据传输。

② 2 类线：传输频率为 1MHZ，用于语音传输和最高传输速率 4Mbps 的数据传输，常见于使用 4MBPS 规范令牌传递协议的旧的令牌网。

③ 3 类线：指目前在 ANSI 和 EIA/TIA568 标准中指定的电缆，该电缆的传输频率为 16MHz，用于语音传输及最高传输速率为 10Mbps 的数据传输主要用于 10BASE-T。

④ 4 类线：该类电缆的传输频率为 20MHz，用于语音传输和最高传输速率 16Mbps 的数据传输主要用于基于令牌的局域网和 10BASE-T/100BASE-T。

⑤ 5 类线：该类电缆增加了绕线密度，外套一种高质量的绝缘材料，传输率为 100MHz，用于语音传输和最高传输速率为 10Mbps 的数据传输，主要用于 100BASE-T 和 10BASE-T

网络。这是最常用的以太网电缆。

⑥ 超5类线：超5类具有衰减小，串扰少，并且具有更高的衰减与串扰的比值（ACR）和信噪比（Structural Return Loss）、更小的时延误差，性能得到很大提高。超5类线主要用于千兆位以太网（1000Mbps）。

⑦ 6类线：该类电缆的传输频率为1MHz～250MHz，6类布线系统在200MHz时综合衰减串扰比（PS-ACR）应该有较大的余量，它提供2倍于超5类的带宽。6类布线的传输性能远远高于超5类标准，最适用于传输速率高于1Gbps的应用。6类与超5类的一个重要的不同点在于：改善了在串扰以及回波损耗方面的性能，对于新一代全双工的高速网络应用而言，优良的回波损耗性能是极重要的。6类标准中取消了基本链路模型，布线标准采用星形的拓扑结构，要求的布线距离为：永久链路的长度不能超过90m，信道长度不能超过100m。

目前，双绞线可分为非屏蔽双绞线（UTP=UNSHILDED TWISTED PAIR）和屏蔽双绞线（STP=SHIELDED TWISTED PAIR）。屏蔽双绞线电缆的外层由铝铂包裹，以减小辐射，但并不能完全消除辐射，屏蔽双绞线价格相对较高，安装时要比非屏蔽双绞线电缆困难。非屏蔽双绞线电缆具有以下优点：

- 无屏蔽外套，直径小，节省所占用的空间；
- 重量轻，易弯曲，易安装；
- 将串扰减至最小或加以消除；
- 具有阻燃性；
- 具有独立性和灵活性，适用于结构化综合布线。

在这两大类中又分100欧姆电缆、双体电缆、大对数电缆、150欧姆屏蔽电缆等。

（2）同轴电缆

同轴电缆（如图9-27所示）是由一根空心的外圆柱导体和一根位于中心轴线的内导线组成，内导线和圆柱导体及外界之间用绝缘材料隔开。根据传输频带的不同，同轴电缆可分为基带同轴电缆和宽带同轴电缆。按直径的不同，同轴电缆可分为粗缆和细缆两种。有线电视采用的就是宽带同轴电缆，而基带同轴电缆曾经被广泛地应用于局域网中，但现在基本被淘汰了。

图9-27　同轴电缆

（3）光纤

光纤（如图9-28所示）是一种新型的传输介质，通信容量比普通电缆要大100倍左右，传输速率高，抗干扰能力强，通信距离远，保密性好。目前光纤被广泛用于建筑高速计算机网络的主干网和广域网的主干道。

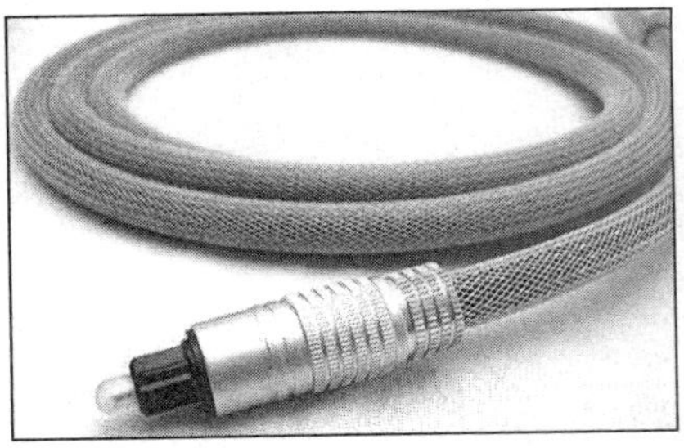
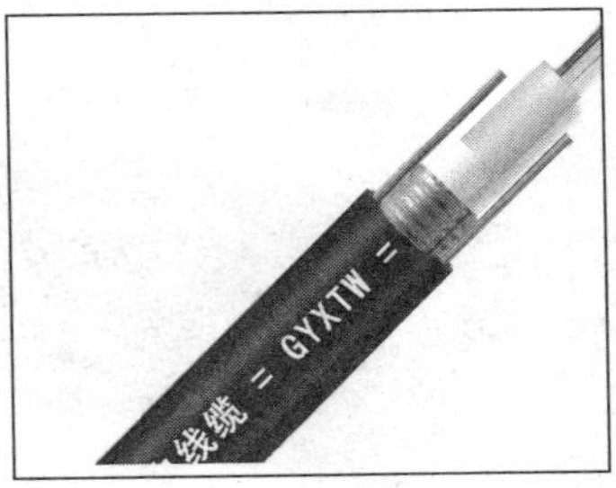

图 9-28　光纤

（4）微波

微波是一种无线电通信，其频率为 1GHz～10GHz，不需要架设明线或铺设电缆，借助于频率很高的无线电波，可同时传送大量信息。微波的传输距离在 50 km 左右，长距离传送时，需要在中途设立一些中继站。它的优点是容量大，受外界干扰影响小，传输质量高，建筑费用低；缺点是保密性差，通信双方之间不能有建筑物等物理阻挡。适宜在网络布线困难的城市中使用。

（5）卫星通信

卫星通信是利用人造地球卫星作为中继站转发微波信号使各地之间互相通信。卫星通信的优点是可靠性高，容量大，距离远；缺点是通信延迟时间长，易受气候影响。目前卫星通信主要用于电视和电话通信系统。

2. 无线传输介质

无线传输介质是指在两个通信设备之间不使用任何物理连接，而是通过空间传输的一种技术。无线传输介质主要有微波、红外线和激光等。

不同的传输介质，其特性也各不相同。他们不同的特性对网络中数据通信质量和通信速度有较大影响。这些特性是：

- 物理特性。说明传播介质的特征。
- 传输特性。包括信号形式、调制技术、传输速度及频带宽度等内容。
- 连通性。采用点到点连接或多点连接。
- 地域范围。网上各点间的最大距离。
- 抗干扰性。防止噪声、电磁干扰对数据传输影响的能力。
- 相对价格。以元件、安装和维护的价格为基础。

9.5.2　集线器

集线器的英文称为“Hub”。“Hub”是“中心”的意思，集线器的主要功能是对接收到的信号进行再生整形放大，以扩大网络的传输距离，同时把所有节点集中在以它为中心的节点上。它工作于 OSI（开放系统互联参考模型）参考模型第一层，即“物理层”。集线器与网卡、网线等传输介质一样，属于局域网中的基础设备，采用 CSMA/CD（一种检测协议）访问方式，如图 9-29 所示。

图 9-29 集线器

1. 集线器的定义

集线器（HUB）属于数据通信系统中的基础设备，它和双绞线等传输介质一样，是一种不需任何软件支持或只需很少管理软件管理的硬件设备。它被广泛应用到各种场合。集线器工作在局域网（LAN）环境，像网卡一样，应用于 OSI 参考模型第一层，因此又被称为物理层设备。集线器内部采用了电器互联，当维护 LAN 的环境是逻辑总线或环型结构时，完全可以用集线器建立一个物理上的星型或树型网络结构。在这方面，集线器所起的作用相当于多端口的中继器。其实，集线器实际上就是中继器的一种，其区别仅在于集线器能够提供更多的端口服务，所以集线器又叫多口中继器。

普通集线器外部板面结构非常简单。比如 D-Link 最简单的 10BASE～T EthernetHub 集线器是个长方体，背面有交流电源插座和开关、一个 AUI 接口和一个 BNC 接口，正面的大部分位置分布有一行 17 个 RJ-45 接口。在正面的右边还有与每个 RJ-45 接口对应的 LED 接口指示灯和 LED 状态指示灯。高档集线器从外表上看，与现代路由器或交换式路由器没有多大区别。尤其是现代双速自适应以太网集线器，由于普遍内置有可以实现内部 10Mb/s 和 100Mb/s 网段间相互通信的交换模块，使得这类集线器完全可以在以该集线器为节点的网段中，实现各节点之间的通信交换，有时大家也将此类交换式集线器简单地称为交换机，这些都使得初次使用集线器的用户很难正确地辨别它们。但根据背板接口类型来判别集线器，是一种比较简单的方法。

2. 集线器分类

集线器有很多种类型。

（1）按结构和功能分类

按结构和功能分类，集线器可分为未管理的集线器、堆叠式集线器和底盘集线器三类。

① 未管理的集线器

最简单的集线器通过以太网总线提供中央网络连接，以星形的形式连接起来。这称之为未管理的集线器，只用于很小型的至多 12 个节点的网络中（在少数情况下，可以更多一些）。未管理的集线器没有管理软件或协议来提供网络管理功能，这种集线器可以是无源的，也可以是有源的，有源集线器使用得更多。

② 堆叠式集线器

堆叠式集线器是稍微复杂一些的集线器。堆叠式集线器最显著的特征是 8 个转发器可以直接彼此相连。这样只需简单地添加集线器并将其连接到已经安装的集线器上就可以扩展网络，这种方法不仅成本低，而且简单易行。

③ 底盘集线器

底盘集线器是一种模块化的设备，在其底板电路板上可以插入多种类型的模块。有些集线器带有冗余的底板和电源。同时，有些模块允许用户不必关闭整个集线器便可替换那些失效的模块。集线器的底板给插入模块准备了多条总线，这些插入模块可以适应不同的段，如以太网、快速以太网、光纤分布式数据接口（Fiber Distributed Data Interface，FDDl）和异步传输模式（Asynchronous Transfer Mode，ATM）中。有些集线器还包含有网桥、路由器或交换模块。有源的底盘集线器还可能会有重定时的模块，用来与放大的数据信号关联。

（2）按局域网的类型分类

从局域网角度来区分，集线器可分为 5 种不同类型。

① 单中继网段集线器

最简单的集线器，是一类用于最简单的中继式 LAN 网段的集线器，与堆叠式以太网集线器或令牌环网多站访问部件（MAU）等类似。

② 多网段集线器

从单中继网段集线器直接派生而来，采用集线器背板，这种集线器带有多个中继网段。其主要优点是可以将用户分布于多个中继网段上，以减少每个网段的信息流量负载，网段之间的信息流量一般要求独立的网桥或路由器。

③ 端口交换式集线器

该集线器是在多网段集线器基础上，将用户端口和多个背板网段之间的连接过程自动化，并通过增加端口交换矩阵（PSM）来实现的集线器。PSM 可提供一种自动工具，用于将任何外来用户端口连接到集线器背板上的任何中继网段上。端口交换式集线器的主要优点是，可实现移动、增加和修改的自动化特点。

④ 网络互联集线器

端口交换式集线器注重端口交换，而网络互联集线器在背板的多个网段之间可提供一些类型的集成连接，该功能通过一台综合网桥、路由器或 LAN 交换机来完成。目前，这类集线器通常都采用机箱形式。

⑤ 交换式集线器

目前，集线器和交换机之间的界限已变得模糊。交换式集线器有一个核心交换式背板，采用一个纯粹的交换系统代替传统的共享介质中继网段。此类产品已经上市，并且混合的（中继/交换）集线器很可能在以后几年控制这一市场。应该指出，这类集线器和交换机之间的特性几乎没有区别。

9.5.3　交换机

大多数交换机工作在 OSI 模型中的第二层（数据链路层），它的作用是对封装数据包进行转发，并减少冲突域，隔离广播风暴。它可以用于将一个网络从逻辑上分为若干更小的网络段，每个网络段彼此独立，如图 9-30 所示。

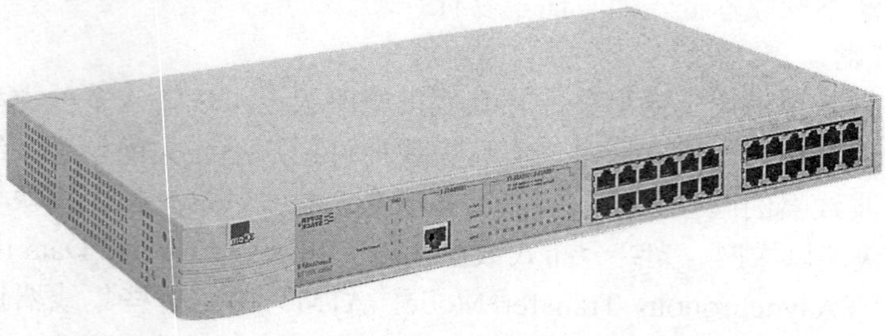

图 9-30　交换机

交换机可以实现全双工，所有的端口都拥有固定带宽，从而大大地提高了网络的传输速度，而集线器是所有端口分享一个固定的带宽。随着交换机的降价，越来越多的交换机代替了网络上的集线器。

9.5.4　路由器

1. 路由器的定义

路由器英文名 Router，路由器是互联网络的枢纽、“交通警察”。目前路由器已经广泛应用于各行各业，各种不同档次的产品已经成为实现各种骨干网内部连接、骨干网间互联和骨干网与互联网互联互通业务的主力军。

所谓路由就是指通过相互连接的网络把信息从源地点移动到目标地点的活动。一般来说，在路由过程中，信息至少会经过一个或多个中间节点。通常，人们会把路由和交换进行对比，这主要是因为在普通用户看来两者所实现的功能是完全一样的。其实，路由和交换之间的主要区别就是交换发生在 OSI 参考模型的第二层（数据链路层），而路由发生在第三层，即网络层。这一区别决定了路由和交换在移动信息的过程中需要使用不同的控制信息，所以两者实现各自功能的方式是不同的。

早在 40 多年前就已经出现了对路由技术的讨论，但是直到 20 世纪 80 年代路由技术才逐渐进入商业化的应用。路由技术之所以在问世之初没有被广泛使用主要是因为 80 年代之前的网络结构都非常简单，路由技术没有用武之地。直到最近十几年，大规模的互联网络才逐渐流行起来，为路由技术的发展提供了良好的基础和平台。

路由器是互联网的主要节点设备。路由器通过路由决定数据的转发。转发策略称为路由选择（routing），这也是路由器名称的由来（router，转发者）。作为不同网络之间互相连接的枢纽，路由器系统构成了基于 TCP/IP 的国际互联网络 Internet 的主体脉络，也可以说，路由器构成了 Internet 的骨架。它的处理速度是网络通信的主要瓶颈之一，它的可靠性则直接影响着网络互连的质量。因此，在园区网、地区网乃至整个 Internet 研究领域中，路由器技术始终处于核心地位，其发展历程和方向，成为整个 Internet 研究的一个缩影。在当前我国网络基础建设和信息建设方兴未艾之际，探讨路由器在互连网络中的作用、地位及其发展方向，对于国内的网络技术研究、网络建设，以及明确网络市场上对于路由器和网络互连的各种似是而非的概念，都有重要的意义。

2. 路由器的类型

互联网各种级别的网络中随处都可见到路由器。接入网络使得家庭和小型企业可以连接到某个互联网服务提供商；企业网中的路由器连接一个校园或企业内成千上万的计算机；骨干网上的路由器终端系统通常是不能直接访问的，它们连接长距离骨干网上的 ISP 和企业网络。互联网的快速发展无论是对骨干网、企业网还是接入网都带来了不同的挑战。骨干网要求路由器能对少数链路进行高速路由转发。企业级路由器不但要求端口数目多、价格低廉，而且要求配置起来简单方便，并提供 QoS。

（1）接入路由器

接入路由器连接家庭或 ISP 内的小型企业客户。接入路由器已经开始不只是提供 SLIP 或 PPP 连接，还支持诸如 PPTP 和 IPSec 等虚拟私有网络协议。这些协议要能在每个端口上运行。诸如 ADSL 等技术将很快提高各家庭的可用宽带，这将进一步增加接入路由器的负担。由于这些趋势，接入路由器将来会支持许多异构和高速端口，并在各个端口能够运行多种协议，同时还要避开电话交换网。

（2）企业级路由器

企业或校园级路由器连接许多终端系统，其主要目标是以尽量便宜的方法实现尽可能多的端点互连，并且进一步要求支持不同的服务质量。许多现有的企业网络都是由 Hub 或网桥连接起来的以太网段。尽管这些设备价格便宜、易于安装、无需配置，但是它们不支持服务等级。相反，有路由器参与的网络能够将机器分成多个碰撞域，并因此能够控制一个网络的大小。此外，路由器还支持一定的服务等级，至少允许分成多个优先级别。但是路由器的每个端口造价要贵些，并且在能够使用之前要进行大量的配置工作。因此，企业路由器的成败就在于是否提供大量端口且每个端口的造价是否低，是否容易配置，是否支持 QoS。另外还要求企业级路由器有效地支持广播和组播。企业网络还要处理历史遗留的各种 LAN 技术，支持多种协议，包括 IP、IPX 和 Vine。它们还要支持防火墙、包过滤以及大量的管理和安全策略以及 VLAN。

（3）骨干级路由器

骨干级路由器实现企业级网络的互联。对它的要求是速度和可靠性，而代价则处于次要地位。硬件可靠性可以采用电话交换网中使用的技术，如热备份、双电源、双数据通路等来获得。这些技术对所有骨干路由器而言差不多是标准的。骨干 IP 路由器的主要性能瓶颈是在转发表中查找某个路由所耗的时间。当收到一个包时，输入端口在转发表中查找该包的目的地址以确定其目的端口，当包越短或者当包要发往许多目的端口时，势必增加路由查找的代价。因此，将一些常访问的目的端口放到缓存中能够提高路由查找的效率。不管是输入缓冲还是输出缓冲路由器，都存在路由查找的瓶颈问题。除了性能瓶颈问题，路由器的稳定性也是一个常被忽视的问题。

（4）太比特路由器

在未来核心互联网使用的三种主要技术中，光纤和 DWDM 都已经是很成熟并且现成的。如果没有与现有的光纤技术和 DWDM 技术提供的原始带宽对应的路由器，新的网络基础设施将无法从根本上得到性能的改善，因此开发高性能的骨干交换/路由器（太比特路由器）已经成为一项迫切的要求。太比特路由器技术现在还主要处于开发实验阶段。

（5）多 WAN 路由器

早在 2000 年，北京欣全向工程师在研究一种多链路（Multi-Homing）解决方案时发现，全部以太网协议的多 WAN 口设备在中国存在巨大的市场需求。伴随着欣全向产品研发成功，全国第一台双 WAN 路由器诞生于公元 2002 年，中国第一款双 WAN 宽带路由器被命名为 NuR8021。

双 WAN 路由器具有物理上的 2 个 WAN 口作为外网接入，这样内网电脑就可以经过双 WAN 路由器的负载均衡功能同时使用 2 条外网接入线路，大幅提高了网络带宽。当前双 WAN 路由器主要有“带宽汇聚”和“一网双线”的应用优势，这是传统单 WAN 路由器做不到的。

9.5.5 调制解调器

1. 调制解调器的定义

所谓调制，就是把数字信号转换成电话线上传输的模拟信号；解调，即把模拟信号转换成数字信号。合称调制解调器。调制解调器的英文是 Modem，它的作用是利用模拟信号传输线路传输数字信号。电子信号分两种，一种是“模拟信号”，一种是“数字信号”。我们使用的电话线路传输的是模拟信号，而计算机之间传输的是数字信号。所以当用户想通过电话线把自己的电脑连入 Internet 时，就必须使用调制解调器来“翻译”两种不同的信号。连入 Internet 后，当计算机向 Internet 发送信息时，由于电话线传输的是模拟信号，所以必须要用调制解调器来把数字信号“翻译”成模拟信号，才能传送到 Internet 上，这个过程叫做“调制”。当计算机从 Internet 获取信息时，由于通过电话线从 Internet 传来的信息都是模拟信号，所以计算机想要看懂它们，还必须借助调制解调器这个“翻译”，这个过程叫做“解调”。总的来说就称为“调制解调”。

2. 调制解调器的分类

一般来说，根据 Modem 的形态和安装方式，可以大致可以分为以下 5 类：

（1）外置式 Modem

外置式 Modem（如图 9-31 所示）放置于机箱外，通过串行通讯口与主机连接。这种 Modem 方便灵巧、易于安装，闪烁的指示灯便于监视 Modem 的工作状况。但外置式 Modem 需要使用额外的电源与电缆。

图 9-31　外置式 Modem

（2）内置式 Modem

内置式 Modem（如图 9-32 所示）在安装时需要拆开机箱，并且要对中断和 COM 口进行设置，安装较为繁琐。这种 Modem 要占用主板上的扩展槽，但无需额外的电源与电缆，且价格比外置式 Modem 要便宜一些。

（3）PCMCIA 插卡式 Modem

插卡式 Modem（如图 9-33 所示）主要用于笔记本电脑，体积纤巧。配合移动电话，可方便地实现移动办公。

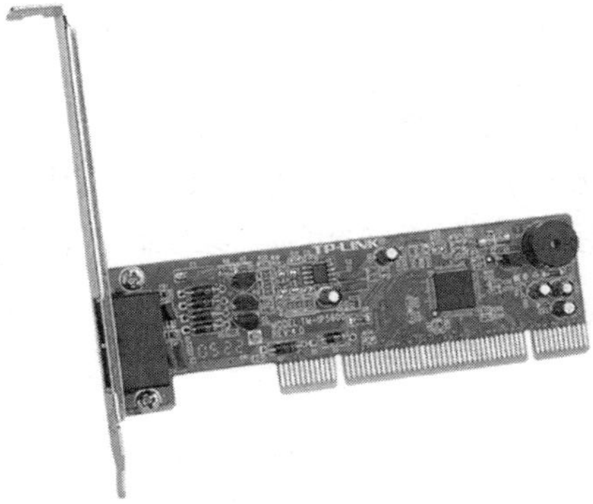

图 9-32　内置式 Modem

图 9-33　PCMCIA 插卡式 Modem

（4）机架式 Modem

机架式 Modem 相当于把一组 Modem 集中于一个箱体或外壳里，并由统一的电源进行供电。机架式 Modem 主要用于 Internet/Intranet、电信局、校园网、金融机构等网络的中心机房。

除以上四种常见的 Modem 外，现在还有 ISDN 调制解调器和一种称为 Cable Modem 的调制解调器，另外还有一种 ADSL 调制解调器。Cable Modem 利用有线电视的电缆进行信号传送，不但具有调制解调功能，还集路由器、集线器、桥接器于一身，理论传输速度更可达 10Mbps 以上。通过 Cable Modem 上网，每个用户都有独立的 IP 地址，相当于拥有了一条个人专线。

（5）USB 接口的调制解调器

USB 技术的出现，给电脑的外围设备提供了更快的速度、更简单的连接方法，SHARK 公司率先推出了 USB 接口的 56K 调制解调器，如图 9-34 所示。这个体形小巧的调制解调器给传统的串口调制解调器带来了挑战。只需将其接在主机的 USB 接口就可以，通常主机上有 2 个 USB 接口，而 USB 接口可连接 127 个设备，如果要连接多设备还可购买 USB 的集线器。通常 USB 的显示器、打印机都可以当作 USB 的集线器，因为它们有除了连接主机的 USB 接口外还提供 1～2 个 USB 的接口。

图 9-34　USB 接口的调制解调器

9.5.6 其他常用工具

在网络中，传输介质是最基础也是最重要的硬件之一，目前应用最广泛的网络传输介质是双绞线。要想组建局域网，将网线和网卡连接起来，还必须准备相关的工具，如RJ-45水晶头、双绞线专用压线钳、测线仪等。

1. RJ-45 水晶头

RJ-45插头是一种只能沿固定方向插入并自动防止脱落的塑料接头，俗称“水晶头”（如图9-35所示），RJ-45连接器是一种网络接口规范，就是平常所用的“电话接口”，用来连接电话线。双绞线的两端必须都安装RJ-45插头，以便插在网卡（NIC）、集线器（Hub）或交换机（Switch）的RJ-45接口上，进行网络通信。

2. 测线仪

测试仪是一款高性能的网线测试仪设备（如图9-36所示），它可以精确显示电缆接线图、故障点具体位置，识别多种网线故障，如开路、短路、断路、串绕、跨接等，同时可以精确地测量网线的长度，并可以发出多种音频信号以便于寻找线缆的具体位置。如果测试仪上8个指示灯都依次为绿色闪过，证明网线制作成功。如果出现任何一个灯为红灯或黄灯，都证明存在断路或者接触不良现象，此时最好先对两端水晶头再用压线钳压一次，再测，如果故障依旧，再检查一下两端芯线的排列顺序是否一样。如果芯线顺序一样，但测试仪在重测后仍显示红灯或黄灯，则表明其中肯定存在对应芯线接触不好。此时重做一端的水晶头，再测，直到测试仪全为绿色指示灯闪过为止。

3. 压线钳

压线钳（如图9-37所示）上有3处不同的功能：最前端是剥线口，它用来剥开双绞线外壳；中间是压制RJ-45水晶头工具槽，这里可将RJ-45水晶头与双绞线合成；离手柄最近端是锋利的切线刀，此处可以用来切断双绞线。

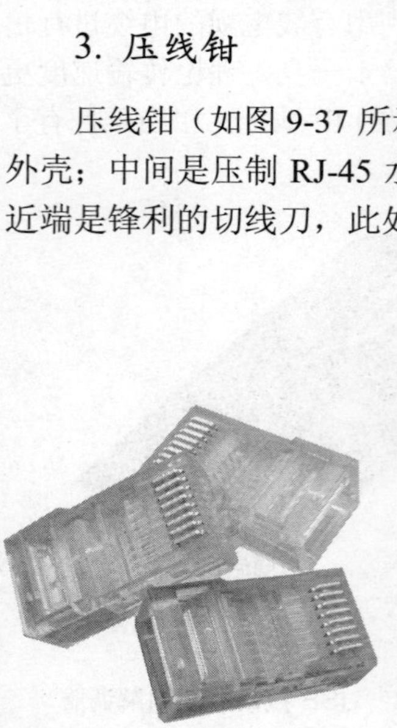

图9-35　RJ-45水晶头

图9-36　测线仪

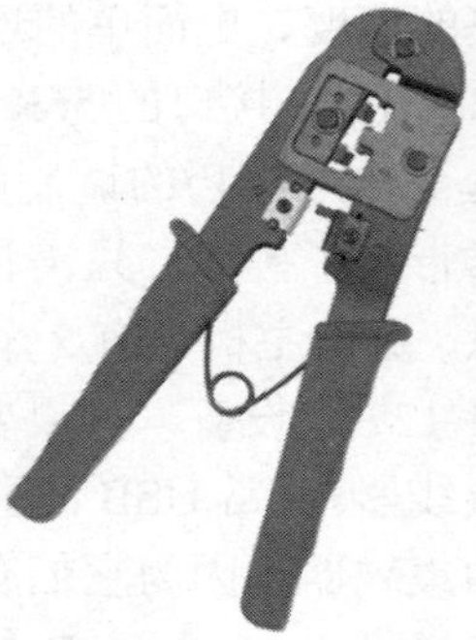

图9-37　压线钳

9.6　局域网构建

9.6.1　制作网线

1. 组网器材及工具的准备

组网之前，需要准备好计算机、网卡、交换机和其他网络器件。表 9-4 是组建 100Mb/s 以太网所需设备列表。

表 9-4　组建 100Mb/s 以太网所需的设备和器件设备及器件表

设备和器件名称	数量
计算机	2 台以上
RJ-45 接口 100Mb/s 或 10/100Mb/s 自适应网卡	2 块以上
100Mb/s 以太网交换机	1 台以上（级联实验需多台）
5 类以上非屏蔽双绞线	若干
RJ-45 水晶接头	多个

除了需要准备组建以太网所需的设备和器件外，还需要准备必要的工具。最基本的工具包括制作网线的剥线或夹线钳及测试电缆连通性的电缆测试仪。

2. 非屏蔽双绞线的制作

【范例 9-6】　制作非屏蔽双绞线。

步骤 1：认识 RJ-45 连接器和非屏蔽双绞线。RJ-45 连接器，俗称水晶头，用于连接 UTP。共有 8 个引脚，一般只使用了第 1、2、3、4、5、6 号引脚，各引脚的意义如下：引脚 1 接收（Rx+）；引脚 2 接收（Rx -）；引脚 3 发送（Tx+）；引脚 6 发送（Tx-）。如图 9-38 所示为直连线和交叉线的线序。

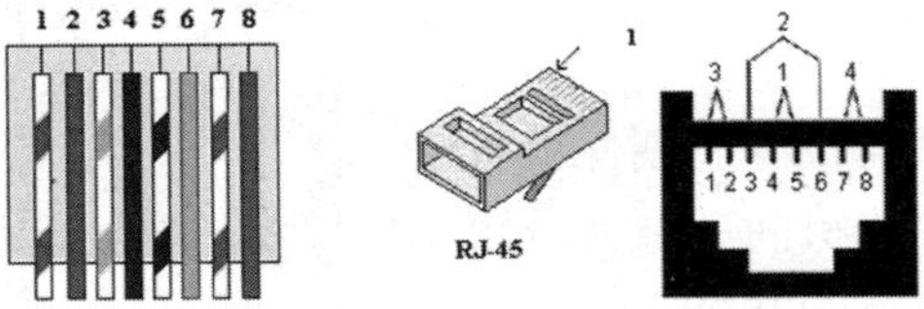

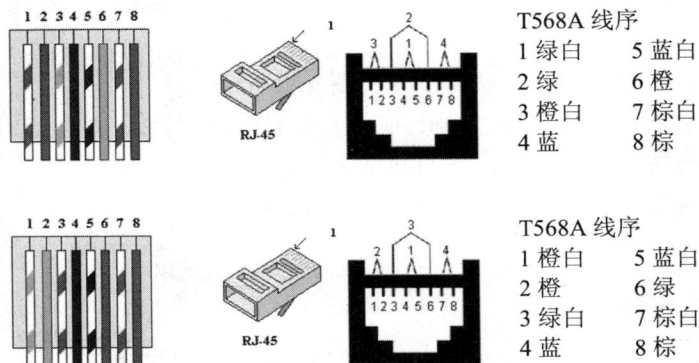

T568A 线序
1 绿白　　5 蓝白
2 绿　　　6 橙
3 橙白　　7 棕白
4 蓝　　　8 棕

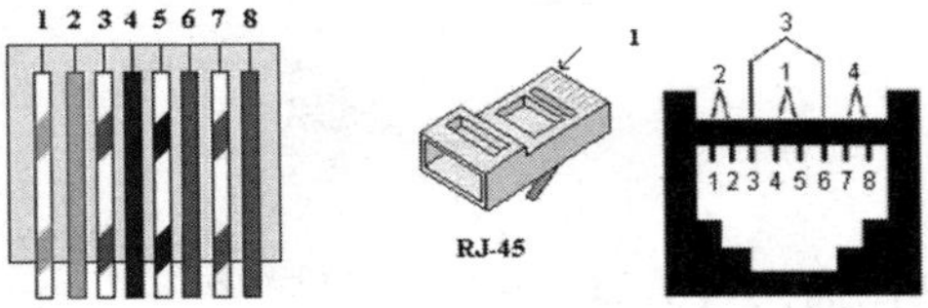

T568A 线序
1 橙白　　5 蓝白
2 橙　　　6 绿
3 绿白　　7 棕白
4 蓝　　　8 棕

图 9-38　直连和交叉线序

提示	普通端口进行级联时应用交叉线连接，若有专用的级联口级联时用直连线即可。

步骤 2：用线钳将双绞线外皮剥去，剥线的长度为 13～15mm，不宜太长或太短。用剥线钳将线芯剪齐，保留线芯长度约为 1.5cm。

步骤 3：水晶头的平面朝上，将线芯插入水晶头的线槽中，所有 8 根细线应顶到水晶头的顶部（从顶部能够看到 8 种颜色），同时应当将外皮也置入 RJ-45 接头之内，最后，用压线钳将接头压紧，并确定无松动现象。如图 9-39 所示。

步骤 4：将另一个水晶头以同样方式制作到双绞线的另一端。

步骤 5：用网线测试仪测试水晶头上的每一路线是否连通，如图 9-40 所示。发射器和接收器两端的灯同时亮时为正常。

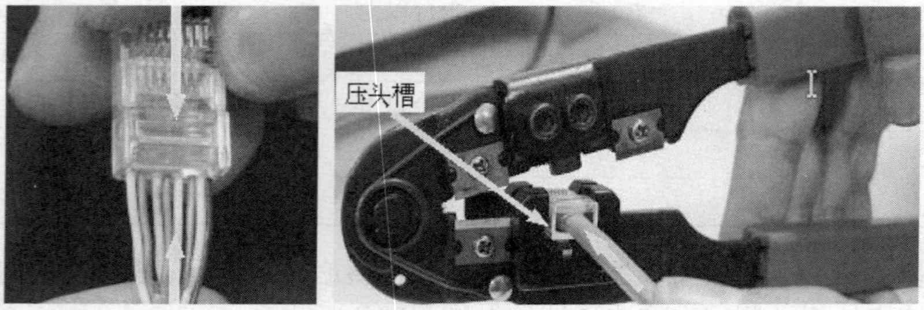

图 9-39　水晶头的制作

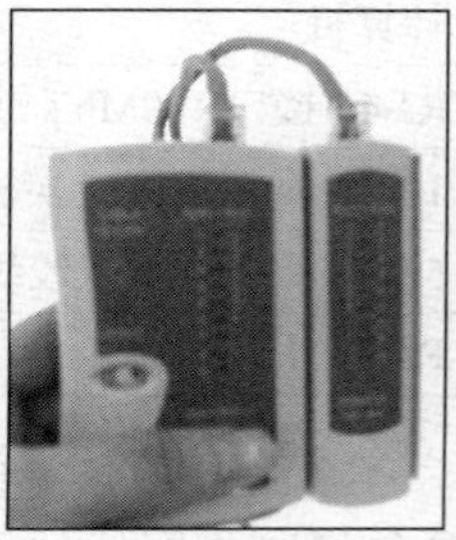

图 9-40　网线测试仪

9.6.2　简单的网络连接方式

对于家庭或办公室网络的组建具有多种网络连接方法，如双机直接电缆连接法、双机双绞线直接连接法、多机集线器连接法等，主要依据联网的电脑数量和联网的距离来选择。

1. 近距离的两台电脑

如果只有两台电脑，而且距离比较近（5m 以内），那么可以使用直接电缆连接的方法将其连接起来，如图 9-41 所示。

采用这种方式连接的网络，只需很少的硬件就可以实现，一般用于笔记本电脑和台式机间或两台近距离电脑的临时联网用。由于该方式下的网络传输速度比较慢，而且随着网卡价格的下降，目前的应用已经很少了。

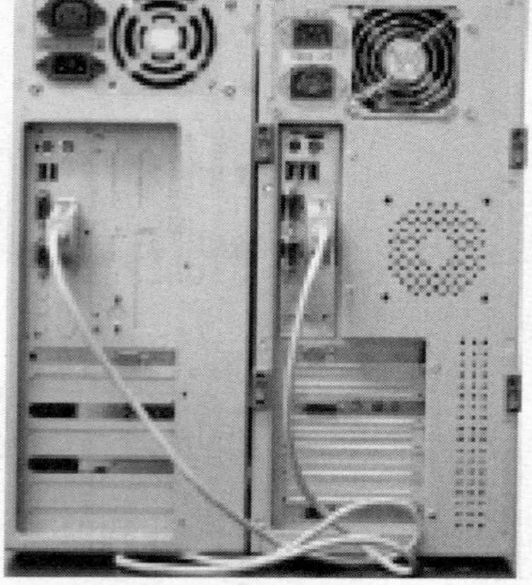

图 9-41　双机直接电缆连接

2. 距离较远的两台电脑

如果只有两台电脑，但距离比较远，或者在不同的房间里，利用直接电缆连接的办法不能满足需要。

在这种情况下，比较便捷、经济的方法就是使用双绞线和网卡来连接了。

首先进行网线的制作。不过，用于直接连接两台电脑的双绞线需要经过特殊制作，这种做法叫反序线或交叉级联双绞线。在进行数据传输中，只用到了四对线中的两对，即一对用于数据发送，一对用于数据接收。

制作好双绞线后，最好用测试仪测试一下。然后把做好的双绞线的两个 RJ-45 接头分别插入两个网卡的对应接口中，使这两台电脑直接连接起来，无需使用其他设备，如图 9-42 所示。

硬件连接完毕后，就可以开始进行网络的配置等步骤了。

使用此种方法连接的局域网，网络连接速率可以达到 100Mbps，使用非屏蔽五类双绞线（UTP5），最远传输距离可以达到 100m。

使用双绞线不但可以连接两台电脑，而且还可以借助集线设备连接多台电脑，即具有很好的扩充性。

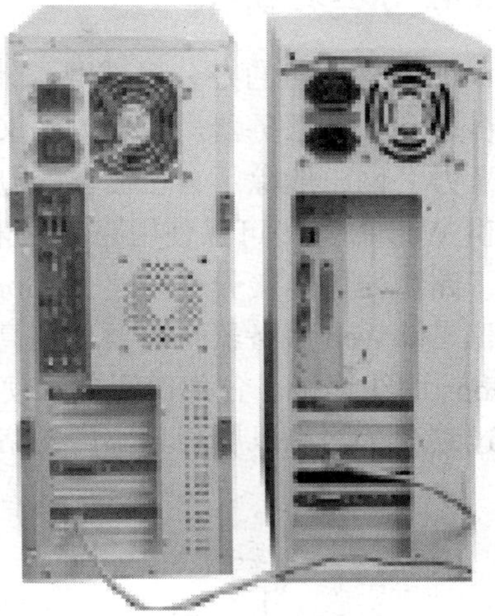

图 9-42　用双绞线直接连接两块网卡

3. 三台或三台以上的电脑

如果电脑在三台或三台以上，那前面介绍的两种方法就行不通了。这时，只能借助集线设备来实现了。

基本方案：使用双绞线连接多台电脑时，除了前面介绍的利用双绞线直接连接两台电脑所需要的硬件外，还需要购置一台集线器或交换机。集线器或交换机的选择要根据需要进行购买，主要考虑的是速度以及端口数量。

接着，必须为每一个连接设备制作一条双绞线。该双绞线的制作只要按常规的标准制作即可。

电脑与集线设备在拓扑结构上属星形结构，即所有双绞线的一端均与集线设备相连，而另一端则与不同的电脑上的网卡相连。电脑与电脑间的连接是通过集线设备来实现，网络连接的结构如图 9-43 所示。

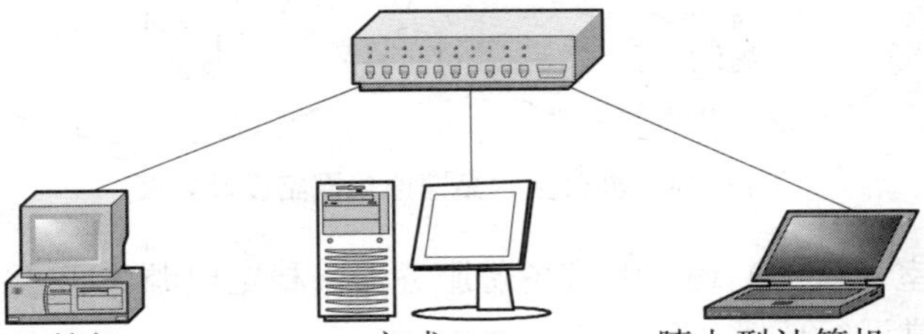

图 9-43　多机互联方案

这种网络连接方式是目前应用最广泛的，一般的小型网络都是采用这种方式联网的。

另外，该方式的联网方法与前面的“距离较远的两台电脑”除了物理连接不一样外，其他的配置方法则完全相同。

4. 办公局域网

如果是公司的办公局域网，计算机数量超过一定数目，还有自己的打印服务器、Web服务器和文件服务器，处理方法又是怎样的？

办公网一般除了自己需要的办公环境外，大多还需要Internet的接入，如果采用专线来提供Web服务，可以使用路由器来起Internet接入和防火墙的作用。

路由器可连接一个高速（1Gbps）的主交换机，连接服务器组（数据库、邮件和管理服务器）和Web服务器也需要使用高速交换机。主交换机到服务器组和Web服务器之间使用1Gbps网线连接。各部门间分别使用交换机连接，部门内部可以使用100Mbps网线连接，通过划分子网可以屏蔽各部门网络产生的广播，提高网络利用率。设计方案如图9-44所示。

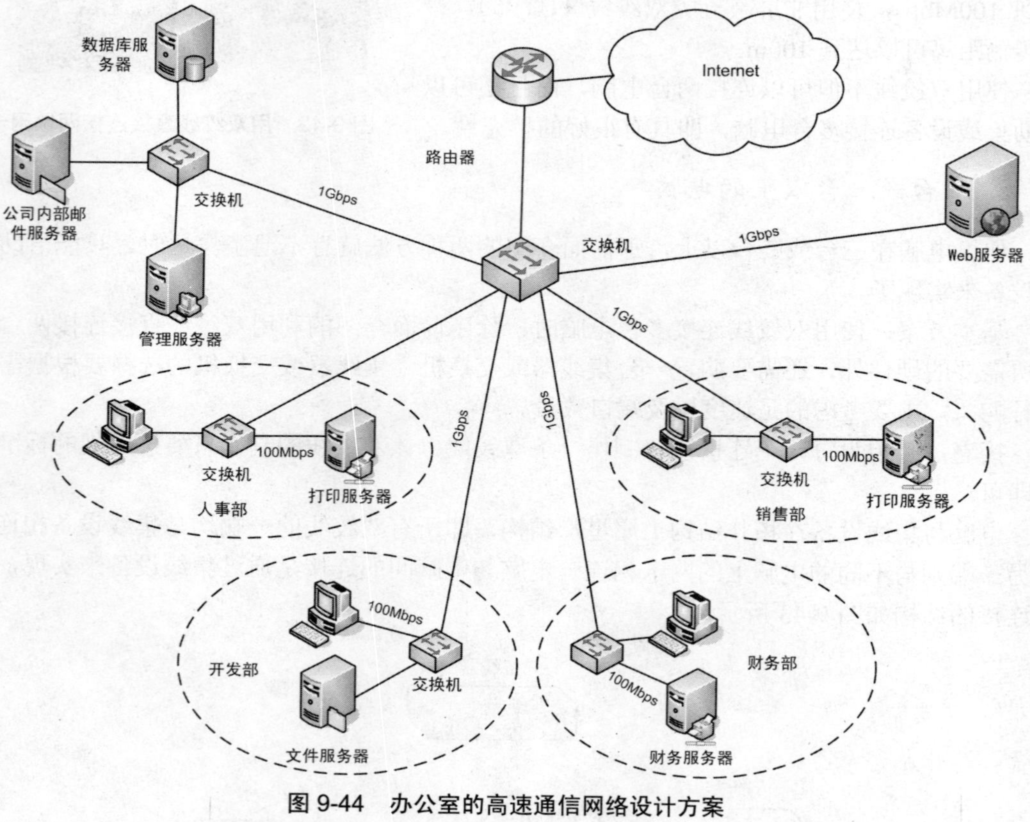

图9-44 办公室的高速通信网络设计方案

另外，服务器室（机房）还需要有备份服务器、稳定电源（UPS）和空调来保证服务器的数据安全和正常运行环境。

在网络中共享软件、硬件资源可以有效地节约资金投入，同时还可以实现对重要数据资料的统一安全管理。结合网络的远程访问服务，可以让身处异地的员工登录到公司的计算机中，完成资料的调查与上报等。

9.6.3　局域网与 Internet 的连接

想实现两台或多台计算机互连、共享上网、打游戏，那么组建一个小型局域网是必不可少的工作。

1. 方案拓扑结构

方案拓扑结构示意图如图 9-45 所示。

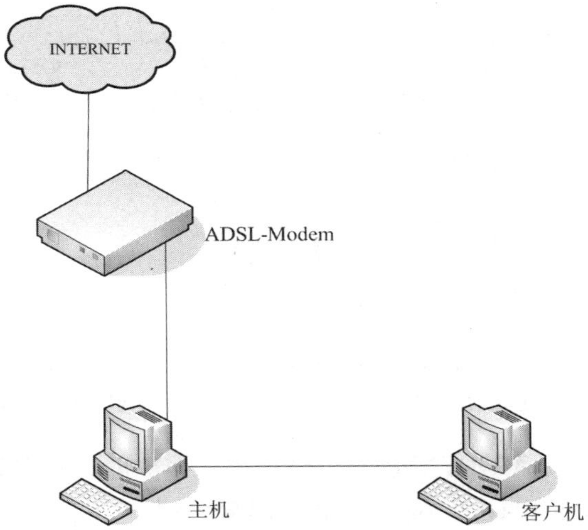

图 9-45　方案拓扑结构示意图

2. 方案重要设备

- 网卡。10/100Mbps 的网卡两块，当然如果计算机主板都集成了网卡就没必要了。
- 网线。要实现两台计算机之间的网络连接的一根足够长的双绞线。家庭内部组网所需的双绞线并不是很长，一般数根 3～10m 左右的线缆即可满足需求。
- 水晶头。可购买做好水晶头的网线成品，也可到电子市场（经营网络耗材处）定做。

提示	双机网卡互连应按网卡连网卡的“交叉线”做线，水晶头一端遵循 568A，而另一端遵循 568B 标准。即一端白橙 1、橙 2、白绿 3、蓝 4、白蓝 5、绿 6、白棕 7、棕 8；另一端为白绿 3、绿 6、白橙 1、蓝 4、白蓝 5、橙 2、白棕 7、棕 8 的做法。

3. 组网和配置操作

【范例 9-7】　组网和配置操作。

步骤 1：用双绞线将两台计算机的网卡连接起来。

步骤 2：将两台计算机设定为同一个工作组。在“控制面板”中双击“系统”图标，打开“系统属性”对话框，如图 9-46 所示。

步骤 3：打开“计算机名”选项卡，然后单击“更改”按钮，在如图 9-47 所示的对话框中更改“工作组”名称，确定两台计算机的工作组名一致。

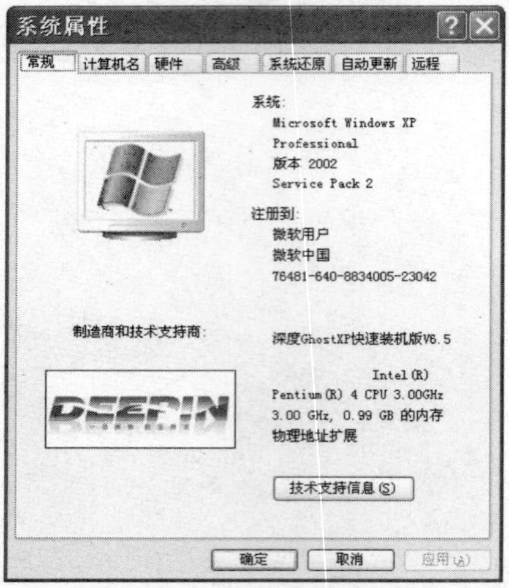

图 9-46 “系统属性”对话框

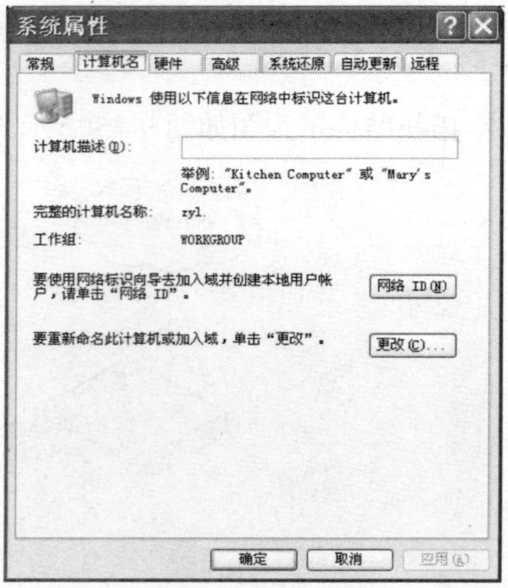

图 9-47 设置工作组名

步骤 4：在主机（连接 MODEM 的那台计算机）桌面的“网上邻居”图标上单击鼠标右键，选择快捷菜单中的“属性”命令，打开“网络连接”对话框。

步骤 5：在“本地连接”图标上单击鼠标右键，选择“属性”命令，打开如图 9-48 所示的对话框。

步骤 6：双击“此连接使用下列项目”列表框中的“Internet 协议（TCP/IP）”选项。在“Internet 协议（TCP/IP）属性”对话框中设置将主机 IP 地址设置为 192.168.0.1。

步骤 7：使用同样的方法将客户机（另外一台计算机）的 IP 地址设置为 192.168.0.2，网关为 192.168.0.1，如图 9-49 所示。

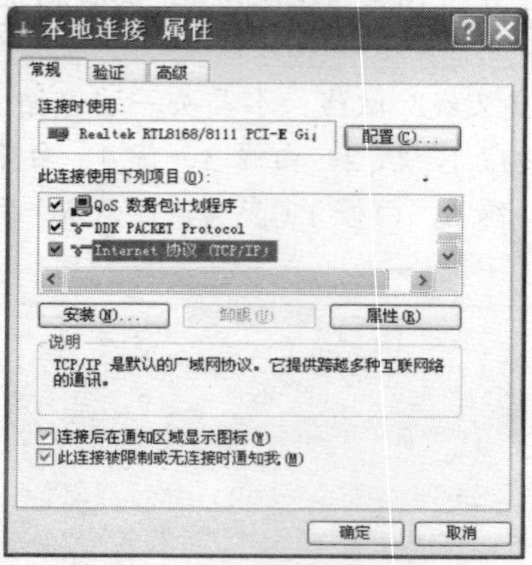

图 9-48 “本地连接 属性”对话框

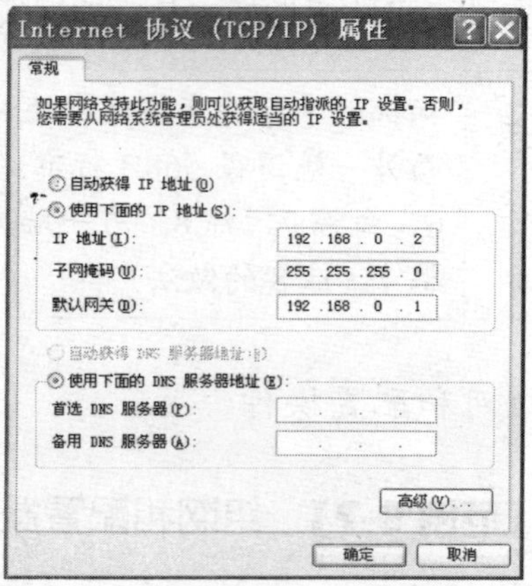

图 9-49 客户机（从机）的 IP 等信息的设置

步骤 8：右键单击“网上邻居”图标，选择快捷菜单中的“属性”命令，打开“网络连接”窗口；然后右键单击“本地连接”图标，选择快捷菜单中的“属性”命令，在对话框的“共享”一栏选中“启用此连接的 Internet 连接共享”复选框。

步骤 9：重新启动计算机，即可互联上网。

除了以上方法外，还可通过 USB 联网线进行连接。只需接上一个 4 口 USB Hub，便可连接 4 台计算机。

提示	如果 ADSL MODEM 采用的是双绞线和主机网卡相连，实现的单机上网。有两种方法实现双机共享，一是作为主机的添加一块网卡和 MODEM 进行连接；二是将 ADSL MODEM 用 USB 线缆和计算机连接（很多以太网 ADSL MODEM 都同时具备 USB 接口，支持 USB 连接），安装好驱动，然后安装好任一款虚拟拨号软件（WindowsXP/Vista 操作系统自带的 PPPoE 拨号软件、EnterNet300/500、WinPoET、星空极速等）即可。

9.7　网络故障诊断与调试

9.7.1　网络故障解决思路

网络连接、软件属性配置和协议配置是导致网络故障的三大原因。如何判断一个故障是否属于网络连接故障？而这些故障是如何产生的？如何排除网络连接故障？这些问题对于不是很熟悉网络的用户来说是很棘手的，下面将提供一个较完整的解决方案。

1. 描述故障现象

网络连接的故障通常表现为以下几种情况。

① 计算机无法登录到服务器。

② 计算机在“网上邻居”中只能看见本机，看不见其他的计算机，从而无法使用其他计算机上的共享资源。

③ 计算机无法通过局域网连接到 Internet。

④ 计算机无法通过局域网浏览内部网页，或者无法收取局域网内的电子邮件。

⑤ 网络中的计算机网络程序运行速度非常慢。

分析故障

网络连接故障有可能是下述原因导致。

① 计算机没有安装网卡，或者没有正确安装网卡驱动程序，或者是网卡的中断与其他设备有冲突。

② 网卡本身存在故障。

③ 网络协议没有安装，或者网络协议没有正确设置。

④ 网线、集线器接口有故障。

⑤ 集线器或者交换机没有打开电源，或者是这些网络设备本身存在问题。

2. 排除故障

当计算机出现以上网络连接故障的时候，应该按照下述步骤来排除故障。

（1）确认网络连接故障

当出现一种网络应用程序使用故障时，首先应该尝试使用其他的网络程序。比如当 IE 浏览器无法登录网站时，用 Foxmail 测试能否收发电子邮件，或者打开“网上邻居”测试是否能够找到其他计算机，也可以采用 ping 方法检查与其他计算机是否处于正常连接状态。

（2）基本检查

所谓基本检查主要是查看网卡和集线器的指示灯状态。一般网卡和集线器的指示灯在正常情况下没有传输数据时闪烁得比较慢，而传输数据时闪烁速度比较快，所以当这两个指示灯处于长灭或者是长亮状态则说明网络连接存在故障，这时就要关闭计算机，更换网卡、连接线或者集线器以排除故障。

（3）初步检测

初步检测网络故障时可以使用 ping 命令，一方面可以 ping 本地计算机的 IP 地址来检查网卡和网络协议的配置是否正确。如果 ping 本地计算机没有问题（如图 9-50 所示），则说明网络的故障可能在计算机和网络的连接处，所以应该检查网线的连通性和集线器端口的状态。如果不能 ping 通本地计算机，说明 TCP/IP 有问题。

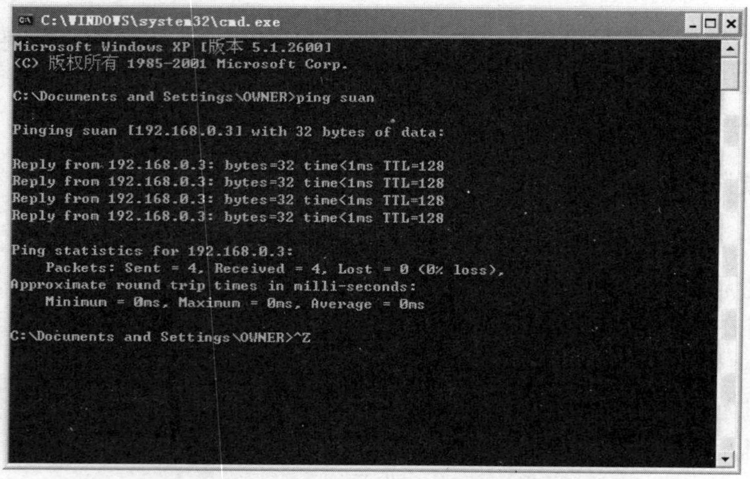

图 9-50　ping 本地计算机

（4）检查网卡

打开“设备管理器”查看网卡驱动程序是否已经安装好，如果在硬件列表中没有发现网卡或者网卡图标前面有一个黄色的“!”，则说明网卡没有正确安装，此时需要将系统中的网卡驱动程序删除之后重新安装，然后为网卡安装和配置正确的网络协议，最后再进行测试。

如果网卡不能正确安装，有可能是网卡硬件损坏，跟其他硬件有资源冲突，或者是网卡的驱动程序损坏，这时最好更换网卡和主板插槽或者重新安装驱动程序，然后进行下面的步骤。

（5）确定故障

换一台局域网中的计算机进行网络应用程序测试，如果仍然出现类似的故障，在确认网卡和网络协议都正常的情况下就能判断是服务器、集线器或交换机等设备出现了问题。为了进一步确认，可以再更换一台计算机继续测试，从而确定网络连接故障的位置。如果在其他计算机上的测试完全正常，那么网络故障就定位在发生故障的计算机和网络的连接方面。

（6）检查网络协议

用“ipconfig/all”命令来查看本地计算机是否安装了 TCP/IP，以及是否正确配置了 IP 地址、子网掩码、默认网关、DNS 服务器等。如果网络协议还没有安装，或者是协议没有正确配置，则需要安装并配置好必需的网络协议。

9.7.2　常用故障诊断工具

在排查网络故障过程中，有时很难确定故障的根源。如果有一些软件的支持，诊断网络故障就会容易一些。下面就介绍一些小巧的网络诊断程序以及使用方法。

1. ping 命令

ping 命令是 Windows 操作系统中专用于 TCP/IP 的探测工具。ping 主要用于确定网络是否处于连接状态。

（1）ping 命令的格式

ping 一般有两种命令格式：“ping 对方主机名称”和“ping 对方主机的 IP 地址”。使用时可以在 Windows 的命令提示符窗口或者是通过“开始”→“运行”命令来执行。例如，输入“ping www.sohu.com”命令之后，将打开如图 9-51 所示的界面。

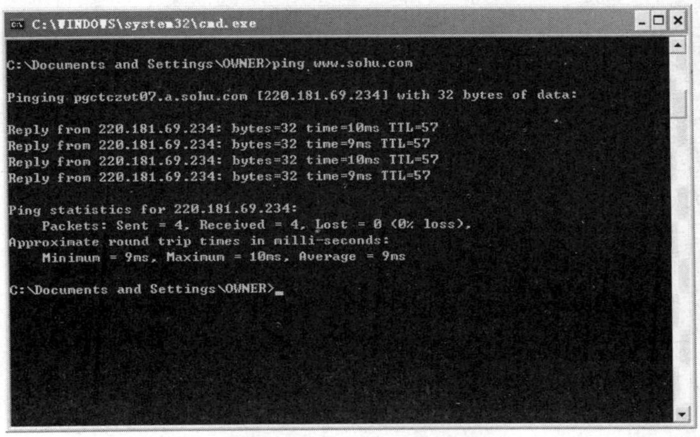

图 9-51　ping 程序运行窗口

通过这个程序不仅能够检测出对方主机是否处于正常运行状态，还可以了解自己的计算机与对方主机之间的连接速率等状况。

（2）常见错误信息

通常 ping 命令的出错信息有下面 4 种。

① Unknow host。Unknown host 出错往往是远程主机的名称无法被域名服务器转换为 IP 地址。其原因有可能是域名服务器出现问题，或输入的远程主机名称不对，或者是通信线路有故障。

② Network unreachable。Network unreachable 出错是因为本地系统没有到达远程计算机之间的路由，这时可以采用下面介绍的 netstat 命令来检查路由表，确定路由配置是否正确。

③ No answer。No answer 出错是远程系统没有响应，这种故障说明本地系统有一条可以到达远程计算机的路由，但是接收不到它发送给本地计算机的任何信息。这类网络故障有可能是远程计算机没有运行、本地或者远程计算机网络配置不正确、本地或者远程计算机路由器没有工作、通信线路有问题，或远程主机的路由选择有问题。

④ Request Timed out。Timed out 是指与远程主机连接超时，所有的数据包都丢失。产生这种故障有可能是路由器连接问题，或远程计算机没有正常运行，或网络线路出现故障。

2. ipconfig 命令

ipconfig 也是一个内置于 Windows 的命令之一，它可以显示出本地计算机的 IP 配置信息和网卡的 MAC 地址。在“命令提示符”窗口中输入“ipconfig /all”命令之后将显示如图 9-52 所示的窗口，其中列举出当前计算机内安装的所有网卡的物理地址、主机 IP 地址、子网掩码以及默认网关等配置，可以很方便地判断配置信息是否正确。

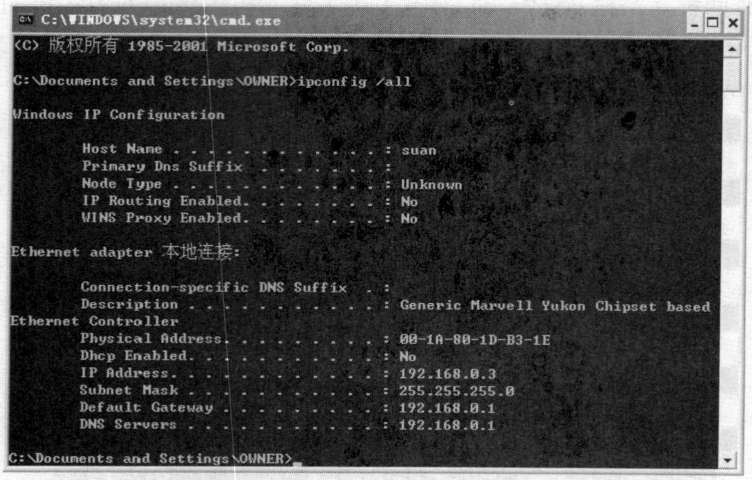

图 9-52　检查配置信息

通过“ipconfig /all”命令也可以查看所有附加参数，如图 9-53 所示。

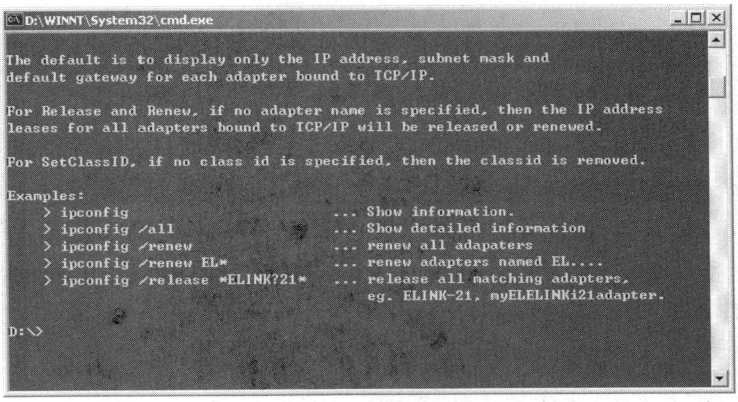

图 9-53　ipconfig 所有参数

3. netstat 命令

执行 netstat 命令之后，可以了解当前计算机的 IP 地址、计算机名称、连接使用的协议与端口等信息。而且在使用了附加参数之后还可以获得更多的有用信息，比如当前网络接收和发送的字节数等，所以在没有其他网络管理软件时，这个命令是非常有用的，如图 9-54 所示。

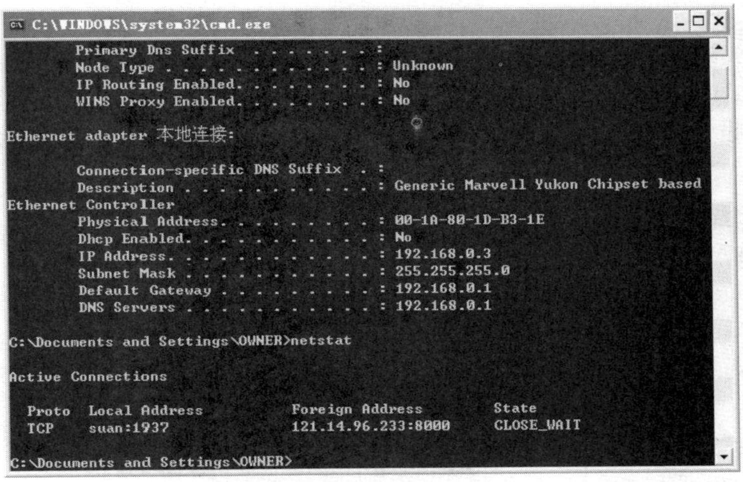

图 9-54　netstat 界面

9.7.3　常见故障分析与解决

1. 局域网传输速度过慢的解决方法

故障现象：某办公室有 8 台计算机，由一个 16 口集线器连接，由于办公需要，又新添加了 8 台计算机，连在同一个集线器上。以前速度很正常的网络，现在访问网上邻居、Internet 和收发邮件的速度明显变慢。

解决方案：首先应该检查一下集线器上包括级联口是不是都被使用上了，如果是这种情况，应该保留集线器的第一个端口，再测试一下网络状况，多余的机器再用另外的集线器连接即可。

再者，可以使用相同端口的交换机替代集线器。交换机和集线器不同，交换机的每一个端口处于一个单独的冲突域，所有端口处于一个广播域。交换机相对于集线器，性能有了很大的提高，每个端口独享带宽，如一个 8 口 100Mbit/s 交换机，总带宽为 100×8=800Mbit/s，每个端口独享 100Mbit/s。而一个 8 口 100Mbit/s 集线器的总带宽为 100Mbit/s，如果每个端口都在同时使用，那么每个端口的平均带宽为 100÷8=12.5Mbit/s，相比之下交换机与集线器在带宽上都是无法比拟的。

2. 启动后显示主机名冲突

故障现象：计算机启动之后，Windows 提示主机名重复，不能够使用 Windows 网络。

解决方案：计算机主机名和 IP 地址一样，在局域网内是不可以重复的，如果主机名重复，就会出现本例中的问题。

用鼠标右键单击桌面上的“网上邻居”图标并选择“属性”命令。在“网络”对话框中，选择“标识”选项卡，在“计算机名”后面输入新的名称，但必须保证和同一网络内的其他主机不同，如图 9-55 所示。重新启动计算机后故障即可排除。

3. IP 分配不当引起的故障

故障现象：在网络中，所有计算机都已经安装好了网卡，并连接到集线器上，且分别为每台计算机设置了 IP 地址，但是还是不能够进行通信，网络拓扑如图 9-56 所示。

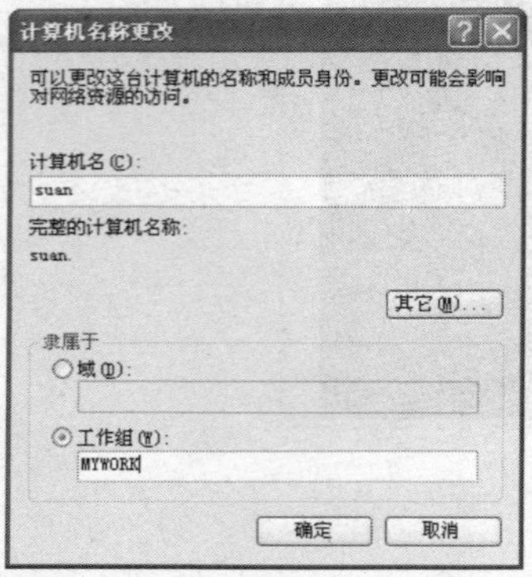

图 9-55　修改计算机名称

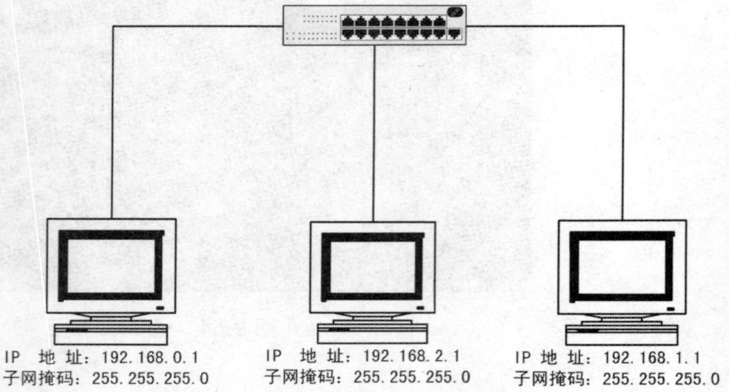

图 9-56　网络拓扑结构

解决方案：在此网络中，虽然所有的计算机都设置了 IP 地址，但是这 3 个 IP 地址分别为 192.168.0.1、192.168.2.1 和 192.168.1.1，并不在一个逻辑网段内，除了用网关，否则不能直接进行通信。

要保证 3 台计算机在一个网段内，可以把它们的 IP 地址均设置为“192.168.0.X”的网段，如分别为 192.168.0.1、192.168.0.2 和 192.168.0.3，或者分别为 192.168.1.1、192.168.1.2

和 192.168.1.3，子网掩码仍然为 255.255.255.0 不变。

4. 计算机和集线器无法通信的故障

故障现象：使用 5 类双绞线，把几台计算机和集线器连接以后，互相不能够 ping 到对方，网上邻居也没有显示，无法完成数据传输。

解决方案：计算机和集线器相连的双绞线的顺序应该是完全一致的。使用这样的网线把计算机和集线器连接起来，才能够进行正常的通信。

直接连接计算机和计算机的双绞线，两端的水晶头应按照 EIA/TIA-568B 的标准制作，这样才能保证计算机和集线器之间进行正常的连接和通信。

5. 网卡在硬件管理器中显示冲突

故障现象：在计算机的主板上安装了网卡后，根据 Windows 的提示安装了网卡的驱动程序，但安装完成后不能够使用，在“设备管理器”中显示一个黄色的叹号。

解决方案：这是由于安装了不正确的驱动程序造成的，由于在 Windows 发布时，并没有把一些必要的驱动程序放到系统中，使用系统默认的驱动程序有可能造成设备的冲突，导致设备不能够使用。可以重新安装网卡的驱动程序，选择“开始”→“设置”→“控制面板”→“添加新硬件”命令，然后根据向导安装好正确的网卡驱动程序即可。

6. 子网掩码设置不当引起的故障

故障现象：网络拓扑及 IP 分配如图 9-57 所示，但不能进行正常通信。

解决方案：在 TCP/IP 的网络中，不但 IP 地址的设定需要注意，而且子网掩码的设置也同样重要。子网掩码的作用就是区分 IP 地址中的网络位和地址位。本例的故障原因就是子网掩码设置的不当，虽然 IP 地址为 192.168.0.1、192.168.0.2、192.168.0.3 从表面上看是属于同一子网，但是由于它们的子网掩码不同，所以实际上这 3 台主机并不处在同一个网络中。只要重新设置主机的子网掩码，使它们的子掩网码相同就可以了。

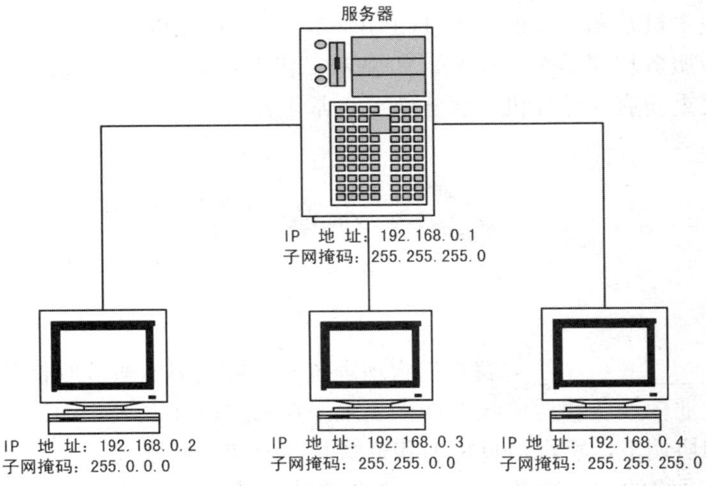

图 9-57　网络拓扑结构

7. 网上邻居中只看到部分计算机

故障现象：打开网上邻居后，找不到局域网内的计算机或者无法浏览共享资源。

解决方案：首先可以查看网上邻居列表中是否存在待查计算机的名称，再按下面的不同情况进行分析。

（1）列表内包含了待查计算机

如果在相应的工作组中能找到该计算机，那么检查该计算机有无共享资源。如果能够查看共享资源，但无法访问共享资源时，则检查是否有访问该共享资源的权限。

（2）列表内没有包含待查计算机

先通过“开始”菜单的“查找”或“搜索”功能来查找计算机。

如果网络中找不到该计算机，接下来可以检查计算机的工作状态及与网络之间的物理连接。

如果存在“整个网络”图标，但没有计算机，则表明网线与网络适配器之间的连接可能不正确。先检查网络适配器与计算机之间的连接，然后可以查看必要的网络配置组件是否安装无误。

如果“网上邻居”中不能出现“整个网络”图标，则说明系统里没有正确安装必要的网络组件，那么应该重新安装网络适配器及所需要的网络协议。其次还需要检查所使用的网络客户及网络协议是否适合所连接的网络。

8. 主机网络协议或服务安装不当

故障现象：主机网络协议或服务安装不当也会出现网络无法连通。主机安装的协议必须与网络上的其他主机相一致，否则就会出现协议不匹配，无法正常通信。还有一些服务如“文件和打印机共享服务”，不安装会使自身无法共享资源给其他用户，“网络客户端服务”，不安装会使自身无法访问网络其他用户提供的共享资源。再比如 E-mail 服务器设置不当导致不能收发 E-mail，或者域名服务器设置不当将导致不能解析域名等。

解决方案：在网上邻居属性（Windows98 系统）或在本地连接属性窗口查看所安装的协议是否与其他主机是相一致的，如 TCP/IP、NetBEUI、IPX/SPX 等。其次查看主机所提供的服务的相应服务程序是否已安装，如果未安装或未选中，请注意安装和选中。注意，设置完成后需要重新启动计算机，服务方可正常工作。

本章习题

1. 填空题

（1）所谓________________，就是指将地理位置不同的具有独立功能的多台计算机及其外部设备，通过通信设备和通信线路连接起来，在网络操作系统、网络管理软件及网络通信协议的管理和协调下，实现信息传递和资源共享的计算机系统。

（2）计算机网络的功能很多，其中最主要的功能是________________、________________、

____________、____________和____________。

（3）按覆盖的地理范围分类，计算机网络可以分为____________、____________和____________。

（4）常见的计算机网络拓扑结构类型有____________、____________、____________、____________和____________等。

（5）协议是指实现计算机网络中数据通信和资源共享的规则的集合。它包括协议规范的对象及应该实现的功能。一般来说，协议由____________、____________和____________三部分组成，即协议的三要素。

（6）____________地址是指网络上每个设备所对应的一个唯一的物理地址。

（7）网络信息安全涉及个人权益、企业生存、金融风险防范、社会稳定和国家的安全，它是____________、____________、____________、____________、____________、____________的总和。

（8）网络传输介质是指在网络中传输信息的载体，常用的传输介质分为____________和____________两大类。

（9）一般来说，根据 Modem 的形态和安装方式，可以大致分为 5 类，即：____________、____________、____________、____________和____________。

（10）网卡尾部常见的接口有多种，其中____________常用于总线状网络中连接粗同轴电缆。

（11）计算机网络中的____________拓扑结构使用一条电缆作为主干电缆。

（12）在计算机网络设备中，____________是计算机网络中连接多个计算机或其他设备的连接设备，是对网络进行集中管理的最小单元。

2. 实训题

（1）利用本章所学习的知识，动手制作一根网线。

（2）实现两台计算机之间的对等连接，并测试其互通性。

第 10 章　上机实训

10.1　实训一：认识计算机的硬件组成

实训目的

- 了解计算机系统的硬件组成和各种接口、外部设备等。
- 重点培养学生对计算机硬件系统各组成部件的识别能力。

知识与技能考核目标

- 能够从外观上认识计算机的各个部件，如主机、显示器、键盘、鼠标、打印机等。
- 能够识别主机内的各种硬件，如硬盘、光驱、CPU、主板、内存、电源、显卡、声卡等。
- 能够看懂并自己动手连接计算机外部的各种连线。

实训内容及步骤

① 从外观看一台配置较完整的计算机，重点了解它们的各个配置。

② 查看主机与显示器、键盘、鼠标、打印机等设备的连线。

③ 打开主机，认识主机箱内的各个硬件及其各自的型号等。

④ CPU 的识别。主要内容包括 Intel 8086 以后系列、AMD 系列的 CPU 产品的型号、类型、主频、电压、包装形式等，进而对比了解 CPU 性能以及各自不同的发展历程。

⑤ 认识主板的各个详细接口和硬件结构。对比了解并认识计算机主板的生产厂商、型号、结构、功能组成、接口标准、跳线设置及其他部件的连接情况等。

⑥ 对比认识计算机系统中的 SDRAM、DDR、DDR2、DDR3 等不同内存的功能特点，并进一步加深内存在计算机系统中的重要性认识。

⑦ 认识计算机内存的编号，掌握其编号所代表的意思。

实训总结

实训结束后，按照上述实训内容和步骤，根据所掌握的相关知识写出实训体会。

10.2 实训二：组装计算机

实训目的

- 了解计算机配置原理和方法。
- 了解计算机安装的准备工作及安装中的注意事项，掌握计算机安装的过程和方法。
- 学会自己动手配置、组装一台多媒体计算机。

知识与技能考核目标

- 能够正确选择和设置各种部件，如主板、CPU、硬盘、光驱等。
- 能够独立完成整机的安装。
- 能够运用所学知识分析与排除安装中出现的故障。

实训内容及步骤

1. 安装前的准备

在动手组装计算机前，应先学习计算机的基本知识，包括硬件结构、日常使用的维护知识、常见故障处理、操作系统和常用软件安装等。

（1）安装前配件的准备

装机要有自己的打算，不要盲目攀比，按实际需要购买配件。如选购机箱时，一要注意内部结构合理化，便于安装。二要注意美观，颜色与其他配件相配。一般应选择立式机箱，不要使用已淘汰的卧式机箱，特别是机箱内的电源，它关系到整个计算机的稳定运行，其输出功率不应小于 250 W，有的处理器还要求使用 300 W 的电源，应根据需要选择。

除机箱电源外，另外需要的配件一般还有主板、CPU、内存、显卡、声卡（有的声卡主板中自带）、硬盘、光驱（有 CD-ROM 和 DVD-ROM）、数据线、音频线等。

（2）安装前工具的准备

除了机器配件以外，还需要准备螺丝刀、尖嘴钳、镊子等工具。

另外，还要在安装前准备好电源线和电源插板等。

2. 组装计算机的基本步骤

组装计算机时，应按照下述步骤进行操作。

① 机箱的安装：主要是对机箱进行拆封，并且将电源安装在机箱里。

② 驱动器的安装：主要针对硬盘和光驱进行安装。

③ CPU 的安装：在主板处理器插座上插入安装所需的 CPU，并且安装上散热风扇。

④ 内存条的安装：将内存条插入主板内存插槽中。

⑤ 主板的安装：将主板安装在机箱底板上。

⑥ 显卡的安装：根据显卡总线选择合适的插槽。

⑦ 声卡的安装：现在市场主流声卡多为 PCI 插槽的声卡。

⑧ 机箱与主板间的连线，即各种指示灯、电源开关线、PC 喇叭的连接，以及硬盘、光驱电源线和数据线的连接。

⑨ 盖上机箱盖（理论上在安装完主机后，是可以盖上机箱盖了，但为了此后出问题的检查，最好先不加盖，而等系统安装完毕后再盖）。

⑩ 输入设备的安装：连接键盘鼠标与主机一体化。

⑪ 输出设备的安装：即显示器的安装。

⑫ 再重新检查各个接线，准备进行测试。

⑬ 给机器加电，若显示器能够正常显示，表明计算机各部件安装正确，接下来进入 BIOS 进行系统初始设置。

各种设备都安装好后，启动计算机，可以听到 CPU 风扇和主机电源风扇转动，还有硬盘启动时发出的声音。显示器开始出现开机画面，并且进行自检。如果在启动中没有点亮显示器，可以按照下面的办法查找原因所在。

- 确认给主机电源供电。
- 确认主板已经供电。
- 确认 CPU 安装正确，CPU 风扇是否通电。
- 确认内存安装正确，并且确认内存是好的。
- 确认显示卡安装正确。
- 确认主板内的信号连线正确，特别确认是 POWER LED 安装无误。
- 确认显示器与显示卡连接正确，并且确认显示器通电。

实训总结

实训结束后，请上交以下材料和报告。

① 所在小组中计算机硬件的详细配置清单。

② 写出组装步骤，并结合实际谈谈在每一个操作步骤中的体会。

10.3 实训三：BIOS 优化与设置

实训目的

- 掌握计算机系统的 BIOS 设置方法。
- 掌握通过系统设置程序 BIOS 对 CMOS 参数进行优化的方法，进一步提高整机系统性能，并为计算机的使用和故障诊断打下良好基础。

知识与技能考核目标

- 能够熟练进入和退出 BOIS 程序。
- 能够对 BIOS 中的基本设置和高级设置进行修改。
- 能够根据计算机实际配置进行设置。

实训内容及步骤

1. 基本 CMOS 设置

主板的 CMOS 记录计算机的日期、时间、硬盘参数及其他的高级参数。CMOS 能把这些信息保存下来，即使关机它们也不会丢失，所以以后用户不必对它重新设置，除非用户想改变计算机的配置或意外情况导致 CMOS 内容丢失。

（1）当开机自检时，按下 Delete 键（有计算机按 Esc、F2、F10 或其他键，具体情况请按屏幕提示操作），就进到了 CMOS 设置的主菜单，如图 10-1 所示。

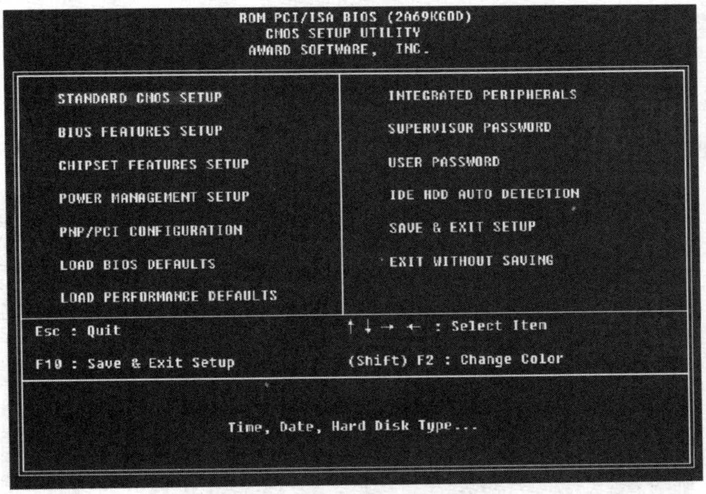

图 10-1　CMOS 主菜单

（2）这是 AWARD BIOS 的设置画面。在这里只进行几个必要的设置。将鼠标指针移到“STANDARD CMOS SETUP”一项，它包含硬件的基本设置情况。按 Enter 键后，出现下面的设置画面，如图 10-2 所示。

“DATE”一项设置日期，格式为“月：日：年”，用户可把光标移到需要修改的位置，用 Page Up 键或 Page Down 键在各个选项之间选择。

“Time”一项设置时间，格式为“小时：分：秒”，修改方法和日期的设置是一样的。

“Primary Master”和“Primary Slave”表示主 IDE 口上主盘和副盘，“Secondary Master”和“Secondary Slave”表示副 IDE 口上的主盘和副盘。

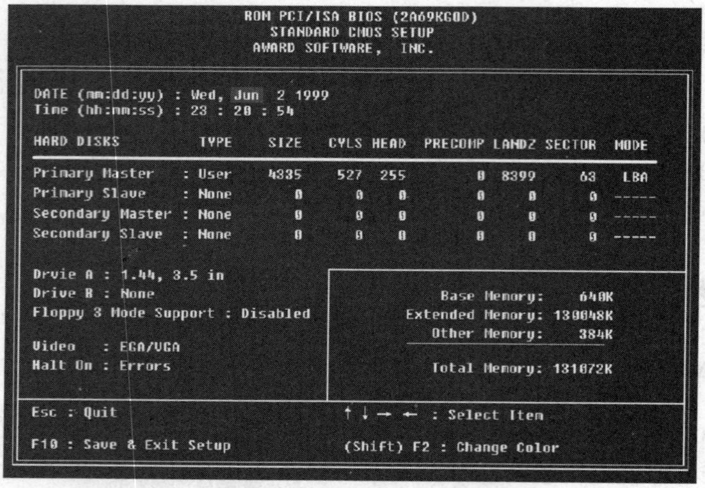

图 10-2 硬件的基本设置

“Drive A”和“Drive B”设置物理 A 驱和 B 驱，这里将 A 驱设置为“1.44M，3.5in”。“Video”项设置显示卡类型，默认的是：“EGA/VGA”方式，这里保持系统默认值。当这些设置完成后，按 Esc 键，返回 CMOS 设置主菜单。

2. 硬盘参数的设置

下面进行硬盘的设置，这一项能自动检测硬盘的参数，如图 10-3 所示。

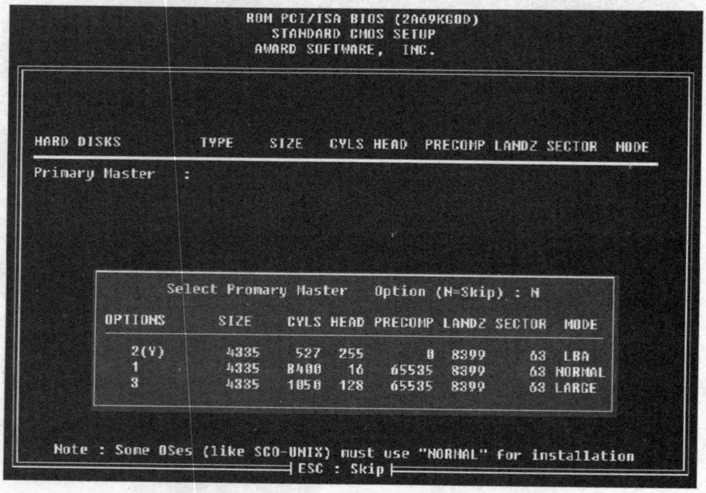

图 10-3 自动检测硬盘

（1）把光标移到此项，按 Enter 键后，出现 3 种硬盘参数列表。

SIZE 为硬盘容量，单位是 MB。

MODE 为硬盘参数，第 1 种为 LBA，第 2 种为 NORMAL，第 3 种为 LARGE。

如果从硬盘的物理参数看，NORMAL 一项是正确的，但用户却不能应用这一项，否则，

DOS 所能应用的最大硬盘空间将只有 528MB，此时，用户只能选择 LBA 模式。

（2）在键盘上键入“2”或“Y”并按 Enter 键确认。

（3）系统检测其余的 3 个 IDE 设备，此时，可按 Enter 键或 Esc 键跳过检测，然后返回设置主菜单。硬盘的信息会被自动写入“STANDARD CMOS SETUP”中。

3. 启动顺序设置

最后设置系统的启动顺序，这是一个很重要的内容，尤其是对新安装的计算机。选择主菜单选项，其设置界面如图 10-4 所示。

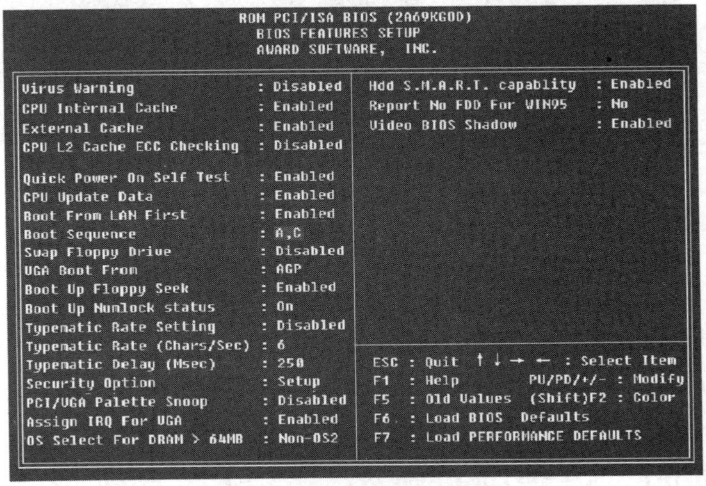

图 10-4 设置系统的启动顺序

（1）把光标移到“Boot Sequence”项，此时的设置内容为“A，C”。用 Page Up 键或 Page Down 键把它修改为“CD-ROM，C，A”。

（2）“Boot Sequence”决定计算机的启动顺序。计算机可以从 U 盘、硬盘甚至 CD-ROM 启动。

例如，“Boot Sequence”设为“CD-ROM，C，A”，则计算机启动时，先检查光驱里是否装有磁盘，若没有，则从硬盘启动；若光驱里有光盘，又会出现两种情况：当光盘含有启动系统时，则从光盘启动；若不含启动系统，则系统会从硬盘启动。

对于一个新的硬盘，它要经过分区和格式化，然后才能安装软件。所以在第一次使用时，要先对硬盘分区，一个未分区的硬盘是不能使用的；完成分区后，系统重新启动以使分区生效，此时系统中已有 C 盘，但它没有引导系统。若光驱里没有启动盘（或系统安装盘）或者计算机的启动顺序为“C，A”，则出现启动失败，这就是刚才设置“Boot Sequence”为“CD-ROM，C，A”的原因。

（3）按 Esc 键返回主菜单。此时，CMOS 设置已基本完成，新的设置需存储后才能生效，选择“SAVE & EXIT SETUP”或直接按 F10 键，出现确认项：“SAVE TO CMOS and EXIT（Y/N）？N”，如图 10-5 所示，按“Y”键后确认，计算机会重新启动。到此，CMOS 设置就完成了。

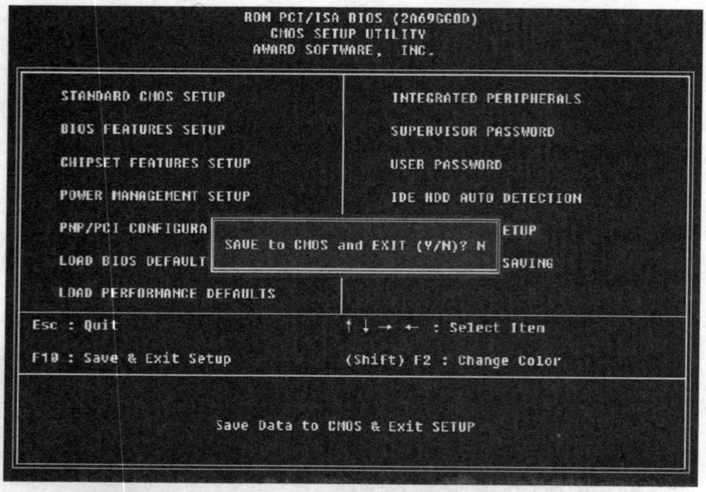

图 10-5　存储设置

系统启动后就可以给硬盘分区、格式化和安装软件。

实训总结

① 结合本节实训内容，写出每一项的功能和详细操作步骤。

② 试着把 CMOS 主菜单的内容翻译成中文。

10.4　实训四：设置硬盘跳线、分区与高级格式化

实训目的

- 掌握 IDE 接口硬盘的跳线方法。
- 掌握使用 FDISK 命令进行硬盘分区和高级格式化的方法。
- 掌握使用 Partition Magic 对磁盘进行分区和高级格式化。

知识与技能考核目标

- IDE 接口硬盘的主从盘跳线方法。
- 硬盘分区与格式化方法。

实训内容及步骤

1. IDE 硬盘接口跳线设置

（1）通过硬盘上的跳线（如图 10-6 所示）可设置主、副盘，常用的设置方法有以下 3 种。

图 10-6　硬盘的跳线

- Master Single Drive：当这个跳线短接时，将当前硬盘设置为主盘。
- Slave：将当前硬盘设置为副盘。
- Enable Cable Select：硬盘的主、副盘设置由主板 BIOS 来决定。

硬盘上的跳线说明可以参考图 10-7。

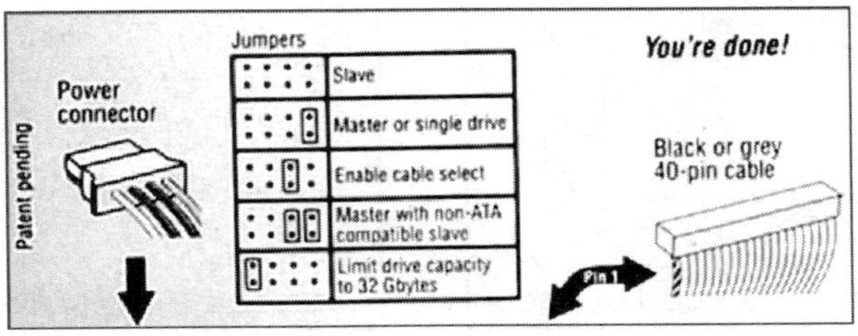

图 10-7　硬盘上的跳线说明

（2）准备两块硬盘，按照硬盘上的跳线说明将一块设置为主盘，另一块设置为副盘。

2. 使用 FDISK 命令进行硬盘分区和高级格式化

① 选择一种启动方法启动计算机，然后进入纯 DOS 界面。在命令提示符下输入“FDISK”并按 Enter 键。

② 建立主 DOS 分区，为 C 盘分配 20GB 的磁盘容量。

③ 建立活动分区，将第 2 个分区设置为活动分区。

④ 建立扩展 DOS 分区。

⑤ 建立逻辑分区。

⑥ 同时按 Ctrl+Alt+Delete 组合键，重启计算机。然后对 C 盘进行格式化。方法是在 DOS 提示符下输入“FORMAT C:”命令，然后按 Enter 键即可。按下“Y”键，确认格式化。

⑦ 接着给 C 盘加个卷标，按 Enter 键确认，C 盘就格式化完毕了。

3. 使用 Partition Magic 对磁盘进行分区和高级格式化

① 创建分区。将一块 80GB 的硬盘拆分成两个分区，主引导分区为 30GB，扩展分区为 20GB，类型为 NTFS。

② 在剩下的部分创建一个新的分区，“Partition Type”设置为“FAT 32”。

③ 合并分区。合并分区是拆分的逆操作，将刚才分好的两个区再合并。

④ 创建 Linux 分区。单击“Pick a Task”窗口中的“Install another operating system”，弹出向导对话框，单击“Next”按钮继续。

⑤ 弹出的对话框中让用户选择要安装的操作系统，选择“Linux”选项，单击“Next”按钮，如图 10-8 所示。

⑥ 选择分区，然后单击“Next”按钮。

⑦ 选择“After I:”，意思是在分区 I 后面创建新的分区，单击“Next”按钮，在新的对话框中设置新分区的大小，如图 10-9 所示。设置分区大小，其他保持默认，然后单击“Next”按钮继续。

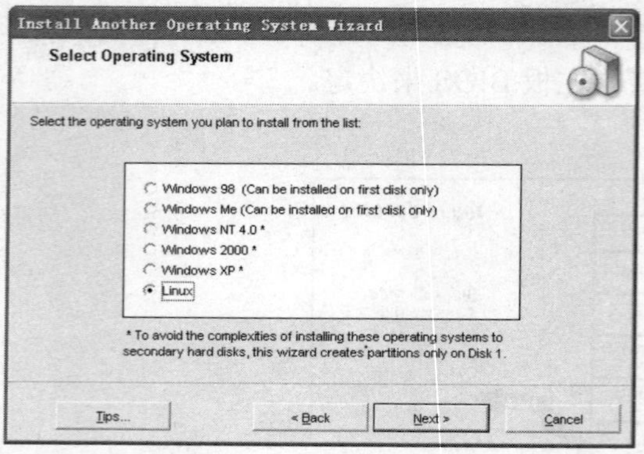

图 10-8　选择“Linux”选项

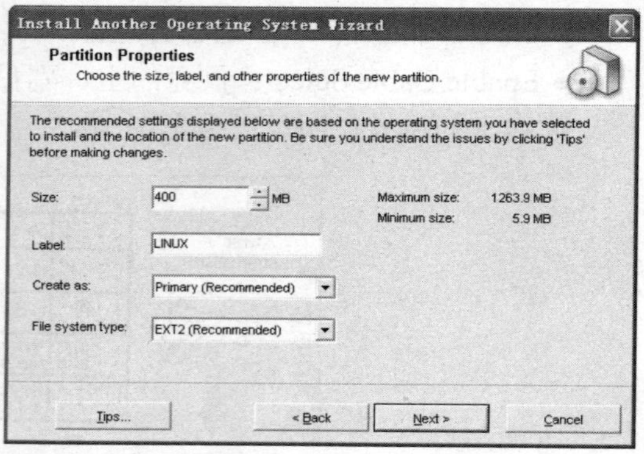

图 10-9　设置分区大小

⑧ 在弹出的对话框中选择“Later”，如图 10-10 所示，不要激活分区。

⑨ 单击“Next”按钮，再单击“Finish”，这时向导还会提示是否要建一个交换分区，默认是“Yes”，如图 10-11 所示。

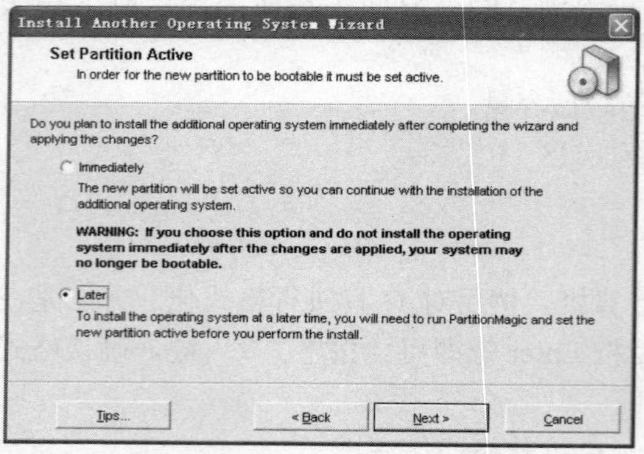

图 10-10　选择不激活分区

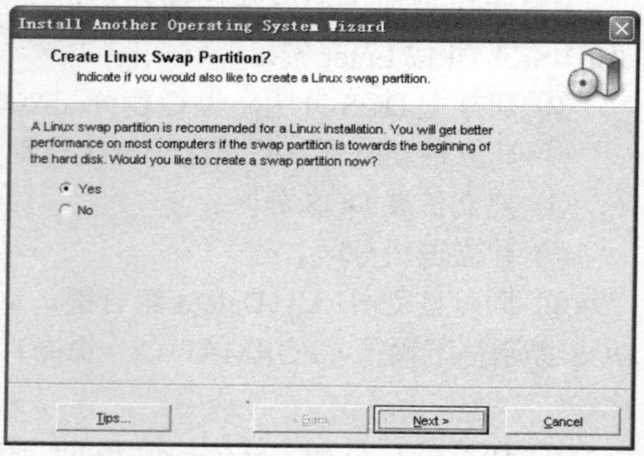

图 10-11　提示是否建立交换分区

⑩ 剩余的步骤都保持默认，单击“Next”按钮，当弹出如图 10-12 所示的对话框时，提示要设置交换分区的位置，这里设置在 Linux 主分区后面。

⑪ 单击“Next”，然后选择从分区 I 中拿出空间来作为交换分区，再单击“Next”，最后设置交换分区的大小，然后单击“Next”按钮，如图 10-13 所示，单击“Finish”按钮完成分区操作。

魔术分区自动显示出了当前的分区情况，紫色的区域是刚才新创建的 Linux 主分区。现在进行“Apply”操作，执行刚才的修改。重新启动计算机后，就可以用 Linux 安装盘启动计算机来安装了。

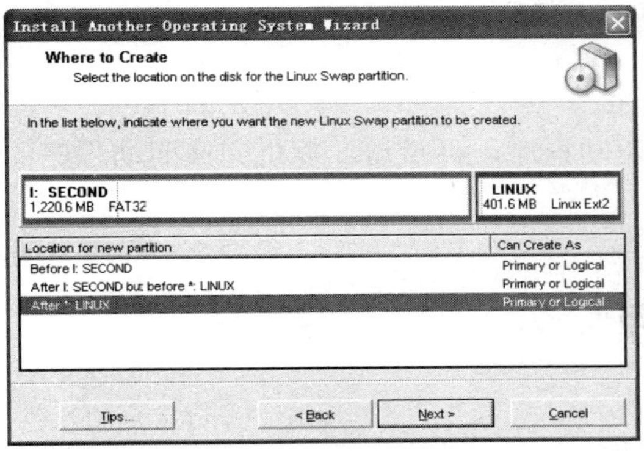

图 10-12　设置交换分区的位置

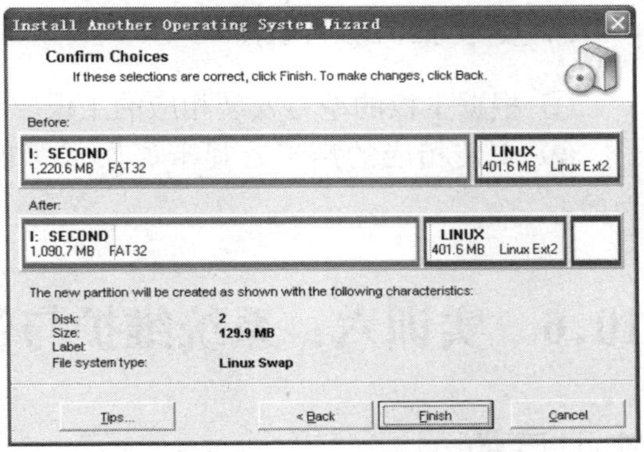

图 10-13　划分出的 Linux 分区

10.5　实训五：操作系统安装

实训目的

- 掌握用 FDISK 命令对硬盘进行分区与格式化的方法。
- 掌握操作系统的安装方法。
- 掌握驱动程序的安装和更新方法。

知识与技能考核目标

- 用 FDISK 命令对硬盘进行分区与格式化的技能。
- 操作系统的安装技能。
- 安装和更新驱动程序的相关知识。

实训内容及步骤

1. 使用 FDISK 命令对硬盘进行分区与格式化

① 将一块硬盘分为 C、D、E、F 四个分区，其中 C 为系统分区，大小为 20GB。

② 对各个分区进行高级格式化。

2. 安装操作系统

① 将计算机设置为从光盘启动，然后在光驱中放入 Windows XP SP2 安装光盘，再重启计算机。

② 根据计算机的提示在 C 盘上安装 Windows XP 操作系统。

③ 安装完成后进行必要的设置，如用户名、密码及墙纸等。

3. 安装驱动程序

① 根据主板的型号安装相应的主板驱动程序。

② 安装相应的声卡、显卡、网卡等板卡驱动程序，再重启计算机完成驱动程序的安装。

10.6 实训六：系统维护与管理

实训目的

- 掌握使用 Windows XP 自带的系统工具备份及还原系统的方法。
- 掌握使用 Ghost 备份及恢复系统的方法。
- 掌握使用 EasyRecovery 恢复数据的方法。

知识与技能考核目标

- 系统的备份与还原。
- 数据的备份与还原。

实训内容及步骤

1. 用系统工具备份及还原系统

① 用 Windows XP 自带的“系统还原”工具创建一个名为“系统备份”的还原点。

② 试着对系统进行一些改变，比如安装新的程序或修改注册表等，之后再用可逆的“系统还原”工具还原系统，看系统是不是恢复到了更改前的状态。

2. 使用 Ghost 备份及恢复系统

① 在 Windows 2000 下用 Ghost 备份及恢复系统，然后在 DOS 下运行 Ghost。

② 在 Windows XP 下用 Ghost 备份及恢复系统，然后在 Windwos 下进行一键恢复。

3. 使用 EasyRecovery 恢复硬盘数据

① 分别删除一个 Word 文件和图片（JPG）文件，然后使用 EasyRecovery 恢复被删除的文件。

② 创建一个新的磁盘分区，在分区上放入一个或多个文件，然后对该磁盘进行格式化。使用 EasyRecovery 恢复该分区因格式化而丢失的文件。

10.7 实训七：常见故障处理

实训目的

- 能够认识及处理一般的计算机硬件故障。
- 能够认识及处理一般的计算机软件故障。

知识与技能考核目标

- 计算机常见硬件故障及处理。
- 计算机常见软件故障及处理。

实训内容及步骤

1. 硬盘故障及处理

（1）故障现象

开机提示无法找到硬盘。

（2）故障分析

按照本书介绍的步骤进行检查，找到故障原因。

（3）故障排除

- 如果计算机是新组装的，就先检查硬盘数据线是否接好，或接反了，硬盘电源线是否也接好了。
- 硬盘跳线不对，特别是在连接多个 IDE 设备时特别要注意跳线问题。关机重新跳正确即可。
- CMOS 里面的硬盘设置不正确，进入 CMOS 重新设置。
- 把硬盘拆卸到另一台好的计算机上测试。如果正常，这时应该考虑计算机的主板、电源或数据线是否出了问题，如果在其他机器上也不识别，则可能是硬盘坏了。

2. 光驱故障及排除

（1）故障现象

光驱不读盘。

（2）故障分析

- 光驱内的激光头导轨脏了，导致激光头定位不准确，需要清洁导轨。
- 激光头脏了，影响读盘能力。

（3）故障处理

清洁光驱导轨以及激光头。

3. 驱动程序故障及处理

（1）故障现象

- 打开“设备管理器”窗口，发现网卡、声卡或显卡等设备上有黄色问号或感叹号。
- 计算机没有声音、插上网线发现网卡指示灯不亮、屏幕分辨率低且闪烁。

（2）故障分析

先检查各板卡的硬件连接状况，如果没连接好硬件则先把硬件连接好。如果硬件连接正常，则可以判断是板卡的驱动程序没有正确安装，需要安装或更新驱动程序。

（3）故障处理

可以先在“设备管理器”中停用、更新或删除网卡等硬件，然后根据“硬件安装向导”来重新安装相应的驱动程序。

检查主板及板卡的具体型号，然后按照正确的驱动程序安装顺序重新安装板卡的驱动程序。

4. 注册表故障及排除

（1）故障现象

- 运行程序时弹出“找不到*.dll”信息。
- 网络连接无法建立。
- Windows XP 系统显示“注册表损坏”等信息。

（2）故障分析

由以上故障现象可以判断是注册表出现了问题。

（3）故障处理

- 在 Windows XP 下用备份文件还原。
- 用 Windows XP 的“系统还原”功能还原。
- 使用上次正常启动的注册表配置。
- 使用安全模式恢复注册表。
- 使用 Windows 优化大师修复注册表。

10.8 实训八：系统优化设置

实训目的

- 掌握系统优化设置的内容和优化设置方法。
- 掌握 Windows 优化大师的使用。

知识与技能考核目标

- 系统优化设置知识。

- Windows 优化大师的常用操作方法。

实训内容及步骤

用 Windows 优化大师进行系统优化和系统清理与维护等操作。

1. 系统优化

① 优化磁盘缓存，将缓存设置为 64MB。
② 优化桌面菜单。
③ 对文件系统进行优化。
④ 优化开机速度，将“启动信息停留时间”修改为“8”s。
⑤ 优化系统安全，关闭 445 端口，并隐藏共享文件夹。
⑥ 进行系统个性设置，在右键菜单中增加重启计算机选项。

2. 系统清理和维护

① 清理磁盘中的垃圾文件。
② 使用优化大师卸载上网助手或其他软件。
③ 使用优化大师清理注册表。

10.9　实训九：对等网的组建

实训目的

- 掌握对等网的组建方法。
- 掌握网线及水晶头的制作方法。
- 掌握网卡及网卡驱动程序的安装方法。
- 掌握集线器的连接方法。
- 掌握 IP 地址、网关及子网掩码等的设置方法。

知识与技能考核目标

- 对等网及星型网络的相关知识。
- 组建及配置局域网的相关知识。

实训内容及步骤

在实验中要组建由 3 台计算机组成的对等网。要求将其中一台计算机接入 Internet，另外两台计算机能够共享上网。

1. 网线制作

① 制作 4 根两边都有水晶头的网线。

② 在 3 台计算机上安装网卡，然后安装网卡驱动程序。

2. 网络组建及设置

① 将 3 台安装好网卡的计算机通过网线连接到集线器上，然后开启计算机并打开集线器电源，查看网卡是否工作正常。

② 设置 3 台计算机的 IP 地址，然后用 ping 命令检查对等网的连接情况。

③ 用一根网线将 3 台计算机接入 Internet，如果是局域网，则 3 台计算机均能对等地接入 Internet。如果是接入了宽带 ADSL，则需要先将一台计算机通过宽带 Modem 接入 Internet，然后再设置另外 2 台计算机共享网络带宽。

3. 文件及打印机共享

① 对等网组建完成之后，在一台机器上设置一个共享文件夹，然后看另外两台机器能否共享该文件夹。

② 在一台计算机上连接一台打印机，设置另两台计算机也能共享该打印机，并试验从另两台机器上打印文件。